建筑装饰工程施工
（第2版）

主　编　王亚芳
参　编　邵　飞　戴　兵
　　　　卜庭珍　王孟圆

北京理工大学出版社
BEIJING INSTITUTE OF TECHNOLOGY PRESS

内容简介

本书通过分析建筑装饰工程施工的工作过程，结合岗位要求和职业标准，根据建筑装饰工程施工包含和涉及的主要分部分项工程设置项目，内容主要包括抹灰工程、墙面装饰工程、楼地面工程、吊顶工程、隔墙与隔断工程、门窗工程、细部工程和水暖电工程8个项目。本书的具体编写按照完整的工作过程进行，把施工过程中所需的知识、能力和素质组合在一起。

本书可作为院校相关专业师生的学习参考书，也可以供建筑装饰装修工程现场施工人员及其他技术管理人员参考使用。

版权专有　侵权必究

图书在版编目（CIP）数据

建筑装饰工程施工/王亚芳主编. —2版. —北京：北京理工大学出版社，2019.10（2021.6重印）

ISBN 978-7-5682-7791-4

Ⅰ.①建⋯　Ⅱ.①王⋯　Ⅲ.①建筑装饰－工程施工－中等专业学校－教材　Ⅳ.①TU767

中国版本图书馆CIP数据核字（2019）第253435号

出版发行 / 北京理工大学出版社有限责任公司
社　　址 / 北京市海淀区中关村南大街5号
邮　　编 / 100081
电　　话 / （010）68914775（总编室）
　　　　　（010）82562903（教材售后服务热线）
　　　　　（010）68948351（其他图书服务热线）
网　　址 / http://www.bitpress.com.cn
经　　销 / 全国各地新华书店
印　　刷 / 定州市新华印刷有限公司
开　　本 / 787毫米×1092毫米　1/16
印　　张 / 15.75　　　　　　　　　　　责任编辑 / 张荣君
字　　数 / 360千字　　　　　　　　　　文案编辑 / 张荣君
版　　次 / 2019年10月第2版　2021年6月第2次印刷　责任校对 / 周瑞红
定　　价 / 38.00元　　　　　　　　　　责任印制 / 边心超

图书出现印装质量问题，请拨打售后服务热线，本社负责调换

前言

FOREWORD

通过分析建筑装饰工程施工的工作过程，结合岗位要求和职业标准，根据建筑装饰工程施工包含的主要分部分项工程设置项目，在每个项目下设置典型工作任务，按照完整的工作过程，把施工过程中所需的知识、能力和素质组合在一起编写而成。适用学时为64学时。

本书内容的主要依据《建筑装饰装修工程质量验收规范》（GB 50210—2018）、《建筑工程施工质量验收统一标准》（GB 50300—2013），有关专业规范、规程及近几年装饰装修工程中应用的新材料、新技术、新工艺的实践经验。在内容上改变了传统教材的学科体系，以工作过程为主线，以实际工作技能为重点，配以大量插图，使学生在项目和任务的完成过程中掌握常用装饰材料的品种、规格和性能；了解新材料的动态；理解常用建筑装饰构造；会识读建筑装饰施工图和通用图集；能理解建筑装饰工程施工方案；会协助进行建筑装饰工程施工技术交底；能协助管理现场施工操作与质量检查；形成基本的职业能力，使学生的学习过程更符合实际工作岗位的要求。

全书共分8个工作项目，分别是抹灰工程、墙面装饰工程、楼地面工程、吊顶工程、隔墙与隔断工程、门窗工程、细部工程、水暖电工程，每个项目分解成若干小任务，以任务引领的模式，进行编写。编写过程中对内容的组织和表达力求体现教学内容的先进性和教学组织的灵活性，尽量使每个任务的理论知识和实践技能相结合，具有较强的实用性。

FOREWORD

本书在编写过程中参考引用了大量规范、专业文献和资料,未在书中一一注明,请有关作者见谅,并在此表示诚挚的感谢。同时本书在编写过程中得到了江苏宏翔工程造价咨询有限公司黄振平高级工程师和北京理工大学出版社的大力支持,谨此一并感谢。

由于编者水平有限及时间仓促疏漏和不当之处,敬请广大读者批评指正。

目录

CONTENTS

0 绪论 …………………… 1	任务 4.2 轻金属龙骨吊顶 ………… 121
0.1 装饰工程施工的基本知识 …… 1	任务 4.3 开敞式吊顶 ……………… 133
0.2 建筑装饰工程施工基本规定 …… 3	
0.3 本课程学习方法 ……………… 8	**项目 5 隔墙与隔断工程** ………… 142
	任务 5.1 板材隔墙与隔断 ………… 142
项目 1 抹灰工程 ……………… 10	任务 5.2 骨架隔墙与隔断 ………… 149
任务 1.1 一般抹灰工程 …………… 10	任务 5.3 玻璃隔墙与隔断 ………… 157
任务 1.2 装饰抹灰工程 …………… 20	
	项目 6 门窗工程 ……………… 166
项目 2 墙面装饰工程 …………… 27	任务 6.1 木门窗施工 ……………… 166
任务 2.1 涂料类墙体饰面 ………… 27	任务 6.2 金属门窗施工 …………… 177
任务 2.2 贴面类墙体饰面 ………… 41	任务 6.3 塑料门窗施工 …………… 186
任务 2.3 罩面板类墙体饰面 ……… 61	
任务 2.4 裱糊与软包墙体饰面 …… 76	**项目 7 细部工程** ……………… 193
	任务 7.1 窗帘盒 …………………… 193
项目 3 楼地面工程 …………… 85	任务 7.2 橱柜 ……………………… 196
任务 3.1 整体面层楼地面 ………… 85	任务 7.3 护栏与扶手 ……………… 199
任务 3.2 块料面层楼地面 ………… 94	
任务 3.3 塑料面层楼地面 ………… 100	**项目 8 水暖电工程** …………… 204
任务 3.4 木材面层楼地面 ………… 106	任务 8.1 电气管线及灯具工程 …… 204
	任务 8.2 给排水工程 ……………… 212
项目 4 吊顶工程 ……………… 114	任务 8.3 采暖安装工程 …………… 229
任务 4.1 木龙骨吊顶 ……………… 114	
	参考文献 ……………………… 244

0 绪　　论

建筑装饰工程施工是一门综合性很强、与众多学科相结合的专业课程，是研究建筑装饰装修工程施工技术的内在规律、施工工艺、施工方法、质量标准与检查方法的学科。学习和掌握建筑装饰装修理论和方法，对于保证建筑装饰装修工程施工的质量，促进建筑装饰装修行业的发展具有重要的意义。

0.1　装饰工程施工的基本知识

0.1.1　我国建筑装饰业的发展历史

20世纪80年代以前，我国的建筑装饰业只是建筑业的一个细小分支，在行业初始阶段，还没有现成的施工操作指导以及成熟完整的行业规范。

随着我国改革开放的推进和人民物质文化水平的提高，人们对建筑物的需求从传统的居住和使用功能开始向外观与内在环境质量并重的需求转变，建筑装饰的需求量得以迅速释放，逐步形成了一个庞大的消费市场。1990年11月建设部颁布了《建筑工程装饰设计单位资格分级标准》，明确建筑装饰业的行业规范；1995年7月建设部颁发《建筑装饰装修管理规定》，加强了对建筑装饰装修的管理，促进了建筑装饰装修业规范化发展。1996年和1997年，建设部分别发布《建筑幕墙工程施工企业资质等级标准》和《家庭居室装饰装修管理施行办法》，明确建筑装饰业细分行业——建筑幕墙行业和家庭装饰行业的管理规范。自此，建筑装饰行业从附属于建筑业的小行业，发展为涵盖公共建筑装饰行业、家庭装饰行业和建筑幕墙行业的成熟产业。

0.1.2　我国建筑装饰业现阶段的发展概况

（1）我国建筑装饰行业正处于快速发展阶段。近年来，伴随我国经济的快速增长，城镇化进程加快，我国房地产业、建筑业持续发展壮大，建筑装饰行业显现出了巨大的发展潜力。

(2)行业竞争激烈,集中度偏低,但已呈现集中的趋势。建筑装饰行业市场空间广阔,成长性较好,近几年,我国建筑装饰市场日益成熟,建筑装饰企业的品牌效应越来越明显,品牌在工程资源分配中的作用越来越重要。行业内知名度高的企业,发展速度远高于行业的平均水平,行业的集中度进一步提高。

(3)资质、资金是企业发展的关键要素。我国对建筑装饰工程施工、设计企业实行资质等级制度。建筑装饰企业承接公共建筑装饰工程和幕墙工程,均需要符合特定的资质;住宅精装修工程的资质虽然没有国家规定,但是由于该类工程规模大、技术要求高,一般也由具有资质的公共建筑装饰企业承接。

同时,企业的资金情况也制约着企业的发展。

0.1.3 建筑装饰工程施工的分类

建筑装饰工程施工范围几乎涉及所有的建筑物,包括除了建筑物主体结构工程和设备工程之外的所有建筑工程内容。

1. 按建筑装饰工程施工部位划分

装饰工程施工部位分室外(图 0-1)和室内(图 0-2)两大类。室外装饰部位有屋顶、外墙面、门窗、门头、门面、建筑小品等;室内装饰部位有内墙面、顶棚、楼地面、隔墙、隔断、灯具及家具陈设等。

图 0-1 室外装饰示例

图 0-2 室内装饰示例

2. 按建筑装饰工程施工项目划分

按《建筑工程施工质量验收统一标准》(GB 50300—2013) 中建筑装饰工程施工项目划分为：建筑地面工程、抹灰工程、外墙防水工程、门窗工程、吊顶工程、轻质隔墙工程、饰面板工程、饰面砖工程、幕墙工程、涂饰工程、裱糊和软包工程、细部工程。

0.2 建筑装饰工程施工基本规定

0.2.1 建筑装饰工程的设计原则

建筑装饰工程必须进行设计，并出具完整的施工图设计文件。

承担建筑装饰工程设计的单位应具备相应的资质，并应建立质量管理体系。由于设计原因造成的质量问题由设计单位负责。

建筑装饰设计应符合城市规划、消防、环保、节能等有关规定。

建筑装饰设计必须保证建筑物的结构安全和满足主要使用功能。

建筑装饰工程的防火、防雷和抗震设计应符合现行国家标准的规定。

当墙体或吊顶内的管线可能产生冰冻或结露时，应进行防冻或防结露设计。

0.2.2 建筑装饰工程材料基本要求

建筑装饰工程所用材料的品种、规格和质量应符合设计要求和国家现行标准的规定。当设计无要求时，应符合国家现行标准的规定。严禁使用国家明令淘汰的材料。

建筑装饰工程所用材料的燃烧性能应符合《建筑内部装修设计防火规范》(GB 50222—1995)、《建筑设计防火规范》(GB 50016—2014) 的规定。

进场后需要复验的材料的种类及项目应符合《建筑装饰装修工程质量验收规范》(GB 50210—2001)及有关专业标准的规定。同一厂家生产的同一品种、同一类型的进场材料至少抽取一组样品进行复验,当合同另有约定时应按合同执行。

建筑装饰工程所使用的材料应按设计要求进行防火、防腐和防虫处理。

现场配置的材料如砂浆、胶粘剂等,应按设计要求或产品说明书配置。

0.2.3 建筑装饰工程施工基本要求

承担建筑装饰工程施工的单位应具备相应的资质,并应建立质量管理体系。施工单位应编制施工组织设计并应经过审查批准。施工单位应按有关的施工工艺标准或经审定的施工技术方案施工,并应对施工全过程实行质量控制。

承担建筑装饰工程施工的人员应有相应岗位的资格证书。

建筑装饰工程的施工质量应符合设计要求和有关装饰装修规范的规定,由于违反设计文件和装饰装修规范的规定施工造成的质量问题应由施工单位负责。

建筑装饰工程施工中,严禁违反设计文件擅自改动建筑主体、承重结构或主要使用功能;严禁未经设计确认和有关部门批准擅自拆改水、暖、电、燃气、通信等配套设施。

施工中,严禁损坏房屋原有绝热设施;严禁损坏受力钢筋;严禁超负荷集中堆放物品;严禁在预制混凝土空心楼板上打孔安装埋件。

施工单位应遵守有关施工安全、劳动保护、防火和防毒的法律法规,应建立相应的管理制度,并应配备必要的机具设备、检测仪器、器具和标识。

施工中用电、用水应符合设计要求和国家现行标准的规定。严禁不经穿管直接埋设电线。

室内外装饰装修工程施工的环境条件应满足施工工艺的要求。施工环境温度不应低于5 ℃。当必须在低于5 ℃气温下施工时,应采取保证工程质量的有效措施。

0.2.4 建筑装饰工程的成品保护

施工现场应建立成品保护责任制,明确在未验收前谁施工谁负责成品保护,总包负责协调。

施工过程中应采取下列成品保护措施:

(1)各工种在施工中不得污染、损坏其他工种的半成品、成品;

(2)材料表面保护膜应在工程竣工时撤除;

(3)对邮箱、消防、供电、电视、报警、网络等公共设施应采取保护措施。

0.2.5 建筑装饰工程室内环境污染控制

在现代社会,健康越来越受到人们的关注,绿色和环保作为健康不可忽视的指标,深入到与人们日常生活密切相关的居室和建筑装饰材料中,民用建筑工程所选用的建筑材料、装修材料和室内环境污染控制必须符合国家现行的有关标准规定,满足保障现代人对健康生活的要求。

1. 无机非金属装修材料

(1)民用建筑工程所使用的无机非金属装修材料,包括石材、建筑卫生陶瓷、石膏板、吊顶材料、无机瓷质砖粘结材料等,进行分类时,其放射性指标限量应符合表 0-1 的规定。

表 0-1 无机非金属装修材料放射性限量

测定项目	限 量	
	A	B
内照射指数 I_{Ra}	≤1.0	≤1.3
外照射指数 I_γ	≤1.3	≤1.9

(2)建筑主体材料和装修材料放射性核素的测试方法应符合《建筑材料放射性核素限量》(GB 6566—2010)的有关规定。

2. 人造木板及饰面人造木板

(1)民用建筑工程室内用人造木板及饰面人造木板,必须测定游离甲醛含量或游离甲醛释放量。

(2)当采用环境测试舱法测定游离甲醛释放量,并依此对人造木板进行分级时,其限量应符合《室内装饰装修材料人造板及其制品中甲醛释放限量》(GB 18580—2001)的规定,见表 0-2。

表 0-2 环境测试舱法测定游离甲醛释放量限量

级 别	限 量/(mg·m^{-3})
E1	≤0.12

(3)当采用穿孔法测定游离甲醛含量,并依此对人造木板进行分级时,其限量应符合《室内装饰装修材料人造板及其制品中甲醛释放限量》(GB 18580—2001)的规定。

(4)当采用干燥器法测定游离甲醛释放量,并依此对人造木板进行分级时,其限量应符合《室内装饰装修材料人造板及其制品中甲醛释放限量》(GB 18580—2001)的规定。

(5)饰面人造木板可采用环境测试舱法或干燥器法测定游离甲醛释放量,当发生争议时应以环境测试舱法的测定结果为准;胶合板、细木工板宜采用干燥器法测定游离甲醛释放量；刨花板、纤维板等宜采用穿孔法测定游离甲醛含量。

(6)环境测试舱法测定游离甲醛释放量，宜符合相关规范要求。

(7)采用穿孔法及干燥器法进行检测时，应符合《室内装饰装修材料人造板及其制品中甲醛释放限量》(GB 18580—2001)的规定。

3. 涂料

(1)民用建筑工程室内用水性涂料和水性腻子，应测定游离甲醛的含量，其限量应符合表0-3的规定。

表0-3 室内用水性涂料和水性腻子中游离甲醛限量

测定项目	限量	
	水性涂料	水性腻子
游离甲醛/(mg·kg^{-1})	≤100	

(2)民用建筑工程室内用溶剂型涂料和木器用溶剂型腻子，应按其规定的最大稀释比例混合后，测定VOC(挥发性有机化合物)和苯、甲苯＋二甲苯＋乙苯的含量，其限量应符合表0-4的规定。

表0-4 室内用溶剂型涂料和木器用溶剂型腻子中
VOC、苯、甲苯＋二甲苯＋乙苯限量

涂料类别	VOC/(g·L^{-1})	苯/%	甲苯＋二甲苯＋乙苯/%
醇酸类涂料	≤500	≤0.3	≤5
硝基类涂料	≤720	≤0.3	≤30
聚氨酯类涂料	≤670	≤0.3	≤30
酚醛防锈漆	≤270	≤0.3	—
其他溶剂型涂料	≤600	≤0.3	≤30
木器用溶剂型腻子	≤550	≤0.3	≤30

(3)聚氨酯漆测定固化剂中游离甲苯二异氰酸酯(TDI、HDI)的含量后，应按其规定的最小稀释比例计算出聚氨酯漆中游离二异氰酸酯(TDI、HDI)含量，且不应大于4 g/kg。测定方法宜符合《色漆和清漆用漆基异氰酸酯树脂中二异氰酸酯单体的测定》(GB/T 18446—2009)的有关规定。

(4)水性涂料和水性腻子中游离甲醛含量测定方法，宜按《室内装饰装修材料内墙涂料中有害物质限量》(GB 18582—2008)有关的规定。

(5)溶剂型涂料中VOC、苯、甲苯＋二甲苯＋乙苯含量测定方法，宜符合相关规范要求规定。

4. 胶粘剂

(1)民用建筑工程室内用水性胶粘剂，应测定VOC和游离甲醛的含量，其限量应符合

表0-5的规定。

表0-5　室内用水性胶粘剂中VOC和游离甲醛限量

测定项目	限　　量			
	聚乙酸乙烯酯胶粘剂	橡胶类胶粘剂	聚氨酯类胶粘剂	其他胶粘剂
VOC/(g·L^{-1})	≤110	≤250	≤100	≤350
游离甲醛/(g·kg^{-1})	≤1.0	≤1.0	—	≤1.0

(2)民用建筑工程室内用溶剂型胶粘剂,应测定其VOC和苯、甲苯+二甲苯的含量,其限量应符合表0-6的规定。

表0-6　室内用溶剂型胶粘剂中VOC、苯、甲苯+二甲苯限量

测定项目	限　　量			
	氯丁橡胶胶粘剂	SBS胶粘剂	聚氨酯类胶粘剂	其他
苯/(g·kg^{-1})	≤5.0			
甲苯+二甲苯/(g·kg^{-1})	≤200	≤150	≤150	≤150
VOC/(g·L^{-1})	≤700	≤650	≤700	≤700

(3)聚氨酯胶粘剂应测定游离甲苯二异氰酸酯(TDI)的含量,按产品推荐的最小稀释量计算出聚氨酯漆中游离甲苯二异氰酸酯(TDI)含量,且不应大于4 g/kg,测定方法宜符合《室内装饰装修材料胶粘剂中有害物质限量》(GB 18583—2008)相关要求规定。

(4)水性胶粘剂中游离甲醛、VOC含量的测定方法,宜符合相关规范要求。

(5)溶剂型胶粘剂中VOC、苯、甲苯+二甲苯含量测定方法,宜符合相关规范的规定。

5. 水性处理剂

(1)民用建筑工程室内用水性阻燃剂(包括防火涂料)、防水剂、防腐剂等水性处理剂,应测定游离甲醛的含量,其限量应符合表0-7的规定。

表0-7　室内用水性处理剂中游离甲醛限量

测定项目	限　　量
游离甲醛/(mg·kg^{-1})	≤100

(2)水性处理剂中游离甲醛含量的测定方法,宜按现行国家标准《室内装饰装修材料内墙涂料中有害物质限量》(GB 18582—2008)的方法进行。

6. 其他材料

(1)民用建筑工程中使用的粘合木结构材料,游离甲醛释放量不应大于0.12 mg/m^3,

其测定方法应符合规范的有关规定。

（2）民用建筑工程室内装修时，所使用的壁布、帷幕等游离甲醛释放量不应大于 0.12 mg/m³，其测定方法应符合规范的有关规定。

（3）民用建筑工程室内用壁纸中甲醛含量不应大于 120 mg/kg，测定方法应符合《室内装饰装修材料壁纸中有害物质限量》(GB 18585—2001)的有关规定。

（4）民用建筑工程室内用聚氯乙烯卷材地板中挥发物含量测定方法应符合《室内装饰装修材料聚氯乙烯卷材地板中有害物质限量》(GB 18586—2001)的规定，其限量应符合表 0-8 的有关规定。

表 0-8　聚氯乙烯卷材地板中挥发物限量

名　称		限量/(mg·m⁻²)
发泡类卷材地板	玻璃纤维基材	≤75
	其他基材	≤35
非发泡类卷材地板	玻璃纤维基材	≤40
	其他基材	≤10

（5）民用建筑工程室内用地毯、地毯衬垫中总挥发性有机化合物和游离甲醛的释放量测定方法应符合相关规定，其限量应符合表 0-9 的有关规定。

表 0-9　地毯、地毯衬垫中有害物质释放限量

名　称	有害物质项目	限量/[mg·(m²·h)⁻¹]	
		A 级	B 级
地毯	总挥发性有机化合物	≤0.500	≤0.600
	游离甲醛	≤0.050	≤0.050
地毯衬垫	总挥发性有机化合物	≤1.000	≤1.200
	游离甲醛	≤0.050	≤0.050

0.3　本课程学习方法

0.3.1　明确课程研究对象和任务

本课程主要以建筑装饰工程各分部分项施工为研究对象，根据各分项工程施工活动开展的工作过程为线索，主要介绍各分项工程施工的构造、材料、施工机具、施工工艺、施工要点及检验标准和方法。

0.3 本课程学习方法

0.3.2 根据课程特点采用合理的学习方法

1. 多阅读、多探索

本课程涉及的知识很多是一些典型做法，实际工程的一些做法需要根据具体情况进行变通处理，所以在学习过程中需要多阅读课外资料，如规范、标准图集、工程施工图、工程实例分析等，通过阅读思考，将所学的知识融会贯通，才能在实际工程中灵活运用，采取针对性的措施。

本课程涉及大量的图样和专业术语，一些制图规范、材料的关键知识、典型部位的构造、相关的尺寸、施工流程的工艺、验收方法等都需要记忆。在记忆的同时要对这些知识能够举一反三的运用，发挥自己的创造力，对原有的知识进行创新，形成自己的知识。本书介绍的是一些基本的方法，随着科技的发展，新材料、新方法不断产生，需要我们不断地探索、不断地创新。

2. 多动手、多实践

本课程的知识大都源于实践又用于实践，一些施工做法是需要实施环境与施工条件相结合，在实践中有很多的变通。所以怎样选材、如何进行构造设计、怎样进行施工都需要对书中的文字和图样融会贯通，进行反复琢磨、反复练习、反复实践。在学习过程中，可以通过学校实训工场开展实训，在实训过程中体会材料、机具的选用，掌握施工工艺和施工要点，会运用检验工具进行施工质量的检验；也可以通过参观施工现场，观看视频了解建筑装饰工程施工的知识和方法。所有现实环境中的现实场景也都是学习的对象，通过对已经施工完成的项目进行分析，加深装饰工程施工的知识和方法的理解和掌握。只有通过多种形式的练习和实践积累经验，才能在更好地进行施工实践。

项目 1

抹灰工程

任务 1.1 一般抹灰工程

任务目标

●【知识目标】

1. 了解一般抹灰材料的性能知识及常用工具的使用方法。
2. 熟悉一般抹灰的基本施工工艺。
3. 掌握一般抹灰的基本操作技能。
4. 掌握抹灰工程质量评定标准的内容以及常用的质量检验方法。

●【能力目标】

1. 会识读施工图，了解一般抹灰工程的施工工艺。
2. 会进行一般抹灰的操作。
3. 能正确使用检验工具并实施质量验收。
4. 领悟抹灰工团结合作、安全生产、文明施工的习惯及其优良的敬业精神。

任务实施

▲【构造与识图】

为了保证砂浆与基层粘结牢固，表面平整，不产生裂缝，抹灰一般要分层操作。抹灰层大致分为底层、中层、面层。有的砖墙抹灰将中层和底层合并为一次操作，仅分底层和面层。各层厚度和使用砂浆品种应视基层材料、部位、质量标准以及各地气候情况而定。分层做法，以砖墙面为例，如图 1-1 所示。

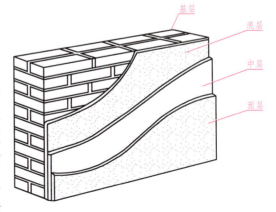

图 1-1 抹灰层的组成

(1)底层。底层主要起抹面与基体粘结和初步找平作用。底层所用材料与施工操作对抹灰质量有很大影响。底层材料因基层不同而有差异。因基层吸水性强,故砂浆稠度应较小,一般为10~20 cm。底层的厚度一般为5~7 mm。

(2)中层。中层主要起找平作用。根据施工质量要求可以一次抹成,亦可分层操作,所用材料基本上与底层相同,但稠度可大一些,一般为7~8 cm。厚度一般为5~12 mm。

(3)面层。面层亦称罩面,主要起装饰作用。面层要求平整、无裂痕、颜色均匀。砂浆稠度为10 cm。厚度一般为2~5 mm。

【施工材料选用】

1. 一般抹灰的主要原材料

(1)水泥。抹灰常用的水泥有普通硅酸盐水泥、火山灰质硅酸盐水泥、矿渣硅酸盐水泥和白水泥,强度等级为42.5级及以上。水泥应分批堆放在有屋盖和架空地面的仓库中,并记录好水泥的名称、强度等级、到达时间和数量。贮存时,由于水泥从空气中吸收水气而结块使强度降低(如存放3个月强度可降低20%,存放6个月降低30%,存放一年就会降低40%),因此,水泥超过3个月不能使用,如要使用必须经过检测合格。搅拌前水泥如图1-2所示。

图1-2 水泥

(2)石灰。抹灰用的石灰为块状生石灰经熟化陈伏后淋制成的石灰膏。淋制时必须用孔径不大于3 mm×3 mm的筛过滤,并贮存在沉淀池中。为保证过火石灰的充分熟化,以避免后期熟化引起的抹灰层的起鼓和开裂,生石灰的熟化时间,一般应不少于15 d,如用于拌制罩面灰,则应不少于30 d。抹灰用的石灰膏可用由优质块状生石灰磨细而成的生石灰粉代替,可省去淋灰作业而直接使用,但为保护抹灰质量,其细度要求过4 800/cm² 的筛。但用于拌制罩面灰时,生石灰仍要经一定时间的熟化,熟化时间不小于3 d,以避免出现干裂和爆灰,如图1-3所示。

图1-3 石灰

(3)砂。抹灰用砂有河砂、淡化处理后的海砂和山砂,按其平均粒径分为粗砂(平均粒径不小于 0.5 mm)、中砂(平均粒径为 0.35～0.49 mm)、细砂(平均粒径为 0.25～0.34 mm)。在使用砂时，应过筛，含泥量不大于3%，如图 1-4 所示。

(4)水。水一方面与水泥起化学反应，另一方面起润滑作用，使砂浆具有良好的流动性。水的用量应适当，过多或过少都会影响抹灰砂浆的强度。工程用水应选用饮用水，也可采用干净的河水、湖水或地下水。

图 1-4　砂

2. 一般抹灰砂浆的配制

(1)砂浆配合比。一般抹灰常用砂浆的配合比及应用范围可参考表 1-1。

表 1-1　一般抹灰常用砂浆配合比及应用范围参考表

材　料	配　合　比 (体　积　比)	应　用　范　围
石灰∶砂	1∶2～1.4	用于砖石墙表面(檐口、勒脚、女儿墙以及潮湿房间的墙除外)
水泥∶石灰∶砂	1∶0.3∶3～1∶1∶6	墙面混合砂浆打底
	1∶0.5∶1～1∶1∶4	混凝土顶棚抹混合砂浆打底
	1∶0.5∶4～1∶3∶9	板条天棚抹灰
石灰∶石膏∶砂	1∶2∶2～1∶2∶4	用于不潮湿房间的线脚及其他装饰工程
石灰∶水泥∶砂	1∶0.5∶4.5～1∶1∶6	用于檐口、勒脚、女儿墙外脚以及比较潮湿处
水泥∶砂	1∶3～1∶2.5	用于浴室、潮湿车间等墙裙、勒脚等或地面基层
水泥∶砂	1∶2～1∶1.5	用于地面、天棚或墙面面层
水泥∶砂	1∶0.5～1∶1	用于混凝土地面随时压光
水泥∶白石子	1∶2.5～1∶1	用于水磨石(底层用1∶2.5水泥砂浆)
水泥∶白石子	1∶(1.5～2)	用于水刷石(打底用1∶0.5∶4)
水泥∶石子	1∶1.5	用于斩假石[打底用1∶(2～2.5)水泥砂浆]
白灰∶麻刀	100∶2.5(质量比)	用于木板条天棚底层
白灰膏∶麻刀	100∶1.3(质量比)	用于木板条天棚面层(或 100 kg 灰膏加 3.8 kg 纸筋)
纸筋∶白灰膏	灰膏 0.1 m³，纸筋 0.36 kg	较高级墙围天棚

(2)砂浆制备。抹灰砂浆的拌制可采用人工拌制或机械搅拌。除了小范围用量少的砂浆以外,一般工程均采用机械搅拌。

人工拌合抹灰砂浆,应在平整的水泥地面上或铺地钢板上进行,使用工具有铁锹、拉耙等。拌合水泥混合砂浆时,应将水泥和砂干拌均匀,堆成中间凹四周高的砂堆,再在中间凹处放入石灰膏,边加水边拌合至均匀。拌合水泥砂浆(或水泥石子浆)时,应将水泥和砂(或石子)干拌均匀,再边加水边拌合至均匀。

采用砂浆搅拌机搅拌抹灰砂浆时,每次搅拌时间为1.5~2 min。搅拌水泥混合砂浆,应先将水泥与砂干拌均匀后,再加石灰膏和水搅至均匀为止。搅拌水泥砂浆(或水泥石子浆),应先将水泥与砂(或石子)干拌均匀后,再加水搅拌至均匀为止。

拌成后的抹灰砂浆,颜色均匀,干湿应一致,砂浆的稠度应达到规定的稠度值。一次搅拌量不宜过多,最好随拌随用。拌好的砂浆堆放时间不宜过久,应控制在水泥初凝前用完。

(3)砂浆强度。砂浆在砌体中起着传递压力,保证砌体整体粘结力的作用。在抹灰中则要求砂浆能与基层有牢固的粘结力,在自重及外力作用下不产生起壳和脱落的现象,故砂浆应具有一定的强度。砂浆的强度以抗压强度为主要指标。测定方法是以制作砂浆试件,试件为边长为70.7 mm的立方体,再在规定条件(温度20 ℃±3 ℃,相对湿度90%以上)养护28 d。然后进行破坏试验求得极限抗压强度,并以此确定出砂浆的强度等级。目前,常用砌筑砂浆的强度等级有M15、M10、M7.5、M5、M2.5、M1和M0.4等。相应的强度指标见表1-2。

表1-2 砌筑砂浆强度等级

强度等级	抗压极限强度/MPa
M15	15.0
M10	10.0
M7.5	7.5
M5	5.0
M2.5	2.5
M1	1.0
M0.4	0.4

▲【施工机具选用】

抹灰的常用工具和机具如图1-5所示。

(1)铁抹子:用于基层打底和罩面层灰、收光。

(2)木抹子:用于搓平底层灰表面。

(3)托灰板:用于抹灰时承托砂浆。

项目 1 抹灰工程

图1-5 抹灰的常用工具和机具

(a)铁抹子；(b)木抹子；(c)托灰板；(d)靠尺；(e)刮尺、托线板；(f)阴角抹子、阳角抹子；(g)滚筒、钢丝刷；(h)灰勺；(i)灰桶；(j)筛子；(k)砂浆搅拌机；(l)灰车

(4)靠尺：用于抹灰时制作阳角和线角，分方靠尺（横截面为矩形）、一面八字尺和双面八字尺。使用时还需配以固定靠尺的钢筋卡子，钢筋卡子常用直径8 mm钢筋制作。

(5)刮尺：用于墙面或地面找平刮灰。

(6)托线板：用于挂垂直，板的中间有标准线，附有线坠。

(7)阴角抹子：用于压光阴角，分尖角和小圆角两种。

(8)阳角抹子：用于大墙、柱、梁、窗口、门口等处阳角的捋直、捋光。

(9)滚筒：用于滚压各种抹灰地面面层。

(10)钢丝刷：用于清刷基层。

(11)软毛刷子：用于室内外抹灰洒水。

(12)灰勺：用于抹灰时舀挖砂浆。

(13)灰桶：用于临时贮存砂浆和灰浆。

(14)筛子：用于筛分砂子，常用筛子的筛孔有 10 mm、8 mm、5 mm、3 mm、1.5 mm、1 mm 六种。

(15)砂浆搅拌机：用于搅拌各种砂浆，常用的规格有 200 L 和 325 L。

(16)铁锹：用于搅拌、装卸砂浆和灰膏，分平顶和尖顶两种。

(17)灰耙子：用于搅拌砂浆和灰膏。

(18)灰车：用于运输砂浆和灰浆。

▲【一般抹灰的施工】

抹灰又称粉刷，是用砂浆涂抹或用饰面块材贴铺在房屋建筑墙、顶、地等表面上的一种装饰工程。抹灰的主要作用是保护墙身不受风雨、潮气的侵蚀，提高墙身防潮、隔热、防风化、防腐蚀的能力，增强墙身的耐久性；同时改善室内清洁卫生条件和增加建筑物美观，对浴室、厕所、厨房等受潮的房间，还可保护墙身不受水和潮气的影响。对于一些特殊要求的房间，抹灰还能改善热工、声学、光学的物理性能。抹灰工程是工业与民用建筑装饰装修分部工程中的重要内容，是建筑艺术表现的重要部分。而抹灰工是土建专业工种中的重要成员之一，专指从事抹灰工程的人员，即将各种砂浆、装饰性水泥石砂浆等涂抹在建筑物的墙面、顶棚等表面上的施工人员。抹灰工程按使用材料和装饰效果分为一般抹灰和装饰抹灰。而一般抹灰是抹灰工程中最基本的，接下来就介绍一般抹灰的施工。

以内墙粉刷为例，一般抹灰操作的工艺流程为：清理基层→浇水润墙→做标注块→做标筋→做护角→抹底层灰→抹中层灰→抹面层灰→清理。

步骤一：清理基层。

(1)清除基层表面的灰尘、油渍、污垢以及砖墙面的余灰等。

(2)对突出墙面的灰浆和墙体应凿平。

(3)对于表面光滑的混凝土面还需将表面凿毛，以保证抹灰层能与其牢固粘结。

"毛化处理"办法，即先将表面尘土、污垢清扫干净，用10%的火碱水将板面的油污刷掉，随即用净水将碱液冲净、晾干，用成品界面剂喷涂表面。

(4)把前期施工留下的脚手架眼和孔洞填实堵严。

步骤二：浇水润墙。

上灰前应对砖墙基层提前浇水湿润，混凝土基层应洒水湿润。

步骤三：做标志块(也称"灰饼")。

(1)上灰前用托线板检查整个墙面的平整度和垂直度情况，根据检查结果确定抹灰厚度("找规矩"),如图 1-6 所示。

图 1-6　墙面平整度和垂直度检查

(2)做标志块:先在 2 m 高处(或距顶棚 150~200 mm 处)、墙面两近端处(或距阳角或阴角 150~200 mm 处),根据已确定的抹灰厚度,用 1∶3 水泥砂浆做成 50 mm×50 mm 见方的上部标志块。先做两端,用托线板做出下部标志块。

(3)引准线:在墙面上方和下方的左右两个对应标志块之间,用钉子钉在标志块外侧的墙缝内,以标志块为准,在钉子间拉水平横线,作为抹灰准线,如图 1-7 所示。然后沿线每隔 1.2~1.5 m 补做标志块,如图 1-8 所示。

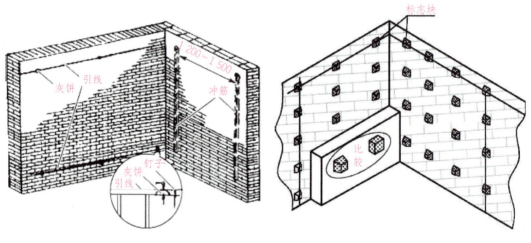

图 1-7　引准线　　　　　　　　　　图 1-8　标志块分布图

步骤四:做标筋(也称"冲筋")。

(1)用与底层抹灰相同的砂浆在上下两个灰饼之间先抹一层砂浆,接着抹二层砂浆,形成宽度为 100 mm 左右,厚度比标志块高出 10 mm 左右的梯形灰埂。手工抹灰时一般冲竖筋。

(2)做好灰埂后,待其表面收干,以标志块高度为准,用刮尺两头紧贴标志块,上右下左或上左下右搓动,直到将灰埂搓到与标志块一样平为止,同时要将灰埂的两边用刮尺修成斜面，以便与抹灰面接槎顺平，形成标筋。

步骤五：做阳角护角。

（1）将阳角用方尺规方，靠门框一边以门框离墙的空隙为准，另一边以墙面标筋厚度为依据。最好在地面上画好准线，按准线用砂浆粘好靠尺，用托线板吊直，方尺找方。

（2）在靠尺的另一边墙角分层抹1∶2水泥砂浆，与靠尺的外口平齐，如图1-9第一步所示。

（3）把靠尺移动至已抹好护角的一边，用钢筋卡子卡住，用托线板吊直靠尺，把护角的另一面分层抹好，如图1-9第二步所示。

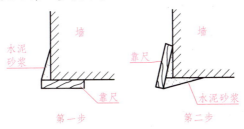

图1-9 做护角

（4）取下靠尺，待砂浆稍干时，用阳角抹子和水泥素浆捋出护角的小圆角，用靠尺沿顺直方向留出预定宽度，将多余砂浆切出40°斜面，以便抹面时与护角接槎。

步骤六：抹底层灰。

待标筋砂浆达到一定强度，刮尺操作不至损坏时，即可用铁抹子在两标筋间先薄薄地抹一层底层砂浆与基层粘结，底层砂浆厚度为标筋厚度的2/3，并用木抹子修补、压实、搓平、搓粗。

步骤七：抹中层灰。

待已抹底层灰凝结后（达七八成干用手指按压不软，但有指印和潮湿感），即可抹中层灰，中层灰砂浆同底层砂浆。抹灰时一般自上而下、自左向右涂抹，其厚度以垫平标筋为准，然后用大刮尺贴标筋刮平，不平处补抹砂浆，再刮直至墙面平直，最后用木抹子搓实。

步骤八：抹面层灰。

待中层灰达七八成干后，即可抹面层灰。用铁抹子从边角开始，自左向右进行，先竖向薄薄抹一遍，再横向抹第二遍，厚度为2～3 mm，并压平压光。如果中层灰已干透发白，应先适度洒水湿润后，再抹面层灰。

步骤九：场地清理。

抹灰完毕，要将粘在门窗框、墙面上的灰浆及落地灰及时清除，打扫干净，并清理交还工具。

▲【施工质量检查与验收】

（1）工程所选用的材料，其各项性能应符合规范规定。

(2)验收批划分：

1)相同材料、工艺和施工条件的室外抹灰工程每 500～1 000 m^2 应划为一个检验批，不足 500 m^2 也应划为一个检验批。

2)相同材料、工艺和施工条件的室内抹灰工程每 50 个自然间(大面积房间和走廊按抹灰面积 30 m^2 为一间)应划分为一个检验批，不足 50 间也应划分为一个检验批。

(3)验收数量：

1)室内每个检验批应至少抽查 10%，并不得少于 3 间；不足 3 间时应全数检查。

2)室外每个检验批每 100 m^2 应至少抽查一处，每处不得小于 10 m^2。

(4)一般抹灰工程质量验收主控项目检验内容及检验方法见表 1-3。一般抹灰工程质量一般项目检验内容及检验方法见表 1-4 一般抹灰工程质量的允许偏差和检验方法见表 1-5。

表 1-3　一般抹灰工程质量验收主控项目检验内容及检验方法

项次	主控项目要求	检验方法
1	抹灰前基层表面的尘土、污垢、油渍等应清除干净，并应洒水润湿	检查施工记录
2	一般抹灰所用材料的品种和性能应符合设计要求。水泥的凝结时间和安定性复验应合格。砂浆的配合比应符合设计要求	检查产品合格证书、进场验收记录、复验报告和施工记录
3	材料质量是保证抹灰工程质量的基础，因此，抹灰工程所用材料如水泥、砂、石灰膏、石膏、有机聚合物等应符合设计要求及国家现行产品标准的规定，并应有出厂合格证；材料进场时应进行现场验收，不合格的材料不得用在抹灰工程上，对影响抹灰工程质量与安全的主要材料的某些性能如水泥的凝结时间和安定性进行现场抽样复验	观察并检查产品合格证书、进场验收记录、复验报告和施工记录
4	抹灰工程应分层进行。当抹灰总厚度大于或等于 35 mm 时，应采取加强措施。不同材料基体交接处表面的抹灰，应采取防止开裂的加强措施，当采用加强网时，加强网与各基体的搭接宽度不应小于 100 mm	检查隐蔽工程验收记录和施工记录
5	抹灰厚度过大时，容易产生起鼓、脱落等质量问题；不同材料基体交接处，由于吸水和收缩性不一致，接缝处表面的抹灰层容易开裂。上述情况均应采取加强措施，以切实保证抹灰工程的质量	观察
6	抹灰层与基层之间及各抹灰层之间必须粘结牢固，抹灰层应无脱层、空鼓，面层应无爆灰和裂缝	观察；用小锤轻击检查；检查施工记录
7	抹灰工程的质量关键是粘结牢固，无开裂、空鼓与脱落。如果粘结不牢，出现空鼓、开裂、脱落等缺陷，会降低对墙体保护作用，且影响装饰效果。经调研分析，抹灰层之所以出现开裂、空鼓和脱落等质量问题，主要原因是基体表面清理不干净，如：基体表面尘埃及疏松物、脱模剂和油渍等影响抹灰粘结牢固的物质未彻底清除干净，基体表面光滑，抹灰前未做毛化处理，抹灰前基体表面浇水不透，抹灰后砂浆中的水分很快被基体吸收，使砂浆质量不好，使用不当，一次抹灰过厚，干缩率较大等，都会影响抹灰层与基体的粘结牢固	观察

表 1-4　一般抹灰工程质量验收一般项目检验内容及检验方法

项次	一般项目要求	检验方法
1	普通抹灰表面应光滑、洁净、接槎平整，分格缝应清晰。高级抹灰表面应光滑、洁净、颜色均匀、无抹纹，分格缝和灰线应清晰美观	观察；手摸检查
2	护角、孔洞、槽、盒周围的抹灰表面应整齐、光滑；管道后面的抹灰表面应平整	观察
3	抹灰层的总厚度应符合设计要求；水泥砂浆不得抹在石灰砂浆层上；罩面石膏灰不得抹在水泥砂浆层上	检查施工记录
4	抹灰分格缝的设置应符合设计要求，宽度和深度应均匀，表面应光滑，棱角应整齐	尺量检查
5	有排水要求的部位应做滴水线（槽）。滴水线（槽）应整齐顺直，滴水线应内高外低，滴水槽宽度和深度均不应小于 10 mm	尺量检查

表 1-5　一般抹灰工程质量的允许偏差和检验方法

项次	项目	允许偏差/mm		检验方法
		普通抹灰	高级抹灰	
1	立面垂直度	4	3	用 2 m 垂直检测尺检查
2	表面平整度	4	3	用 2 m 靠尺和塞尺检查
3	阴阳角方正	4	3	用直角检测尺检查
4	分格条（缝）直线度	4	3	拉 5 m 线，不足 5 m 拉通线，用钢直尺检查
5	墙裙、勒脚上口直线度	4	3	拉 5 m 线，不足 5 m 拉通线，用钢直尺检查

注：(1) 普通抹灰，本表第 3 项阴角方正可不检查；
　　(2) 顶棚抹灰，本表第 2 项表面平整度可不检查，但应平顺。

任务小结

本任务主要介绍一般抹灰的构造与识图、材料及工机具的选用、一般抹灰的施工工艺及质量检验等相关知识，以室内抹灰的构造、施工为主。如需更全面、深入学习抹灰工程的部分知识，请查阅相关标准、规范和技术规程。

任务练习

(1) 抹灰的施工工序及检查验收的标准是什么？
(2) 以学校镶贴工棚为例，组织学生实训。

项目 1 抹灰工程

任务1.2　装饰抹灰工程

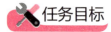
任务目标

● 【知识目标】

1. 了解装饰抹灰材料的性能知识及常用工具的使用方法。
2. 熟悉水刷石、斩假石、干粘石等抹灰的基本施工工序。
3. 掌握装饰抹灰工程质量评定标准的内容以及常用的质量检测方法。

● 【能力目标】

1. 会识读施工图，掌握装饰抹灰工程的相关信息。
2. 能正确使用检验工具并实施质量验收。
3. 领悟抹灰工团结合作、安全生产、文明施工的习惯及其优良的敬业精神。

任务实施

▲【构造与识图】

装饰抹灰不但有一般抹灰工程同样的功能，而且在材料、工艺、外观上更具有特殊的装饰效果。其可使建筑物表面光滑、平整、清洁、美观，在满足人们审美需要的同时，还能给予建筑物独特的装饰形式和色彩。其价格稍贵于一般抹灰，是目前一种物美价廉的装饰工程。

装饰抹灰的种类很多，但底层的做法基本相同（均为1∶3水泥砂浆打底），仅面层的做法不同，如图1-10所示。

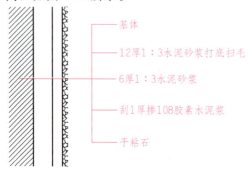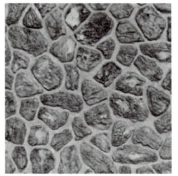

(a)

图1-10　装饰抹灰基本构造及效果示例

(a)干粘石

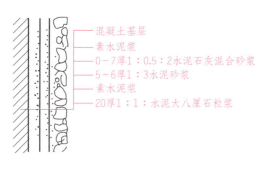 

(b)

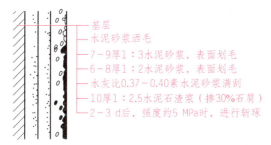 

(c)

图1-10 装饰抹灰基本构造及效果示例（续）

(b)水刷石；(c)斩假石

▲【装饰抹灰施工】

装饰抹灰的工机具与一般抹灰的工机具相同，这里就不再赘述。

1. 水刷石的施工

（1）概念。水刷石是一种人造石料，制作过程是用水泥、石屑、小石子或颜料等加水拌合，抹在建筑物的表面，半凝固后，用硬毛刷蘸水刷去表面的水泥浆而使石屑或小石子半露。

水刷石饰面是一项传统的施工工艺，它能使墙面具有天然质感，而且色泽庄重美观，饰面坚固耐久，不褪色，也比较耐污染。

（2）工艺流程及要点。清理基层→吊垂直、套方、找规矩→冲筋、抹底层砂浆→弹线、分格、粘分格条、滴水条→抹水泥砂浆粒→修整→喷刷→起分格条、滴水条和勾缝→浇水养护。

1）清理基层。要认真将基层表面杂物清理干净，脚手架孔洞填塞堵严。混凝土墙表面凸出较大的地方要剔平刷净，蜂窝低凹、缺棱掉角处，应先刷一道108胶：水＝1:1的水泥素浆，再用1:3水泥砂浆分层修补。混凝土墙表面应根据浇筑时所用的隔离剂种类，采取不同措施进行洗刷。如使用油质隔离剂时应用火碱溶液洗涤，然后用清水冲洗干净。混凝土的光滑表面应进行凿毛处理，使需要抹灰的表面凿斩成为毛糙面，以增加与抹灰层之间的粘结力。

2）找规矩、冲筋。基层为砖墙面时由顶层从上向下弹出垂直线，在墙面和四角弹线找规矩，在窗口的上、下沿，弹水平线，在墙面的阴阳角、柱处弹垂直线，在窗口两侧及柱垛等部位做灰饼，按弹出的准线每隔1.5 m左右，做一道标筋。

基层为混凝土墙面时,抹灰前先刷薄薄的一层素水泥浆(宜掺用水量10%的108胶),接着抹1∶0.5∶3的水泥石灰砂浆,表面用木抹子找平,第二天开始洒水湿润养护墙面。待底层砂浆六七成干时,参照砖墙找规矩的方法。

3)底、中层抹灰。底层抹灰材料配合比等要求,应按设计规定。一般多采用1∶3水泥砂浆进行底、中层抹灰,总厚度约为12 mm。

4)水刷石面层施工。

①粘贴分格条。底层或垫层抹好后待砂浆六七成干时,按照设计要求,弹线确定分格条位置,但必须注意横条大小均匀,竖条对称一致。木条断面高度为罩面层的厚度、宽度做成梯形里窄外宽,分格条粘贴前要在水中浸透以防抹灰后分格条发生膨胀;粘贴时在分格条上、下用素水泥浆粘结牢固;粘贴后应横平竖直,交接紧密,通顺。

②抹罩面石子浆。在底层或垫层达到一定强度、分格条粘贴完毕后,视底层的干湿程度酌情浇水湿润,均匀薄刮素水泥浆一道,这是防止空鼓的关键。

5)修整。罩面水泥石粒浆层稍干无水光时,先用铁抹子抹一遍,将小孔洞压实、挤严。然后用软毛刷蘸水刷去表面灰浆,并用抹子轻轻拍平石粒,再刷一遍再次拍压,将水刷石面层分遍拍平压实,使石粒较为紧密且均匀分布。

6)喷水冲刷。冲水是确保水刷石饰面质量的重要环节之一,如冲洗不净会使水刷石表面色泽晦暗或明暗不一。当罩面层凝结(表面略有发黑,手感稍有柔软但不显指痕),用刷子刷扫石粒不掉时,即可开始喷水冲刷。

喷刷分两遍进行,第一遍先用软毛刷蘸水刷掉面层水泥浆露出石粒;第二遍随即用喷浆机或喷雾器将四周相邻部位喷湿,然后由上往下顺序喷水。喷射要均匀,喷头距墙面100~200 mm,将面层表面及石粒间的水泥浆冲出,使石粒露出表面1/3~1/2粒径,清晰可见。冲刷时要做好排水工作,使水不会直接顺墙面流下。

喷刷完成后即可取出分格条,刷光理净分格缝,并用水泥浆勾缝。

7)浇水养护。时间不少于7 d,在夏季酷热施工时,应该搭设临时遮阳棚,防止水泥早期脱水影响强度,削弱粘接力。

2. 斩假石的施工

(1)概念。斩假石又称剁斧石,是在水泥砂浆抹灰中层上批抹水泥石粒浆,待其硬化后用剁斧(图1-11)、齿斧及钢凿(图1-12)等工具剁出有规律的纹路,使之具有类似经过雕琢的天然石材的表面形态,即为斩假石装饰抹灰面。

图1-11 剁斧

图1-12 齿斧 钢凿

所用施工工具除一般抹灰常用工具外，尚需备有剁斧(斩斧)、花锤(棱点锤)(图1-13)、单刃或多刃斧、钢凿和尖锥(图1-14)等。

图1-13　花锤(棱点锤)　　　　　　　图1-14　尖锥

(2)工艺流程及要点。基层处理→吊垂直、套方、找规矩→贴灰饼→抹底层砂浆→抹面层石渣→浇水养护→弹线→剁石。

1)基层处理。首先将凸出墙面的混凝土或砖剔平，对大钢模施工的混凝土墙面应凿毛，并用钢丝刷满刷一遍，再浇水湿润。

如果基层混凝土表面很光滑，亦可采取如下的"毛化处理"办法，即先将表面尘土、污垢清扫干净，用10%的火碱水将板面的油污刷掉，随即用净水将碱液冲净、晾干。然后用1∶1水泥细砂浆内掺用水量20%的108胶，喷或用笤帚把砂浆甩到墙上，其甩点要均匀，终凝后浇水养护，直至水泥砂浆疙瘩全部粘到混凝土光面上，并有较高的强度(用手掰不动)为止。

2)吊垂直、套方、找规矩、贴灰饼。根据设计图纸的要求，把设计需要做斩假石的墙面、柱面中心线和四周大角及门窗口角，用线坠吊垂直线，贴灰饼找直。

3)抹底、中层砂浆。结构面提前浇水湿润，先刷一道掺用水量10%的108胶的水泥素浆，紧跟着按事先冲好的筋分层分遍抹1∶3水泥砂浆，第一遍厚度宜为5 mm，抹后用笤帚扫毛；待第一遍六七成干时，即可抹第二遍，厚度为6～8 mm，并与筋抹平，用抹子压实，刮杠找平、搓毛，墙面阴阳角要垂直方正。

4)抹面层石渣。根据设计图纸的要求在底子灰上弹好分格线，当设计无要求时，也要适当分格。首先将墙、柱、台阶等底子灰浇水湿润，然后用素水泥膏把分格米厘条贴好。待分格条有一定强度后，便可抹面层石渣，先抹一层素水泥浆随即抹面层，面层用1∶1.25(体积比)水泥石渣浆，厚度为10 mm左右。然后用铁抹子横竖反复压几遍直至赶平压实，边角无空隙。随即用软毛刷蘸水把表面水泥浆刷掉，使露出的石渣均匀一致。面层抹完后约隔24 h浇水养护。

5)剁石。抹好后，常温(15 ℃～30 ℃)隔2～3 d可开始试剁，气温较低时(5 ℃～15 ℃)抹好后隔4～5 d可开始试剁，如经试剁石子不脱落便可正式剁。为了保证棱角完整无缺，使斩假石有真石感，可在柱子等边棱处，宜横剁出边条或留出15～20 mm的边条不剁。为保证剁纹垂直和平行，可在分格内划垂直控制线，或在台阶上划平行垂直线，控制剁纹，保持与边线平行。剁石时用力要一致,垂直于大面,顺着一个方向剁,以保持剁纹均匀。一般剁石的深度以石渣剁掉 1/3 比较适宜,使剁成的假石成品美观大方。

3. 干粘石的施工

(1)概念。干粘石是将彩色石粒直接粘在砂浆层上的一种装饰抹灰做法。干粘石通过采用彩色和黑白石粒掺和作集料,使抹灰饰面具有天然石料质地朴实、凝重或色彩优雅的特点。干粘石的石粒,也可用彩色瓷粒及石屑所取代,使装饰抹灰饰面更趋丰富。

(2)工艺流程及要点。基层处理→吊垂直、套方、找规矩→冲筋、抹底层砂浆→弹线、分格、粘分格条、滴水条→甩粘石粒与拍压平整→起分格条、滴水条和勾缝→浇水养护。

1)底、中层抹砂浆。可采用 1∶3 水泥砂浆抹底层和中层砂浆,总厚度 10～14 mm,砂浆表面保持平整、粗糙,并注意养护。

2)粘分格条、抹粘结层砂浆。根据中层抹砂浆的干燥程度洒水湿润,刷水泥浆结合层一道(水灰比 0.40～0.50)。按设计要求弹线分格,用水泥浆粘贴分格条,干粘石抹灰饰面的分格缝宽度一般不小于 20 mm;小面积抹灰只起线型装饰作用时,其缝宽尺寸可适当略减。

粘结层砂浆可采用聚合物水泥砂浆,其稠度不大于 8 cm,铺抹厚度根据所用石粒的粒径而定,一般为 4～6 mm。要求涂抹平整,不显抹痕;按分格大小,一次抹一格或数格,避免在格内留槎。

3)甩粘石粒与拍压平整。待粘结层砂浆干湿适宜时,即进行甩粘石粒。一手拿盛料盘,内盛洗净晾干的石粒(干粘石多采用小八厘石渣,过 4 mm 筛去除粉末杂质),一手持木拍,用拍铲起石粒反手往墙面粘结层砂浆上甩。甩面要大,平稳有力。先甩粘四周易干部位,后甩粘中部,要使石粒均匀地嵌入粘结层砂浆中。如发现石粒分布不匀或过于稀疏,可以用手及抹子直接补粘。

在粘结砂浆表面均匀地粘嵌上一层石粒后,用抹子或橡胶滚轻手拍、压一遍,使石粒埋入砂浆的深度不小于 1/2 粒径,拍压后石粒应平整坚实。等候 10～15 min,待灰浆稍干时,做第二次拍平,用力稍强,但仍以轻力拍压和不挤出灰浆为宜。如有石粒下坠、不均匀、外露尖角太多或面层不平等不合格现象,应再一次补粘石粒和拍压。但应注意,先后的粘石操作不要超过 45 min,即在水泥初凝前结束。

4)起分格条及勾缝。干粘石饰面达到表面平整、石粒饱满时,即可起出分格条,起条时不要碰动石粒。取出分格条后,随手清理分格缝并用水泥浆予以勾抹修整,使分格缝达到顺直、清晰,宽窄。

▲【施工质量检查与验收】

(1)工程所选用的材料,其各项性能应符合规范规定。

(2)验收批划分。

1)相同材料、工艺和施工条件的室外抹灰工程每 500～1 000 m² 应划为一个检验批,不足 500 m² 也应划为一个检验批。

2)相同材料、工艺和施工条件的室内抹灰工程每 50 个自然间(大面积房间和走廊按抹灰面积 30 m² 为一间)应划分为一个检验批,不足 50 间也应划分为一个检验批。

(3)验收数量。

1)室内每个检验批应至少抽查 10%,并不得少于 3 间;不足 3 间时应全数检查。

2)室外每个检验批每 100 m² 应至少抽查一处,每处不得小于 10 m²。

(4)装饰抹灰工程质量验收主控项目检验内容及检验方法见表 1-6。装饰抹灰工程质量一般项目检验内容及检验方法见表 1-7 装饰抹灰的允许偏差和检验方法见表 1-8。

表 1-6 装饰抹灰工程质量验收主控项目检验内容及检验方法

项次	主控项目要求	检验方法
1	抹灰前基层表面的尘土、污垢、油渍等应清除干净,并应洒水润湿	检查施工记录
2	装饰抹灰工程所用材料的品种和性能应符合设计要求。水泥的凝结时间和安定性复验应合格。砂浆的配合比应符合设计要求	检查产品合格证书、进场验收记录、复验报告和施工记录
3	抹灰工程应分层进行。当抹灰总厚度大于或等于 35 mm 时,应采取加强措施。不同材料基体交接处表面的抹灰,应采取防止开裂的加强措施,当采用加强网时,加强网与各基体的搭接宽度不应小于 100 mm	检查隐蔽工程验收记录和施工记录
4	各抹灰层之间及抹灰层与基体之间必须粘结牢固,抹灰层应无脱层、空鼓和裂缝	观察;用小锤轻击检查;检查施工记录

表 1-7 装饰抹灰工程质量验收一般项目检验内容及检验方法

项次	一般项目要求	检验方法
1	装饰抹灰工程的表面质量应符合下列规定: (1)水刷石表面应石粒清晰、分布均匀、紧密平整、色泽一致,应无掉粒和接槎痕迹。 (2)斩假石表面剁纹应均匀顺直、深浅一致,应无漏剁处;阳角处应横剁并留出宽窄一致的不剁边条,棱角应无损坏。 (3)干粘石表面应色泽一致、不露浆、不漏粘,石粒应粘结牢固、分布均匀,阳角处应无明显黑边	观察;手摸检查
2	装饰抹灰分格条(缝)的设置应符合设计要求,宽度和深度应均匀,表面应平整光滑,棱角应整齐	观察
3	有排水要求的部位应做滴水线(槽)。滴水线(槽)应顺直,滴水线应内高外低,滴水槽的宽度和深度均不应小于 10 mm,小于 10 mm 时应采取加强措施。不同材料基体交接处表面的抹灰,应采取防止开裂的加强措施,当采用加强网时,加强网与各基体的搭接宽度不应小于 100 mm	观察;尺量检查

项目 1 抹灰工程

表 1-8 装饰抹灰的允许偏差和检验方法

项次	项目	允许偏差/mm			检验方法
		水刷石	斩假石	干粘石	
1	立面垂度	5	4	5	用 2 m 垂直检测尺检查
2	表面平度	3	3	5	用 2 m 靠尺和塞尺检查
3	阴阳角方正	3	3	4	用直角测尺检查
4	分格条(缝直线度)	3	3	3	拉 5 m 线,不足 5 m 拉通线,用钢直尺检查
5	墙裙、勒脚上口直线度	3	3	—	拉 5 m 线,不足 5 m 拉通线,用钢直尺检查

任务小结

本任务主要介绍装饰抹灰的构造与识图;水刷石抹灰、斩假石抹灰、干粘石抹灰施工工艺及质量检验等相关知识。如需更全面、深入学习抹灰工程的部分知识,可以查阅《建筑装饰装修工程质量验收规范》(GB 50210—2001)等标准、规范和技术规程。

任务练习

(1)水刷石抹灰、斩假石抹灰、干粘石抹灰的施工工序及检查验收的标准是什么?
(2)以学校镶贴工棚为例,组织学生进行装饰抹灰实训。

项目 2

墙面装饰工程

任务 2.1　涂料类墙体饰面

任务目标

【知识目标】

1. 知道涂料类墙面装饰常用的材料及其质量要求。
2. 知道涂料类墙面施工前准备工作的内容与方法。
3. 掌握涂料墙面装饰工程的施工方法。
4. 熟悉涂料墙面装饰施工验收的内容及方法。

【能力目标】

1. 会编制涂料类墙面施工工艺流程。
2. 能正确使用检验方法与工具并实施质量验收。

任务实施

涂料类饰面是在墙面已有的基层上，刮批腻子找平，然后涂刷选定的建筑涂料所形成的一种饰面。

涂料类饰面具有工效高、工期短、材料用量少、自重小、造价低等优点。其耐久性略差，但维修、更新方便，且简单易行。

它在装饰效果方面的最大优点是：几乎可以配制成任何一种需要的颜色。这也是其他饰面材料所不能及的。

▲【涂料类饰面基本构造】

涂料类饰面构造一般分三层，即底层、中间层、面层。

(1)底层。俗称底漆，主要是增加涂层和基层的黏附力，还兼具基层封闭剂的作用。

(2)中间层。是整个涂层构造的成型层，即通过适当工艺，形成具有一定厚度、匀实饱满的涂层。它不仅是整个涂层耐久性、耐水性和强度的保证,还可对基层起到补强的作用。

(3)面层。是整个涂层色彩和光感的体现,为保证色彩均匀、光泽度好,并满足耐久性、耐磨性等方面的要求,最低限度应涂刷两遍。

【施工材料组成与分类】

1. 涂料的组成

涂料由主要成膜物质、次要成膜物质和辅助成膜物质三部分组成,如图2-1所示。

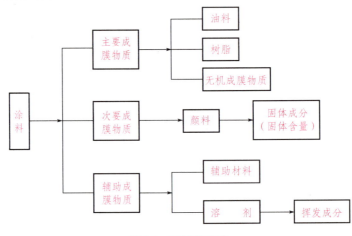

图 2-1 涂料的组成

2. 涂料的分类

根据饰面涂刷材料的性能和基本构造,涂料类饰面可分为油漆饰面、涂料饰面、刷浆饰面。

(1)油漆饰面。油漆指以合成树脂或天然树脂为原料的涂料。其命名和分类方法很多,按使用对象分,有地板漆、门窗漆等;按效果分,有清漆、色漆等;按使用的方法分有喷漆、烘漆等;按漆膜外观分,有光漆、亚光漆和皱纹漆等。

油漆墙面耐水、易清洗,但涂层的耐光性差,有时对墙面基层要求较高,施工工序繁、工期长。需要显现墙体材料的质感时,使用清漆;否则使用调和漆,即由基料、填料、颜料及其他辅料调制成的漆,可将饰面做成各种色彩。

用油漆做墙面装饰时,要求基层平整,充分干燥,且无任何细小裂纹。一般构造做法是先在墙面上用水泥石灰砂浆打底,再用水泥、石灰膏、细黄砂粉面两层,总厚度20 mm左右,最后刷清漆或调和漆。一般情况下,油漆均涂一底二度。

(2)涂料饰面。建筑装饰涂料按化学组分可分为无机高分子涂料和有机高分子涂料。常用的有机高分子涂料有以下三类:

1)溶剂型涂料。此类涂料产生的涂膜细腻坚韧,且耐水性、耐老化性能均较好,成膜温度可以低于0 ℃,但价格昂贵,易燃,挥发的有机溶剂对人体有害。常用的溶剂型涂料有氯化橡胶涂料、丙烯酸酯涂料、丙烯酸聚氨酯涂料、环氧聚氨酯涂料等。

2)乳液型涂料。常用的乳液型涂料有乳胶漆和乳液厚涂料两类。当填充料为细粉末,所得涂料可形成类似油漆漆膜的平滑涂层时,称为乳胶漆;而掺用类似云母粉、粗砂粒等填料所得的涂料,称为乳液厚涂料。其主要优点是以水为分散介质,无毒,施工操作方便,且耐久性较好,有一定的透气性和耐碱性;但施工时温度不能太低,一般为 8 ℃以上,且耐暴晒性和耐水性不够理想,因此大量用于室内装修。近年来,由于采取了很多改进措施,性能大大改善,既用在室内也用在室外,成为应用最广泛的一种涂料。常用的内墙涂料有聚醋酸乙烯乳液涂料、乙烯乳液涂料、苯丙-环氧乳液涂料等;外墙涂料常用的有乙丙、苯丙乳液涂料及丙烯酸性涂料等几种。

3)水溶性涂料。水溶性涂料是以水溶性合成树脂为主要成膜物质,以水为稀释剂,加入适量颜料、填料及辅助材料,共同研磨而成的涂料,其特性类似乳液涂料,但其耐水性和耐污染性差,若掺入有机高分子材料可改善这些性能。常用的主要有聚乙烯醇水玻璃内墙涂料和聚乙烯醇缩甲醛胶内墙涂料等。

无机高分子涂料是以无机材料为胶结剂,加入固化剂、颜料、填料及分散剂等经搅拌混合而成,大致可分为水泥系、碱金属硅酸盐系、胶态氧化硅系等几大类。相对有机涂料,无机涂料形成的涂膜具有更好的长期耐水和耐候性。常用的有硅酸盐无机建筑涂料、硅溶胶无机建筑涂料等。

建筑装饰涂料按施工厚度分厚质、薄质两类。薄质因其形成的涂层较薄,不能形成凹凸的质感,所以,涂料的装饰作用主要在于改变墙面色彩,若采用厚质涂料则既可改变颜色,也可改变质感。

(3)刷浆饰面。

1)水泥浆饰面。

①水泥避水色浆。水泥避水色浆又名"憎水水泥浆",是在白水泥中掺入消石灰粉、石膏、氯化钙等无机物作为保水和促凝剂,另外还掺入硬脂酸钙作为疏水剂,以减少涂层的吸水性,延缓其被污染的过程,其质量比为:32.5 级白水泥:消石灰粉:氯化钙:石膏:硬脂酸钙=100:20:5:5:(0.5~1.1)。根据需要可适当掺颜料,但大面积使用时,颜色不易做匀。水泥避水色浆强度比石灰浆高,但成分太多,量又很小,现场施工条件下不易掌握。硬脂酸钙如不充分搅匀,涂层疏水效果不明显,耐污染效果也不会显著改进,特别是砖墙盐析较大,但比石灰浆要好。

②聚合物水泥浆。聚合物水泥浆主要成分为:水泥、高分子材料、分散剂、憎水剂和颜料。常用的两种配比见表 2-1。

表 2-1 聚合物水泥浆配比

白水泥	108 胶	乙-顺乳液	聚醋酸乙烯	六偏磷酸钠	木质素磺酸钠	甲基硝酸钠	颜料
100	20			0.1	(0.3)	60	适量
100		20~30	(20)				

注:1. 乙-顺乳液可用聚醋酸乙烯代替(用量加括号);
    2. 六偏磷酸钠和木质素磺酸钠均为分散剂,两者只选用其一。

项目 2 墙面装饰工程

聚合物水泥浆较避水色浆强度高,施工方便,但其耐久性、耐污染性和装饰效果都存在较大的局限性。大面积使用易出现色差,基层的盐析物很容易析出,从而影响装饰效果,因此只适用一般等级工程的线脚及局部装饰。

2)大白浆饰面。以大白粉、胶结料为原料加水调和而成的涂料。其盖底能力较强,涂层外观较石灰浆细腻、洁白,且货源充足,价格较低,施工更新方便,故广泛用于室内墙面及顶棚。

大白浆可配成色浆使用。若加入 108 胶或聚醋酸乙烯乳液(大白粉的 15%~20% 或 8%~10%)作为胶料,可提高粘结性能;一般在抹灰面上局部或满刮腻子后,喷刷两遍或三遍成活,具体视装饰效果等级要求而定。

3)可赛银浆饰面。以硫酸钙、滑石粉为填料,以酪素为粘结料,掺入颜料混合而成的粉末状材料,又称酪素涂料。使用时,先用温水隔夜将粉末充分浸泡,使酪素充分溶解,然后调至施工稠度即可。与大白浆相比,质地更细腻,均匀性更好,色彩更易取得均匀一致的效果,耐碱性和耐磨性也较好,属中档内墙涂料。在已做好的墙面基层上刷两遍即可。

▲【涂料类饰面的施工技术】

1. 施工准备

(1)材料准备。准备相应的涂料、稀释剂、腻子。

(2)工具准备。准备基层处理用工具(尖头锤、刮铲、钢丝刷等)、涂料施涂用工机具(油刷、排笔、涂料辊、搅拌器、喷枪、弹涂器)(图 2-2)。

(a)　　　　　　　　(b)　　　　　　　　(C)

图 2-2　涂料涂施用工具

(a)油刷;(b)排笔;(c)涂料辊

(3)施工条件。

1)涂料工程应待抹灰、吊顶、地面等装饰工程和水电工程完工后进行。

2)施工现场的温度不宜低于 10 ℃,相对湿度不宜大于 60%。

3)涂料工程的基体或基层的含水率应控制在:混凝土和抹灰面施涂溶剂型涂料时,含水率不大于 8%;施涂水性和乳液涂料时,含水率不得大于 10%;木材制品含水率不大于 12%。

2. 施工要点

(1)材料准备。注意材料的配套性。各层涂料之间应结合良好,不产生咬底现象,涂料与所用的溶剂、助剂、腻子也应注意配套性。

1)腻子。装饰工程中使用的腻子必须与所用的涂料配套,其塑性和易涂性应满足施工要求,干燥后应坚固,不得粉化、起皮和产生裂纹。在潮湿场所应用具有耐水性能的腻子。表2-2是常用腻子及润粉的配合比。

表2-2　涂料工程中常用腻子及润粉的配合比(质量比)

混凝土表面、抹灰表面		木料表面			金属表面
适用于室内的腻子	适用于外墙、厨房、厕所、浴室的腻子	石膏腻子	清漆的润水粉	清漆的润油粉	
聚醋酸乙烯乳液(白乳胶)1 滑石粉或大白粉5 2%羧甲基纤维素溶液3.5	聚醋酸乙烯乳液(白乳胶)1 水泥5 水1	石膏粉20 熟桐油7 水50	大白粉14 骨胶1 土黄或其他颜料1 水18	大白粉24 松香水16 熟桐油2	石膏粉20 熟桐油5 油性腻子或醇酸腻子10 底漆7 水45

注:表面刷涂清漆后使用的腻子,与木料表面石膏腻子的配合比相同。

2)稀释剂。对不同类型的漆,应根据漆中所含的成膜物质的性质和各种溶剂的溶解力、挥发速度和对漆膜的影响等情况选择并配制稀释剂。

(2)调色。在大面积涂料施工前,应先做色彩小样。调色正确后,按其实际配合比调制方可正式施工。调色时应使用同种类型的涂料,搅拌混合应均匀,由专人负责调配。

(3)基层的处理。涂料在施工前,应对基层做适当的处理,以使表面涂膜与基层很好地粘结。

1)木基层。木基层的表面应平整,无尘土、污垢等脏物。表面的缝隙用腻子刮填后,再用砂纸磨光,使表面的平整度满足规定。木基层表面的毛刺可用火燎法或润湿法处理;表面的油脂和胶渍用酒精、汽油或其他溶剂去除;树脂可用丙酮等溶剂和碱液清除。碱液常用5%~6%的碳酸钠水溶液或4%~5%的火碱水溶液配制。木基层如需漂白处理时,可用双氧水加氨水、草酸、3%浓度的次氯酸钠和漂白粉等物质处理。双氧水加氨水的配制是:3%浓度的双氧水100 g和25%的氨水10~20 g混合。漂白粉的配制是:1 L 5%的碳酸钾和碳酸钠(1∶1)水溶液中加入50 g的漂白粉。

2)金属基层。金属基层表面应平整,无尘土、油污、锈斑、鳞皮、焊渣、毛刺和旧涂层。用洗洁剂或皂液等除去尘土、油污等,再用清水洗净;鳞皮和锈斑可用砂纸打磨去除;焊渣和毛刺用磨光机打磨去除。

3)混凝土及抹灰基层。基层的pH值应在10以下,表面应平整、坚实、洁净,阴阳角处的线条应挺直分明。基层表面的杂物可用铲刀、钢丝刷等进行清除;油污用5%~10%的火碱水溶液进行清洗;表面的析碱部分(泛白处)用3%的草酸进行清洗;旧涂层及霉斑处用10%的火碱水溶液、松香水和除霉剂等进行处理,所有用酸碱溶液清洗过的部位均需用清水冲洗干净。

基层表面的空鼓、缝隙和孔洞等缺陷应采取凿除修平、腻子嵌平和修补填眼等方法进行处理。

新抹灰的水泥砂浆基层应待其内外表面的水分充分挥发干燥后(含水率在10%以下)，再进行涂料施工，否则涂膜的粘结不牢固。

(4)面层施工。施工方法应符合有关的操作规程，如各层涂料的涂饰先后顺序、干燥时间要求等。

涂料的施工方法一般有刷、滚、喷、弹等几种。

1)刷涂。刷涂工艺就是用毛刷、排笔等工具进行涂敷。涂刷时注意刷纹的长短应相近，涂膜厚度均匀一致。一般涂刷二次盖底，待第一层涂膜干燥后再刷第二层，也可涂刷第一遍后立即刷第二遍。涂料初干后不可再用刷子反复涂刷。

2)滚涂。滚涂是用羊毛滚子进行涂饰的一种方法。为保持涂膜均匀一致，在施工中常用刷涂与滚涂相结合的方法。先在基层表面用刷子刷上一层均匀的涂料后，用毛滚子蘸上涂料，一次蘸上的涂料不宜过多，随即将其滚压到基层表面上，滚压时方向要一致，动作要迅速，滚子的转动应均匀，滚涂时要避免接槎刷迹重叠。滚涂的顺序应先上后下，先远后近，先边角、棱边，后大面。

3)喷涂。喷涂是用喷枪、空气压缩机等将涂料喷射于基体表面的一种施工方法。空气压缩机的压力一般为0.4～0.7 MPa，排气量为0.6 m³。喷涂时，应将门、窗框等不需喷涂的部位用纸遮住。喷枪在运行时应按如图2-3所示的运行方向进行，喷嘴应始终保持与基面垂直，喷距为0.3～0.5 m，喷嘴压力为0.2～0.3 MPa，喷枪移动时应平稳，不应时停时移或跳跃喷涂，以免发生堆料、流挂或漏喷现象。

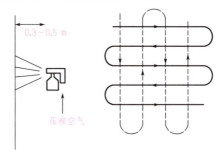

图2-3 喷枪的运行路线

喷涂的顺序一般为：墙面→柱面→顶棚→门窗。

4)弹涂。用弹涂器分多遍将涂料弹涂在基层上，结成大小不同的点后，喷防水层一遍，形成相互交错、相互衬托的一种饰面。弹涂须先做样板，检验合格后方可大面积弹涂，每一遍弹涂应分多次弹匀。

(5)施工要求。

1)涂料的黏度或稠度须加以控制，使其在涂料施涂时不流坠，不显刷纹，施涂时不得任意稀释。

2)双组分或多组分涂料在施涂前,应按产品说明规定的配合比,根据使用情况分批混合,并在规定的时间内用完。所有涂料在施涂前和施涂过程中,均应充分搅拌。

3)施涂溶剂型涂料时,后一遍涂料必须在前一遍涂料干燥后进行;施涂水性和乳液涂料时,后一遍涂料必须在前一遍涂料表面干后进行。每一遍涂料应施涂均匀,各层必须结合牢固。

4)涂料用喷涂工艺施工时,应将不喷涂料的部位遮盖,以防沾污。涂料在干燥前应防止雨淋、尘土沾污和热空气的侵袭。用完的施工工具应及时清洗或浸泡在相应的溶剂中。

▲【其他几种典型涂料饰面】

1. 多彩内墙涂料

多彩内墙涂料的膜层有各种彩色花纹和立体质感,具有耐水、耐碱和耐油污的特点,可用湿布进行擦洗。

多彩内墙涂料由底层、中层和面层涂料组成,底层和中层涂料可采用喷、滚、刷三种施工方法进行施工,面层涂料采用喷枪喷涂。

多彩内墙涂料的施工工序:基层处理→满刮两遍腻子→底层涂料→二遍中层涂料→多彩面层涂料。

(1)满刮两遍腻子。用水与醋酸乙烯乳胶(配合比为10:1)的混合液将石膏腻子调至适当稠度,再将腻子填嵌在缝隙、洞眼、麻面等不平整处。腻子干透后,用铲刀将基层表面多余的腻子铲除,然后用粗砂纸将基层打磨平整。第二遍腻子的批刮方向应与第一遍腻子的批刮方向垂直。

(2)底层涂料。用喷涂或滚涂的方法施涂在基层上,涂层应均匀,不得漏涂。

(3)中层涂料。在施工前应充分搅拌均匀。滚涂时分两遍施工,第一遍中层涂料滚涂后需干燥4 h以上,如遇潮湿天气,应适当延长干燥时间,等涂层干燥后,用细砂纸打磨,打磨时用力要轻而匀,并不得磨穿涂层。第二遍中层涂料滚涂后不再磨光处理。

(4)面层涂料。在喷涂前先进行试喷,以确定基层与涂料的相容性、喷枪的喷距、压力等因素,用纸将不需喷涂的物品或建筑部位遮挡起来。喷涂完成后,应及时将喷枪清洗干净,并把遮挡纸除去。

2. 内墙乳胶漆

内墙乳胶漆是以丙烯酸酯等为原料而制成的一种水溶性涂料,它具有无毒、不燃、耐碱、耐擦洗等特点,是目前室内装饰中使用较为广泛的一种涂料。

内墙乳胶漆的施工工序:基层处理→满刮两遍腻子→涂刷两遍涂料。

(1)满刮两遍腻子。用石膏腻子在洁净的基体表面进行填缝、刮平,等腻子干燥后再用粗砂纸打磨,刮腻子的遍数为两遍,并使前后刮抹方向互相垂直。

(2)涂刷两遍涂料。涂刷乳胶漆前应用搅拌棒在容器内搅拌,使涂料内的组成物质分布均匀。施涂时要注意涂膜厚薄均匀，涂膜过厚易流坠起皱，过薄则易透底。涂刷的遍数一般在两遍以上，且后一遍乳胶漆在涂刷时应待前一遍乳胶漆表面干后进行。

3. 真石漆（仿石漆、石头漆）

真石漆适用于室内外装饰场所的墙柱面及顶棚等处的装饰，可在抹灰层、胶合板、玻璃和泡沫等材料的表面上进行施工。真石漆由丙烯酸树脂、彩色砂粒、各类助剂等组成，涂层坚硬，耐久性、耐水性和耐擦洗性较好。

施工工序：基层处理→底漆封底→涂饰着色涂料→喷涂面层涂料两遍→罩面。

(1) 底漆封底。增加基层强度与涂膜的粘结强度。封闭底漆的涂饰不能有遗漏部分，涂饰均匀一致。

(2) 涂饰着色涂料。用滚子或喷枪涂饰在基层上时，不得有漏涂或透底现象。着色涂料应做样板进行调配，着色涂料能增加涂料的遮盖力，提高其装饰性。有分格缝的地方应用其他颜色的同种涂料进行勾缝，以增强涂料的仿石效果。

(3) 面层涂料喷涂。喷涂次数为两遍，涂层应均匀一致，厚度在 3 mm 以下。第一遍喷涂时应使涂料略稀，涂膜干燥后再喷涂第二遍涂料。第二遍喷涂时涂料略稠，且厚实一些，直到喷出浆为止。当喷斗的料喷完后，用喷枪将空气喷到饰面上，使之产生天然石材的波纹状态质感。如果需在涂层上做出大理石的花纹效果，可用两支喷枪同时施工，喷出两种颜色，也可用一支喷枪分别喷出两种颜色，使涂层产生颜色重叠、似隐似现的大理石装饰效果。

(4) 罩面。面层施工结束后，可在其表面涂饰一道硅丙溶剂型透明清漆或有机硅醇溶剂型透明清漆进行罩面，以提高饰面的耐污性、防水性和光泽度等。

彩砂涂料的施工方法与真石漆的施工方法相同。

4. 仿瓷涂料

仿瓷涂料又称瓷釉涂料，是一种装饰效果与瓷釉相似的建筑涂料，其种类有溶剂型和水溶性两种。溶剂型仿瓷涂料的主要成膜物质是溶剂型树脂，水溶性仿瓷涂料的主要成膜物质是水溶性的聚乙烯醇。装饰工程中的聚氨酯仿瓷涂料使用最多。

聚氨酯仿瓷涂料的涂膜光亮、坚硬、丰满，具有瓷釉的质感，它的耐水性、耐碱性和耐久性较高，与基体的粘结力很强。聚氨酯仿瓷涂料由底层涂料和面层涂料两部分组成，可在水泥砂浆、水泥压力板、混凝土、胶合板及金属等材料的表面施工，适用于卫生间、厨房、手术室、化验室、病房等墙面的装饰。

聚氨酯仿瓷涂料施工时，先用 108 胶水泥腻子将基体表面的蜂窝麻面等不平整的部位刮平密实，使基层平整、干净、无油渍，且基层表面应干燥。将底层涂料按要求调好，再在基层上涂饰一遍经稀释过的底层涂料，待其干燥后再涂饰第二遍底层涂料。用底层涂料调制的腻子在干燥的底层上满刮 1~3 遍，每遍腻子应干燥后打磨。再涂饰调制好的面层涂料，涂饰 2~3 遍，最后干燥养护。聚氨酯仿瓷涂料在施工时应按规定调制，注意施工顺序，不能与其他涂料混用，要防水、防潮和防火，还须通风干燥。

5. 防火涂料

防火涂料属特种涂料，它能阻止火焰传播、保护被饰物和降低火灾损失，按其被保护对象分，有钢结构防火涂料、木结构防火涂料和混凝土涂料；按涂膜透明性不同又分为透明防火涂料和不透明防火涂料。钢结构防火涂料和木结构防火涂料在装饰工程中使用较多。

(1) 钢结构防火涂料是在改性无机高温粘结剂（或无机与有机复合乳液为粘结剂）中加入膨胀蛭石、膨胀珍珠岩等吸热、隔热材料和化学助剂制成的。它具有粘结力好、耐水、热传导性低等特点。钢结构处理基层后刷上防锈漆；再将配好的涂料喷涂在钢结构上，喷涂时应分层喷饰，每层厚度为 2～8 mm，各层的喷涂间隔时间为 2～8 h（视现场具体情况而定），直至喷到所规定的厚度为止。喷好后及时清洗工具，养护膜层时要避免雨淋。

(2) 木结构防火涂料是以水为溶剂，用有机和无机复合材料做粘结剂，加入高效阻燃剂和助剂配制而成的。它有各种色彩，附着力强，耐水，阻燃效果好，膜层有一定的柔韧性。木结构防火涂料的涂饰温度在 10 ℃以上。涂饰时应保证基层表面无灰尘、油污、平整，涂料在施工前应先搅拌均匀，并不得与其他涂料混用。木结构防火涂料可用喷涂、刷涂或滚涂的方法分遍涂饰，间隔时间为 2～4 h，涂料用量不低于 0.6 kg/m^2。

6. 木制品的油漆涂饰

装饰工程中的木制品主要指木家具、木地板、木吊顶、木墙裙、木线条等。油漆的施工方式，按油漆在木制品表面的装饰特性分，有透明油漆涂饰和不透明油漆涂饰两种。

(1) 透明油漆涂饰。透明油漆涂饰又称清漆涂饰，它不仅能保留木材表面原有的特征，而且可通过某些特殊的操作工艺改变木材本身的颜色，使木制品表面的装饰性更好。

透明油漆涂饰的常用颜色有：本色、黄色、茶色（浅茶色、红茶色）、深色（荔枝色、粟壳色、蟹青色）。其施工工序为：表面处理→补腻子→上底色→拼色→涂饰底漆→涂饰面漆→抛光、修整。

1) 表面处理。木制品的表面处理内容有脱脂、漂白、去木毛等，处理方法与前面的施工方法相同。

2) 补腻子。腻子的品种有虫胶腻子、油性腻子、猪血腻子、聚氨酯腻子等。将调配好的腻子填嵌在木制品表面的裂缝、钉孔和节疤等处，腻子的颜色与底色颜色应基本一致。用刮刀将腻子填入孔缝内并用力压实，使腻子填满孔隙并略凸起，待腻子干燥后，用砂纸包住长方形木块顺木纹方向进行打磨，磨平后把孔缝周围的腻子痕迹磨除即可。

3) 刷底色。按颜色要求选好所需底色。底色的品种按使用液体不同分为：水底色、油底色和水油混合底色三种。水底色是用水和老粉、着色颜料或染料调制而成的糊状物，适用于一切针叶树材和阔叶树材的木制品表面油漆的着色。油底色是用光油和老粉、着色颜料调配而成的糊状物，主要用于软质木材（如杉木、椴木、泡桐木等）表面的油漆着色。水和油混合底色是用水、石膏粉、着色颜料和少量光油调配而成的膏状物，适用于木眼多而大的木材表面进行不透明油漆的涂饰。施工时用棉纱头、旧布或油刷蘸上水底色或油底色刷涂在木制品表面上，在底色未干前用软质棉纱头或旧布揩擦。先圈擦和横着木纹方向擦，使底色均匀着色在基面上，并使底色充分填充到木材的毛孔点，然后顺着木纹方向将多余的底色抹净。底色干燥后，用干净的纱头彻底擦去多余的底色，并用刮刀将留在线脚、边角处的底色清除干净。

4) 刷底漆。为防止木材中的内含物质和底色着色物质渗透出来，在刷涂底色后，必须刷涂能起隔离面漆的封闭底漆。底漆的品种有虫胶漆底漆、聚氨酯漆底漆和复合色浆底漆。虫胶漆底漆与聚氨酯漆底漆的施工方法相同：按要求调配好底漆，用排笔蘸适量底漆，顺木纹方向来回刷涂，每次刷涂应从中间位置落笔，从两端起笔，每次下笔刚好与前笔迹接合，不要重叠，落笔重，起笔轻。复合色浆底漆的调配和刷涂方法应按使用说明书的要求进行。

5) 拼色。底色涂刷后，木制品的表面由于木材对底色的吸收程度不同会出现颜色深浅不一的现象。为使木制品表面的颜色深浅一致，可采用拼色的方法进行修整。拼色时应待底色干后，在浅色部位处刷涂第二遍底色，使该处的颜色加深，这样，整个大面上的颜色深浅基本一致。拼色的部位干燥后，可用旧的水砂纸轻轻打磨，将拼色的痕迹磨去，达到平整光滑。最后刷涂一道底漆，使拼色更加均匀一致。

6) 刷涂面漆。面漆应根据具体的种类进行调配和刷涂，现列举几种常用的油漆品种来讲述透明漆饰面的面漆施工。

① 硝基清漆。硝基清漆的黏度较大，施工时需进行稀释。采用喷涂时，硝基清漆与天那水的比例为 1∶1.5，刷涂时为 1∶(1～1.5)，揩涂时为 1∶(1～2)。配制时，将硝基清漆和香蕉水倒入陶瓷或搪瓷容器中，用木棍充分搅拌均匀即可。采用刷涂方法施工时，先用排笔蘸上配好的硝基清漆，涂饰时每笔的涂饰量不宜过多，每笔的长短尽可能一致。不要过多地来回刷涂。待漆膜干燥后，用零号木砂纸打磨，然后刷涂第二遍硝基清漆。采用揩涂方法施工时，将棉花团蘸透硝基清漆后，在基面上不断进行揩擦。揩擦时一般先圈擦，再分段擦，最后直擦。操作时用力均匀，移动路线要连续，中途不能停顿，也不能固定在一小块地方揩擦次数过多。揩擦第一遍、第二遍和第三遍时硝基清漆与香蕉水的比例分别是 1∶1、1∶1.5 和 1∶2。揩擦时还应待前一遍涂料干燥并打磨后再进行下遍涂料的施工。当空气湿度大于 75% 时，不宜刷涂硝基清漆，否则会出现漆膜发白的质量问题。

② 聚氨酯清漆。聚氨酯清漆在涂饰时，应保证施工场所干净，基面干燥平整。将聚氨酯清漆按产品说明书要求配制后静置 15～30 min 再使用。聚氨酯清漆的涂饰方法与硝基清漆相同，刷涂工具用油漆刷子进行刷涂。施工时应自上而下，从左到右，先刷边角线条，后刷大面部分。刷漆时，刷子不宜在中途起落，以免留下刷痕，相邻两道涂膜的搭接宽度不宜过大，也不能过小。面层漆应涂刷两遍以上，且每遍漆膜应干燥打磨后，再刷涂下一道油漆。

③ 聚酯清漆。不饱和聚酯漆属隔氧型，它在空气中不能固化成膜，须隔绝空气后才能固化成膜。其施工方法有蜡液封闭法和薄膜封闭法。蜡液封闭法是在调制不饱和聚酯漆时加入石蜡溶液，用排笔将不饱和聚酯漆刷涂在木制品上，石蜡浮在漆膜的表面形成一层很

薄的蜡膜，使不饱和聚酯漆的涂层与空气隔离。待漆膜固化后，用木砂纸打磨，将浮在漆膜表面的蜡膜擦去，再对漆膜进行抛光处理，即可得到光亮如镜的膜层。薄膜封闭法是将不含蜡液的聚酯清漆刷在木制品上后，用塑料薄膜或玻璃纸进行覆盖，使不饱和聚酯涂层与空气隔绝，待漆膜干后再揭下覆盖层即可。

7）抛光、修整。抛光前应用木砂纸（360～500号）和肥皂水顺着木纹方向打磨，将漆膜上的排笔毛、刷毛和灰尘等擦去，打磨时应防止把漆膜磨穿露底。磨好后，用干毛巾将肥皂水抹干。再将上光蜡涂在木制品上，3～5 min后，用洁净柔软的纱头顺着木纹方向用力来回揩擦，进行抛光作业。修整就是在露底的部位处进行补色、涂饰油漆、打磨和抛光。

（2）不透明油漆涂饰。不透明油漆涂饰不能显露木材的色泽、纹理，但它能遮盖木材表面的节疤、孔隙等缺陷，并可按设计要求涂饰出各种色彩。

不透明油漆的常用品种有调和漆、硝基磁漆、酚醛磁漆和醇酸磁漆。色泽在调配时颜色的比例多者为主色，比例少者为次色、副色。使用时应把次色、副色加入到主色内，混合搅拌均匀，调色的油漆必须使用同类油漆。在大面积施工前，应先做小样，按小样的实际情况确定各种色漆的配合比。

不透明油漆在涂饰前应首先对基层进行处理。在进行基层处理时，脱脂及去毛刺的方法与透明油漆的处理方法相同，不透明油漆涂饰的基层不需进行漂白处理。补腻子时无颜色要求，嵌填方法及要求与透明油漆饰面相同。底漆涂饰时一般只需刷1或2道白色油性漆即可。但在涂刷深色面漆时，不能刷涂白色底漆，只能刷涂与面漆颜色相似的底漆。刷涂底漆要顺着木纹方向进行，以使底漆充分填平封闭孔隙。涂饰面层时应按不同的油漆品种进行施工。施工前先配好所需的色彩。使用酚醛磁漆、醇酸磁漆时，用油漆刷蘸上漆后，先在基面上平行地刷上2或3条，然后纵横均匀地展开，顺一个方向收理。刷涂均匀，不露底色。使用硝基磁漆施工时，先用排笔蘸上配好的漆液[硝基磁漆：香蕉水＝1：(1.2～2)]在基面上平行地刷上2或3遍。等漆膜干燥后用棉布蘸漆擦涂，先圈擦后横擦，最后用硝基磁漆：香蕉水等于1：2的漆液横拉1或2遍即可。

7. 金属制品油漆

金属制品油漆主要指在钢材表面的油漆操作。

金属制品油漆前应先进行表面处理，而后在表面刷上1或2道防锈底漆，刷涂厚度要均匀。再用腻子填补制品表面凹陷、擦伤及焊接处凹凸不平的地方。腻子干燥后应用木砂纸打磨平滑，然后用干净的毛巾或棉纱头将制品表面的灰尘清除干净，再用排笔或油漆刷将选好的面漆刷涂在制品上，刷涂时油漆用量不宜过多，涂饰要均匀，一般涂两遍以上，各遍油漆应待前遍油漆干燥并打磨后才能涂饰后一遍油漆。最后再打磨抛光。

建筑装饰涂料的品种繁多，以上仅列举了几个常用涂料品种的具体施工方法。建筑装饰涂料除了按前面所介绍的技术操作外，还应根据具体的涂料品种要求，按规定进行施工。

项目 2　墙面装饰工程

▲【质量检验与验收】

涂饰工程所选用的建筑涂料，其各项性能应符合下述要求。

(1)各分项工程的检验批应按下列规定划分：

1)室外涂饰工程每一栋楼的同类涂料涂饰的墙面每 500～1 000 m^2 应划分为一个检验批，不足 500 m^2 也应划分为一个检验批。

2)室内涂饰工程同类涂料涂饰墙面每 50 间(大面积房间和走廊按涂饰面积 30 m^2 为一间)应划分为一个检验批，不足 50 间也应划分为一个检验批。

(2)检查数量应符合下列规定：

1)室外涂饰工程每 100 m^2 应至少检查一处，每处不得小于 10 m^2。

2)室内涂饰工程每个检验应至少抽查 10%，并不得少于 3 间；不足 3 间时应全数检查。

(3)涂饰工程的基层处理应符合下列要求：

1)新建筑物的混凝土或抹灰层基层在涂饰涂料前应涂刷抗碱封闭底漆。

2)旧墙面在涂饰涂料前应清除疏松的旧装修层，并涂刷界面剂。

3)混凝土或抹灰基层涂刷溶剂型涂料时，含水率不得大于 8%；涂刷乳液型涂料时，含水率不得大于 10%。木材基层的含水率不得大于 12%。不同类型的涂料对混凝土或抹灰基层含水率的要求不同，涂刷溶剂涂料时，参照国际一般做法规定为不大于 8%；涂刷乳液型涂料时，基层含水率控制在 10% 以下时装饰质量较好，同时，国内外建筑涂料产品标准对基层含水率的要求均在 10% 左右，故规定涂刷乳液型涂料时基层含水率不大于 10%。

4)基层腻子应平整、坚实、牢固，无粉化、起皮和裂缝；内墙腻子的粘结强度应符合《建筑室内用腻子》(JG/T 298—2010)的规定。

5)厨房、卫生间墙面必须使用耐水腻子。

6)水性涂料涂饰工程施工的环境温度应为 5 ℃～35 ℃。

7)涂饰工程应在涂层养护期满后进行质量验收。

(4)水性涂料涂饰工程施工质量要求见表 2-3 和表 2-4。

表 2-3　水性涂料主控项目与检验方法

项次	主控项目	检验方法
1	水性涂料涂饰工程所用涂料的品种、型号和性能应符合设计要求	检查产品合格证书、性能检验报告和进场验收记录
2	水性涂料涂饰工程的颜色、图案应符合设计要求	观察
3	水性涂料涂饰工程应涂饰均匀、粘结牢固，不得漏涂、透底、起皮和掉粉	观察；手摸检查。
4	水性涂料涂饰工程的基层处理应符合基层处理规范的要求	观察；手摸检查；检查施工记录

表 2-4　水性涂料涂饰工程一般项目质量检验

项次	项目	普通涂饰	高级涂饰	检验方法
1	颜色	均匀一致	均匀一致	观察
2	泛碱、咬色	允许少量轻微	不允许	观察
3	流坠、疙瘩	允许少量轻微	不允许	观察
4	砂眼、刷纹	允许少量轻微砂眼，刷纹通顺	无砂眼，无刷纹	观察
5	装饰线、分色线直线度允许偏差/mm	2	1	拉5m线，不足5m拉通线，用钢直尺检查

(5)溶剂型涂料涂饰工程施工质量要求见表2-5和表2-6。

表 2-5　溶剂型涂料涂饰工程主控项目

项次	主控项目	检验方法
1	溶剂型涂料涂饰工程所选用涂料的品种、型号和性能应符合设计要求	检查产品合格证书、性能检测报告和进场验收记录
2	溶剂型涂料涂饰工程的颜色、光泽、图案应符合设计要求	观察
3	溶剂型涂料涂饰工程应涂饰均匀、粘结牢固，不得漏涂、透底、起皮和反锈	观察；手摸检查
4	溶剂型涂料涂饰工程的基层处理应符合基层处理规范的要求	观察；手摸检查；检查施工记录

表 2-6　溶剂性涂料涂饰工程一般项目质量检测

类别	项次	项目	普通涂饰	高级涂饰	检验方法
色漆涂饰质量	1	颜色	均匀一致	均匀一致	观察
	2	光泽、光滑	光泽基本均匀；光滑无挡手感	光泽均匀一致、光滑	观察
	3	刷纹	刷纹通顺	无刷纹	观察
	4	裹棱、流坠、皱皮	明显处不允许	不允许	观察
	5	装饰线、分色线直线度允许偏差/mm	2	1	拉5m线，不足5m拉通线，用钢直尺检查
清漆涂饰质量	1	颜色	基本一致	均匀一致	观察
	2	光泽、光滑	光泽基本均匀；光滑无挡手感	光泽均匀一致、光滑	观察
	3	木纹	棕眼刮平、木纹清楚	棕眼刮平、木纹清楚	观察
	4	刷纹	无刷纹	无刷纹	观察
	5	裹棱、流坠、皱皮	明显处不允许	不允许	观察

项目 2 墙面装饰工程

(6)美术涂饰工程施工质量要求见表 2-7。

表 2-7 美术涂饰工程质量要求

项次		项目	要求
主控项目	1	材料质量	美术涂饰所用材料的品种、型号和性能应符合设计要求,有害物质含量严禁超过国家标准的规定
	2	涂饰综合质量	美术涂料工程应涂饰均匀、粘结牢固,严禁漏涂、透底、起皮、掉粉、反锈和发霉
	3	基层处理必须符合规定	新建筑物的混凝土或抹灰基层在涂饰涂料前应涂刷抗碱封闭底漆;旧墙面在涂饰涂料必须清除疏松的旧装修层并涂刷界面剂;混凝土或抹灰基层涂刷溶剂型涂料时,含水率不得大于 8 %;涂刷乳液型涂料时,含水率不得大于 10 %。木材基层的含水率不得大于 12 %;基层腻子涂刮应平整、坚实、牢固,无粉化、起皮和裂缝。内墙腻子的粘结强度应符合《建筑室内用腻子》(JG/T 298—2010)的规定;厨房、卫生间及有水房间墙面必须使用耐水腻子
	4	套色、花纹、图案	美术涂饰的套色、花纹和图案必须符合设计要求
一般项目	1	表面质量	美术涂饰表面应洁净,不得有流坠现象
	2	仿花纹理涂饰表面质量	仿花纹涂饰的饰面应具有被模仿材料的纹理
	3	套色涂饰图案	套色涂饰的图案不得有移位现象,纹理和轮廓应清晰

注:墙面涂料验收时,最好在白天自然光下进行,因为灯光容易掩盖局部不易发现的地方。自然光下验收之后,可拉上窗帘再以灯光观察,因为灯光照射下,可以发现墙面不平整的问题。外观上不得有以下毛病:
(1)墙体表面无裂纹(刚涂刷完的墙面这种现象不会马上发现,要经过一些时候才可察觉)
(2)墙体表面粗糙且有疙瘩(一是涂料本身的原因,二是基层不平整造成的)
(3)墙体起皮,墙皮一层一层地脱落,墙面甚至露出基层。
(4)墙体表面起泡或部分的地方出小鼓包。
(5)墙体表面有流坠现象(像水流一样流淌的印迹)
(6)墙体表面有刷痕(刷花横竖色彩不均匀,有明显的刷子刷过的痕迹)

任务小结

本任务主要介绍涂料类墙面、材料的选用、施工技术与施工要点及质量检验等相关知识。主要以常见涂料类墙面材料的选用、施工为主。如需更全面、深入学习,可以查阅《建筑装饰装修工程质量验收规范》(GB 50210—2001)等标准、规范和技术规程。

任务练习

(1)收集有关资料,编制涂料类墙面施工工艺流程图。
(2)收集有关资料,编制涂料类墙面施工作业指导书。
(3)利用实训工场进行内墙涂料施工操作实训。

任务2.2 贴面类墙体饰面

🔧 任务目标

●【知识目标】

1. 知道贴面类墙面装饰常用的材料及其质量要求。
2. 知道贴面类墙面施工前准备工作的内容与方法。
3. 掌握贴面类墙面装饰工程的施工方法。
4. 熟悉贴面类墙面装饰施工验收的内容及方法。

●【能力目标】

1. 会编制贴面类墙面施工工艺流程。
2. 能正确使用检验方法与工具并实施质量验收。

🔧 任务实施

一些天然的或人造的材料根据材质加工成大小不同的块材后,在现场通过构造连接或镶贴于墙体表面,由此而形成的墙饰面称为贴面类饰面。

贴面类墙体饰面按饰面部位不同分为内墙饰面、外墙饰面;按工艺形式不同分为直接镶贴饰面、贴挂类饰面。

贴面类饰面具有材料品种多样,装饰效果丰富;坚固耐用、色泽稳定、易清洗、耐腐、防水等特点。

▲【基本构造】

🔍 1. 直接镶贴饰面

直接镶贴饰面构造比较简单,大体上由底层砂浆、粘结层砂浆和块状贴面材料面层组成,底层砂浆具有使饰面与基层之间黏附和找平的双层作用,粘结层砂浆的作用是与底层形成良好的整体,并将贴面材料粘附在墙体上。常见的直接镶贴饰面材料有面砖、瓷砖、陶瓷马赛克、玻璃马赛克等。

(1)外墙面砖饰面。

外墙面砖的构造:

1)外墙面砖的基本构造做法见图2-4。

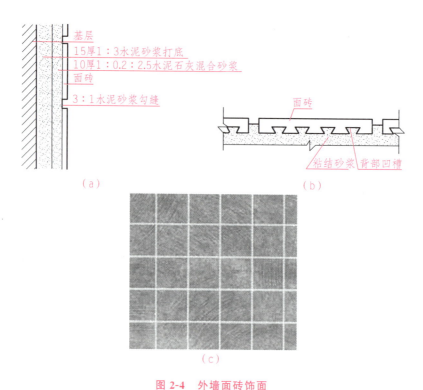

图 2-4 外墙面砖饰面

(a)构造示意;(b)粘结状况;(c)效果示意

2)外墙面砖饰面的排列与布缝。

对于外墙面砖的铺贴,除了要考虑面砖块面的大小和色彩的搭配外,还应根据建筑的高度、转角的形式、门窗的位置来设计合理的排砖布缝方案。

①外墙面砖的排列方法。

长边水平粘贴:依据清水砖墙的肌理横排,面砖之间留一定宽度的灰缝,且每皮面砖应错缝。此种方法粘贴的面砖墙面,尺度适宜,有亲近感,适用于低层建筑外立面装修,如图 2-5(a)所示。

长边垂直粘贴:适用于大型或高层建筑以及圆弧墙面或圆柱面装修,如图 2-5(b)所示。

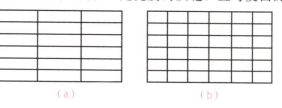

图 2-5 外墙面砖的排列方法

(a)长边水平粘贴;(b)长边垂直粘贴

②外墙面砖饰面的布缝方法。外墙面砖的布缝方法有齐密缝、齐离缝、错缝离缝、划块留缝、水平离缝垂直密缝、垂直离缝水平密缝六种,如图 2-6 所示。

(2)内墙砖饰面。基本构造:用水泥砂浆厚 12 mm 抹底灰,粘结砂浆最好为加 108 胶的水泥砂浆,其质量比为水泥:砂:水:108 胶=1:2.5:0.44:0.3,厚度 2～3 mm。贴好后用清水将表面擦洗干净,白水泥擦缝。

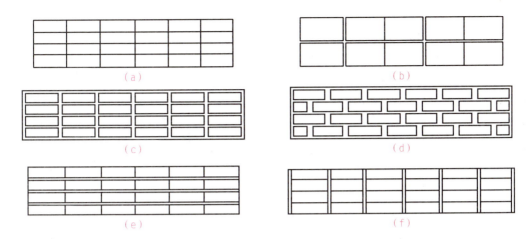

图 2-6 外墙面砖的布缝方法

(a)齐密缝；(b)划块留缝；(c)齐离缝；(d)错缝离缝；(e)水平离缝垂直密缝；(f)垂直离缝水平密缝

(3)陶瓷马赛克与玻璃马赛克。陶瓷马赛克和玻璃马赛克，质地坚实、耐久、耐酸、耐碱、耐火、耐磨、不渗水，广泛应用于民用与工业建筑中。玻璃马赛克相对于陶瓷马赛克色彩更为鲜艳，表面光滑，不易污染，耐久性更高，因此在室外基本取代了陶瓷马赛克。

基本构造：15 mm厚1∶3水泥砂浆打底，刷素水泥浆(加水泥质量5%的108胶)一道粘贴，白色或彩色水泥浆擦缝。其做法见图2-7。

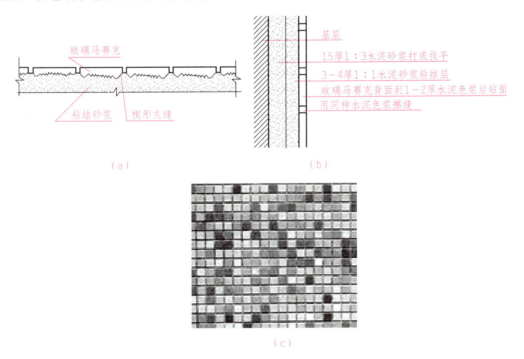

图 2-7 马赛克饰面

(a)粘结状况；(b)构造示意；(c)效果示意

2. 贴挂类饰面

大规格饰面板材(边长500~2 000 mm)通常采用"挂"的方式。

(1)钢筋网挂贴法。外墙饰面板传统钢筋网挂贴法又称钢筋网挂贴湿作业法。这种构造做法历史悠久,造价比较低。

1)缺点。

①施工复杂、进度慢、周期长;

②饰面板打眼、剔槽(图 2-8)费时费工,而且必须由熟练的技术工人操作;

③因水泥的化学作用,致使饰面板发生花脸、变色、锈斑等污染;

④由于挂贴不牢,饰面板常发生空鼓、裂缝、脱落等问题,修补困难。

2)基本构造。传统钢筋网挂贴

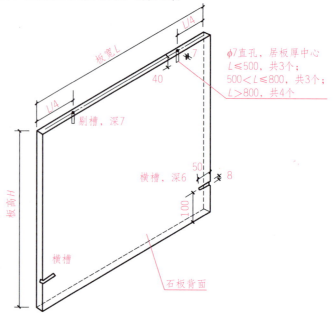

图 2-8 打眼、剔槽示意图

法构造是指将饰面板打眼、剔槽,用钢丝或不锈钢丝绑扎在钢筋网上,再灌1∶2.5水泥砂浆将板贴牢。人们通过对多年的施工经验的总结,对传统钢筋网挂贴法构造及做法进行了改进:首先将钢筋网简化,只拉横向钢筋,取消竖向钢筋;其次,对加工艰难的打眼、剔槽工作,改为只剔槽,不打眼或少打眼,改进后的传统钢筋网挂贴法基本构造如图 2-9 所示。

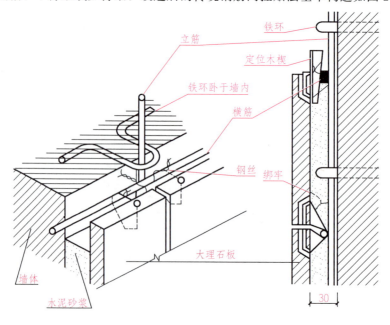

图 2-9 饰面板传统钢筋网挂贴法构造

(2)钢筋钩挂贴法。钢筋钩挂贴法又称挂贴楔固法。它与传统钢筋网挂贴法不同之处是将饰面板以不锈钢钩直接楔固于墙体上。其具体做法有以下两种：

1)将饰面板用 φ6 不锈钢铁脚直角钩插入墙内固定，如图 2-10 所示。

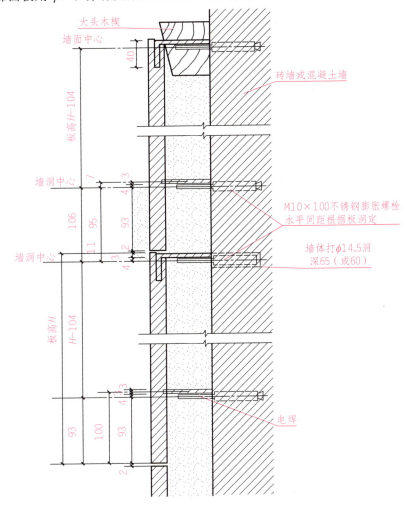

图 2-10 饰面板钢筋钩挂贴法(直角钩插入墙内固定)

2)饰面板用焊于不锈钢脚膨胀螺栓上的 φ6 不锈钢直角钩固定，如图 2-11 所示。

(3)干挂法。干挂法是用高强度螺栓和耐腐蚀、高强度的柔性连接件将饰面板直接吊挂于墙体上或空挂于钢骨架上的构造做法，不需要再灌浆粘贴。饰面板与结构表面之间有 80～90 mm 距离。其主要优点如下：

1)饰面板与墙面形成的空腔内不灌水泥砂浆，彻底避免了由于水泥化学作用而造成饰面板表面花脸、变色、锈斑等以及由于挂贴不牢而产生的空鼓、裂缝、脱落等问题。

2)饰面板分块独立地吊挂于墙体上，每块饰面板的重量不会传给其他板材且无水泥砂浆重量，减轻了墙体的承重荷载。

项目 2 墙面装饰工程

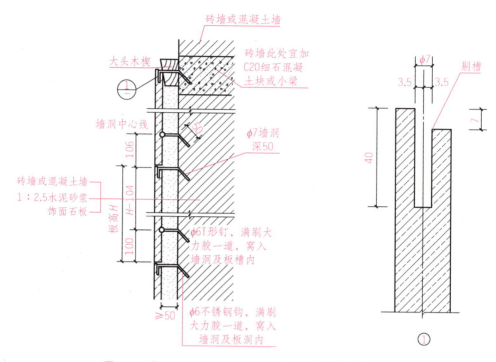

图 2-11 饰面板钢筋钩挂贴法(直角钩焊于膨胀螺栓固定)

3)饰面板用吊挂件及膨胀螺栓等挂于墙上，施工速度较快，周期较短。由于干作业，不需要搅拌水泥砂浆，减少了工地现场的污染及清理现场的人工费用。

4)吊挂件轻巧灵活，前、后、左、右及上、下各方向均可调整，因此饰面的安装质量易保证。常见吊挂件如图 2-12 和图 2-13 所示。

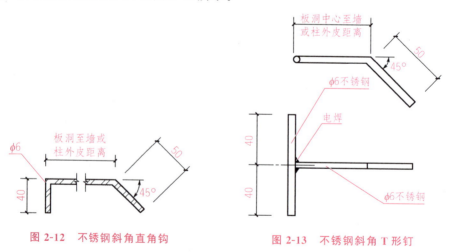

图 2-12 不锈钢斜角直角钩　　　　图 2-13 不锈钢斜角 T 形钉

干挂法也存在一些缺点，主要有：

1)造价较高；

2)由于饰面板与墙面须有一定距离，增大了外墙的装修面积；

3）必须由熟练的技术工人操作；

4）对一些几何形体复杂的墙体或柱面，施工比较困难；

5）干挂法只适用于钢筋混凝土墙体，不适用于普通粘土砖墙体和加气混凝土块墙体。

饰面板干挂法的基本构造有两种：

1）直接干挂法构造如图 2-14(a)所示。

2）间接干挂法构造如图 2-14(b)所示。

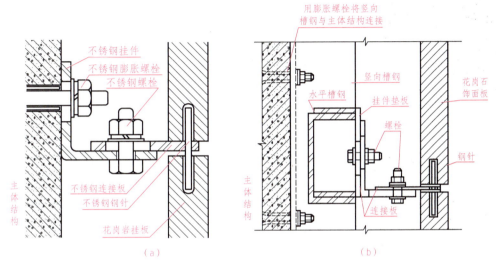

图 2-14　饰面板干挂法构造
(a)直接干挂法；(b)间接干挂法

【施工材料组成与分类】

1. 饰面砖

饰面砖的品种、规格、图案和颜色繁多，华丽精致，是中、高档墙面装饰材料。

(1)外墙面砖。采用优质耐火度较高的黏土，经半干压法压制成型，再经 1 100 ℃左右焙烧而成的炻质和陶质制品，有釉面砖和无釉面砖两大类。釉面砖又有光釉和无光釉之分，其表面有平滑和带一定纹理之别，具有坚固耐用、色彩鲜艳、易清洗、防火、防水、耐腐蚀和维修费用低等特点，主要用于建筑外墙。

(2)内墙砖(瓷砖)。用瓷土或优质陶土烧制而成的饰面材料，通常均施釉，有正方形和长方形两种，另有阳角条、阴角条、压条或带有圆边的构件供选用。

(3)陶瓷马赛克。以瓷化好、吸水率小、抗冻性能强为特色的外墙重要材料。

(4)玻璃马赛克。是以玻璃烧制而成的贴于纸上的小块饰面材料，施工时用掺胶水的水泥浆作胶粘剂，镶贴在墙上。它花色品种多，透明光亮，性能稳定，具有耐热、耐酸碱、不龟裂、不易污染等特点，玻璃马赛克主要适用于商场、宾馆、影剧院、图书馆、医院等建筑内、外墙装饰。

2. 饰面板

(1)天然石材饰面板。包括大理石饰面板、花岗石饰面板等。

(2)人造石饰面板。人造石饰面板是用天然大理石、花岗石等碎石、石屑、石粉作为填充材料，用不饱和聚酯树脂为粘结剂（或用水泥为粘结剂），经搅拌成型、研磨、抛光等工序制成。一般有人造大理石（花岗石）和预制水磨石饰面板，可用于室内墙面、柱面的装饰。

人造大理石按照生产所用材料，一般分为四类：

1）水泥型。水泥型人造大理石饰面板是以硅酸盐水泥或铝酸盐水泥为胶结剂，砂为细集料，碎大理石、工业废渣等为粗集料，经配料、搅拌、成型、加压蒸养、磨光、抛光等工序而制成。用铝酸盐水泥作胶结材料的人造大理石表面更光滑，更具光泽，强度更高。

2）聚酯型。聚酯型人造大理石是以不饱和聚酯为胶结剂，以大理石粉（碎粒）、方解石粉、石英砂等为粗集料，经配料、搅拌、成型、固化、脱模、烘干、抛光等工序制成。聚酯型人造大理石具有质轻、强度高、耐化学侵蚀等优点，在人造大理石饰面板材中应用最多。

3）复合型。复合型人造大理石的粘结剂中，既有无机材料，又有有机高分子材料。用无机材料将填料粘结成型后，再将坯体浸渍于有机单体中，使其在一定条件下聚合。板材一般采取底层用性能稳定的无机材料、面层用聚酯和大理石粉制作。

4）烧结型。烧结型人造大理石饰面板是将斜长石、石英、辉石、石粉和赤铁矿粉及高岭土等混合，用注浆法制成坯料，用半干压法成型，再经 1 000 ℃左右的高温焙烧而成。

人造大理石定型规格：长 300～1 000 mm、宽 150～900 mm、厚 8 mm。

【贴面类饰面的施工技术】

1. 施工准备

(1)材料准备：见施工材料组成与分类。

(2)工具准备。

1）贴面装饰施工用的手工工具。湿作业贴面装饰施工除一般抹灰常用的手工工具外，根据饰面的不同，还需要些专用的手工工具，如镶贴饰面砖缝用的开刀、镶贴陶瓷马赛克用的木垫板、安装或镶贴饰面板敲击振实用的木槌和橡胶锤、用于饰面砖和饰面板手工切割剔槽用的剪子、磨光用的磨石、钻孔用的合金钢钻头等，如图 2-15 所示。

2）贴面装饰施工用的机具。贴面装饰施工用的机具有专门切割饰面砖用的手动切割器（图 2-16）、饰面砖打眼用的打眼器（图 2-17）、钻孔用的手电钻、切割大理石饰面板用的台式切割机和电动切割机，以及饰面板安装在混凝土等硬质基层上钻孔安放膨胀螺栓用的电锤等。

(3)施工条件：见基层处理。

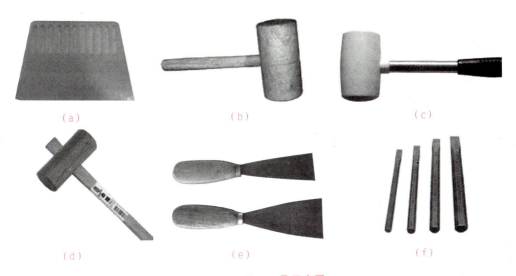

图 2-15 手工工具示意图

(a)开刀；(b)木槌；(c)橡胶锤；(d)小手锤；(e)铁铲；(f)合金錾子

图 2-16 手动切割器

图 2-17 打眼器

2. 施工技术与要点

(1)外墙面砖饰面施工技术。

1)施工工序。基层处理→抹底子灰→排砖、弹线分格→选砖、浸砖→镶贴面砖→擦缝。

2)施工要点。

①基层处理。清理湿润基层，抹 10~15 mm 厚 1∶3 水泥砂浆，并要刮平、拍实、搓粗，再抹 8~10 mm 厚 1∶0.1∶2.5 水泥石灰膏砂浆结合层。

②排砖、弹线分格。根据设计要求统一弹线分格、排砖；一般要求横缝与窗台齐平，且砖缝均匀；横向不是整块面砖时，要用合金钢钻和砂轮切割整齐。

③选砖、浸砖。镶贴前预先挑选颜色、规格一致的砖,然后浸泡2 h以上取出阴干备用。

④粘贴。粘贴时,在面砖背面满铺粘结砂浆。粘贴后,用小铲柄轻轻敲击,使之与基层粘牢,随时用靠尺找平找方。

⑤分格条。在使用前应用水充分浸泡,以防胀缩变形。在粘贴面砖次日(或当日)取出,起条应轻巧,避免碰动面砖。在完成一个流水段后,用1∶1水泥细砂浆勾缝,凹进深度为3 mm。

⑥有抹灰与面砖相接的墙、柱面。应先在抹灰面上打好底,贴好面砖后再抹灰。

⑦养护。整个工程完工后,应加强养护,表面清洗干净。

注意:夏期镶贴室外饰面板(砖)应防止暴晒;冬期施工,砂浆使用温度不低于5 ℃,砂浆硬化前,应采取防冻措施。

(2)内墙面砖饰面施工技术。

1)施工工序 基层处理→抹底子灰→排砖、弹线→选砖、浸砖→镶贴釉面砖→擦缝。

2)施工要点。

①镶贴顺序。先墙面,后地面。墙面由下往上分层粘贴,首先粘墙面砖,其次粘阴角及阳角,再次粘压顶,最后粘底座阴角。

②基层处理。同室外镶贴面砖。

③排砖、弹线。根据釉面砖规格和实际情况进行排砖、弹线。排砖主要有直缝镶贴和错缝镶贴两种形式。同一墙面上的横竖排列,不宜有一行以上的非整砖。非整砖行应排在次要部位或阴角处。阴阳角等处应使用配件砖。正式镶贴前,在墙上粘废釉面砖做标准点,用以控制整个镶贴釉面砖表面平整度;然后以此做标准线逐层挂线粘贴砖。

④浸砖和湿润墙面。釉面砖粘贴前应放入清水中浸泡2 h以上,然后取出晾干,至手按砖背无水迹时方可粘贴。冬季宜在掺入2%盐的温水中浸泡。砖墙要提前1 d湿润好,混凝土墙可以提前3～4 d湿润,以避免吸走粘结砂浆中的水分。

⑤镶贴釉面砖。粘结砂浆可用1∶0.1∶2.5水泥石灰膏砂浆、1∶2水泥砂浆,或在水泥砂浆中掺入水泥质量分数2%～3%的108胶,以使砂浆有较好的和易性和保水性。在釉面砖背面满抹灰浆,四周刮成斜面,厚度5 mm左右,注意边角满浆,亏灰时,要取下重粘。釉面砖就位后用灰铲木柄轻击砖面,使之与邻面齐平,粘贴5～10块,用靠尺板检查表面平整。阳角拼缝可用阳角条,也可用切割机将釉面砖边沿切成45°斜角,保证接缝平直、密实。

⑥勾缝。墙面釉面砖用白色水泥浆擦缝,用布将缝内的素浆擦匀,砖面擦净。

(3)马赛克饰面施工技术。

1)施工工序。基层处理→排砖、弹线→镶贴→揭纸、调缝→擦缝。

2)施工要点(以陶瓷马赛克为例)。

①选砖。比较挑选每张陶瓷马赛克的色泽深浅、尺寸大小,分开存放、铺贴,以免一面墙面上颜色不匀。

②基层处理。清理墙面松散混凝土、砂浆杂物等,使基底平整,阴阳角方正。铺贴陶瓷马赛克前,基层表面应洒水湿润,然后涂抹1∶3水泥砂浆找平层。

③排砖、弹线。根据设计要求、墙面尺寸、门窗洞口位置和陶瓷马赛克规格进行排砖、分格,应保证墙面完整和铺贴各部位操作顺利。在底子灰抹好划毛经浇水养护后,弹出若干条水平线和垂直线。

④镶贴。陶瓷马赛克的粘结层可采用水泥浆或108胶聚合物水泥砂浆,一般每段自下而上进行,整间或独立部位宜一次完成。在抹粘结层之前应在湿润的底层上刷水泥浆一遍,同时将每联陶瓷马赛克铺在木垫板上(底面朝上),缝中灌1∶2干水泥砂,并用软毛刷子刷净底面厚砂,涂上一层薄水泥灰浆(水泥∶石灰膏=1∶0.3),然后进行粘贴。

⑤揭纸、调缝。一般一个单元的陶瓷马赛克铺完后20~30 min(砂浆初凝前),用清水喷湿护面纸并予以清除。揭纸同时检查缝隙,不符合要求的缝隙必须在粘结砂浆初凝前拨正、调直;调缝后用小锤敲击木拍板将砖面拍实一遍,以增强粘结。

⑥擦缝。待粘结层终凝后,用白水泥稠浆将缝嵌平,并用力推擦,使缝隙饱满密实,随即拭净面层。

玻璃马赛克因其表面光滑又不吸水,粘贴施工与陶瓷马赛克有所不同。

镶贴前的准备工作虽与粘贴陶瓷马赛克相同,但粘结层砂浆应较镶贴陶瓷马赛克厚4~5 mm,其配合比为水泥∶砂子∶纸筋石灰=1∶1∶(0.15~0.20)。如外露明面大、粘结面小且四面成八字形的玻璃马赛克品种,最好采用水泥∶细砂=1∶1并加入15%(质量分数)的聚醋酸乙烯乳液的水泥聚合物砂浆为粘结层。以上粘结层砂浆配合比适用于深色品种玻璃马赛克,若采用浅色品种时,因玻璃透明度高,除底灰采用普通水泥外,其他应采用白水泥和80目的硅砂,以防影响浅色玻璃马赛克饰面的美观。无论采用何种砂浆,砂浆颜色应一致,以防深色透出,甚至会出现一片片不均匀的颜色。整张粘贴前,在背面抹上一层薄薄的白水泥浆,再按预定位置粘贴,用木拍板拍实贴牢。

(4)传统钢筋网挂贴法饰面施工技术。

1)钢筋网挂贴法的施工工序。墙体基层处理→绑扎钢筋网片→饰面石板选材编号→石板钻孔、剔槽→绑扎钢丝→安装饰面板→临时固定→灌浆→清理→嵌缝。

2)施工要点。

①绑扎钢筋网片。按施工大样图要求的横竖距离焊接或绑扎安装用的钢筋骨架。其方法是先剔凿出墙面或柱面结构施工时的预埋钢筋,使其外露于墙、柱面,然后连接绑扎(或焊接)$\phi 8$ mm竖向钢筋(竖向钢筋的间距,如设计无规定,可按饰面板宽度距离设置),随后绑扎横向钢筋,其间距要比饰面板竖向尺寸低2~3 cm为宜,如图2-18所示。如基体未预埋钢筋,可使用电锤钻孔,孔径为25 mm,孔深90 mm,用M16胀杆螺栓固定预埋铁件,然后再按前述方法进行绑扎或焊接竖筋和横筋。目前,为了方便施工,在验算合格的前提下,可只拉横向钢筋,取消竖向钢筋。

②钻孔、剔槽、挂丝。在板材截面上钻孔打眼,孔径5 mm左右,孔深15~20 mm,孔位一般距板材两端$L/4$~$L/3$,L为边长。另一种常用的钻孔方法是只打直孔,挂丝后

孔内充填环氧树脂或用铅皮卷好挂丝挤紧,再灌入粘结剂将挂丝嵌固于孔内。近年来,亦有在装饰板材厚度面上与背面的边长 $L/3 \sim L/4$ 处锯三角形锯口,在锯口内挂丝。各种钻孔,如图 2-19 所示。挂丝宜用钢丝,因铁丝易腐蚀断脱,镀锌铝丝在拧紧时镀层易损坏,在灌浆不密实、勾缝不严的情况下,也会很快锈断。

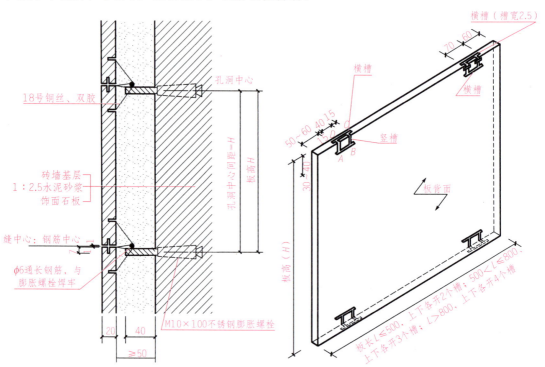

图 2-18 改进后的传统钢筋网挂贴法构造

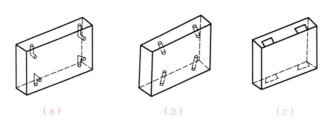

图 2-19 饰面板各种钻孔

(a)牛轭孔;(b)斜孔;(c)M 角形锯口

③安装饰面板。安装饰面板时应首先确定下部第一层板的安装位置。其方法是用线坠从上至下吊线,考虑留出板厚和灌浆厚度以及钢筋网焊绑所占的位置,准确定出饰面板的位置,然后将此位置投影到地面,在墙下边画出第一层板的轮廓尺寸线,作为第一层板的安装基准线。依此基准线,在墙、柱上弹出第一层板标高(即第一层板下沿线),如有踢脚板,应将踢脚板的上沿线弹好。根据预排编号的饰面板材对号入座,进行安装。其方法是理好铜丝,将石板就位,并将板材上口略向后仰,单手伸入板材后把石板下口铜丝扭扎于

横筋上(扭扎不宜过紧,以免铜丝拧断或石板槽口断裂,只要绑牢不脱即可),然后将板材扶正,将上口钢丝扎紧,并用木楔塞紧垫稳,随后用靠尺与水平尺检查表面平整与上口水平度,若发现问题,上口用木楔调整,板下沿加垫铁皮或铅条,使表面平整并与上口水平。完成一块板的安装后,其他依次进行。柱面可按顺时针方向逐层安装,一般先从正面开始,第一层装毕,应用靠尺、水平尺调整垂直度、平整度和阴阳角方正,如板材规格有瑕疵,可用铁皮垫缝,保证板材间隙均匀,上口平直。墙面、柱面板材安装固定方法,如图 2-20 所示。

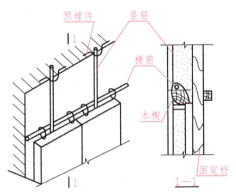

图 2-20 饰面板材安装固定

④临时固定。板材自下而上安装完毕后,为防止水泥砂浆灌缝时板材游走、错位,必须采取临时固定措施。固定方法视部位不同灵活采用,但均应牢固、简便。例如,柱面固定可用方木或小角钢,依柱饰面截面尺寸略大 30~50 mm 夹牢,然后用木楔塞紧,如图 2-21 所示。小截面柱尚可用麻绳裹缠。

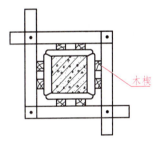

图 2-21 柱饰面临时固定夹具

外墙面固定板材,应充分运用外脚手架的横、立杆,以脚手杆做支撑点,在板面设横木枋,然后用斜木枋支顶横木予以撑牢。

内墙面,由于无脚手架作为支撑点,目前比较普遍采用的是用板块和石膏外贴固定。石膏在调制时应掺入 20%的水泥加水搅拌成粥状,在已调整好的板面上将石膏水泥浆贴于板缝处。由于石膏水泥浆固结后有较大的强度且不易开裂,因此每个拼缝固定拼就成为一个支撑点,起到临时固定的作用(浅色板材,为防止水泥污染,可掺入白水泥),但较大板材或门窗贴脸饰面石板材应另外加支撑。

⑤灌浆。板材经校正垂直、平整、方正后,临时固定完毕,即可灌浆。灌浆一般采用 1∶3 水泥砂浆,稠度 8~15 cm,将砂浆向板材背面与基体间的缝隙中徐徐注入。注意不要碰动石板,全长均匀满灌,并随时检查,不得漏灌,板材不得外移。灌浆宜分层灌入。第一层灌入高度<150 mm,并应<1/3 板材高。灌时用小铁钎轻轻插捣,切忌猛捣猛灌。一旦发现外胀,应拆除板材重新安装。第一层灌完 1~2 h 后,检查板材无移动,确认下

口钢丝与板材均已锚固，再按前法进行第二层灌浆，高度为 100 mm 左右，即板材 1/2 高度。第三层灌浆应低于板材上口 50 mm 处，余量作为上层板材灌浆的接缝（采用浅色石材或其他饰面板时，灌浆应用白水泥、白石屑，以防透底，影响美观）。

⑥清理。第三次灌浆完毕，待砂浆初凝后，即可清理板材上口的余浆，并用棉丝擦干净，隔天再清理板材上口木楔和有碍安装上层板材的石膏。以后用相同的方法把上层板材下口的不锈钢丝或铜丝拴在第一层板材上口，固定在不锈钢丝或铜丝处，依次进行安装。墙面、柱面、门窗套等饰面板安装与地面块材铺设的关系，一般采取先做立面后做地面的方法。这种方法要求地面分块尺寸准确，边部块材须切割整齐。同时，亦可采用先做地面后做立面的方法，这样可以解决边部块材不齐问题，但地面应加保护，防止损坏。

⑦嵌缝。全部板材安装完毕后，应将表面清理干净，并按板材颜色调制水泥色浆嵌缝，边嵌边擦干净，使缝隙密实干净，颜色一致。安装固定后的板材，如面层光泽受到影响，要重新打蜡上光，并采取临时措施保护棱角。

(5) 钢筋钩挂贴法饰面施工技术。

1) 钢筋钩挂贴法的施工工序。基层处理→墙体钻孔→饰面板选材编号→饰面板钻孔剔槽→安装饰面板→灌浆→清理、灌缝→打蜡。

2) 施工要点。

①饰面板钻孔、剔槽。先在板厚中心打深 7 mm 的直孔：板长＜500 mm 钻两孔，500 mm＜板长＜800 mm 钻三孔，板长＞800 mm 则打四孔。钻孔后，再在饰面板两个侧边下部开 $\phi 8$ mm 横槽各一个，如图 2-10 所示。

②墙体钻孔。有两种打孔方式。一种是在墙上打 45°斜孔，孔径 7 mm，孔深 50 mm；另一种是打直孔，孔径 14.5 mm，孔深 65 mm，以能锚入膨胀螺栓为准。

③饰面板安装。饰面板须由下向上安装。第一种方法是先将饰面板安放就位，将 $\phi 6$ mm 不锈钢斜脚直角钩（图 2-12）刷胶，把 45°斜角一端插入墙体斜洞内，直角钩一端插入石板顶边直孔内，同时将不锈钢斜角 T 形钉（图 2-13）刷胶，斜脚放入墙体内，T 形一端扣入石板 $\phi 8$ mm 横槽内，最后用大头硬木楔楔入石板与墙体之间，将石板定牢，石板固定后木楔取掉。第二种方法为将不锈钢斜脚直角钩改为不锈钢直角钩，不锈钢斜角 T 形钉改为不锈钢 T 形钉，一端放入板内，另一端与预埋在墙内的膨胀螺栓焊接。其他工艺不变。每行饰面板挂锚完毕，安装就位、校正调整后，向板与墙内灌浆。

(6) 干挂法饰面施工工序。基层处理→弹线→钻孔→金属挂件固定→板材固定→板缝处理。

3. 饰面板的接缝处理

(1) 饰面板的接缝形式。石材饰面板板缝的宽度：光面板、镜面板板缝为 1 mm；粗磨面板、细磨面板、条纹面板板缝为 5 mm；天然面板板缝为 10 mm。板材的接缝形式主要有水平接缝，其构造如图 2-22 所示；凹凸错缝，其构造如图 2-23 所示；墙面阴阳角的接缝，其构造如图 2-24 所示。

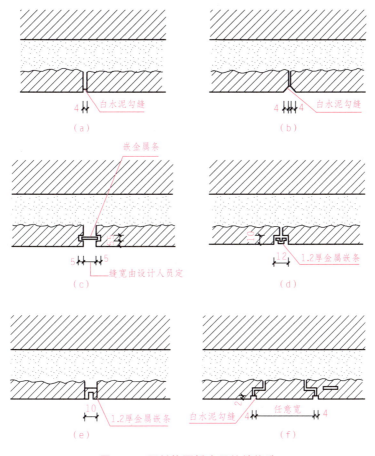

图 2-22 石材饰面板水平接缝构造
(a)平缝;(b)三角缝;(c)平缝加平嵌条;(d)、(e)平缝加嵌条;(f)镶板勾凹缝

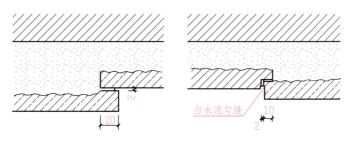

图 2-23 石材凹凸错缝构造

(2)饰面板的灰缝处理。饰面板类饰面,尤其是细琢面饰面板的墙面,通常都留有较宽的灰缝。灰缝的形状可做成凸形、凹形、圆弧形等各种形式。有时,为了加强灰缝的效果,常将饰面板材、块材的周边凿琢成斜口或凹口等不同形状。板材灰缝的形式如图2-25所示。

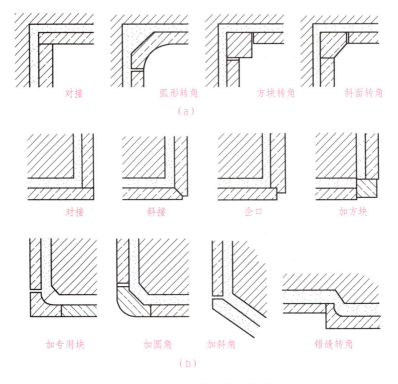

图 2-24 墙面阴阳角的接缝

(a)阴角处理；(b)阳角处理

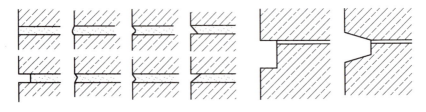

图 2-25 板材灰缝的形式

▲【质量检验与验收】

(1)贴面类墙面工程所选用的建筑材料，其各项性能应符合产品标准的技术指标。

(2)各分项工程检验批应按下列规定划分：

1)相同材料、工艺和施工条件的室内饰面板(砖)工程每 50 个自然间(大面积房间和走廊按施工面积 30 m² 为一间)应划分为一个检验批，不足 50 间也应划分为一个检验批；

2)相同材料、工艺和施工条件的室外饰面板(砖)工程每 500～1 000 m² 应划分为一个检验批，不足 500 m² 也应划分为一个检验批。

(3)检查数量应符合下列规定：

1)室外贴面墙面工程每 100 m² 应至少检查一处，每处不得小于 10 m²。

2)室内贴面墙面工程每个检验应至少抽查 10%，并不得少于 3 间；不足 3 间时应全数检查。

(4)贴面类墙面工程的基层处理应符合下列要求：

1)应全部清理墙面上的各类污物，并提前一天浇水湿润。混凝土墙面应凿除凸起部分，将基层凿毛，清净浮灰。或用108胶的水泥砂浆拉毛。抹底子灰后，底层六七成干时，进行排砖弹线。

2)正式粘贴前必须粘贴标准点，用以控制粘贴表面的平整度。

3)瓷砖粘贴前必须在清水中浸泡2 h以上，以砖体不冒泡为准，取出晾干待用。

4)基层必须清理干净，不得有浮土、浮灰。旧墙面要将原灰浆表层清净。

(5)饰面砖粘贴工程施工质量验收要求见表2-8～表2-10。

表2-8 饰面砖粘贴工程主控项目

项次	主控项目	检验方法
1	饰面砖的品种、规格、图案、颜色和性能应符合设计要求	观察和检查产品合格证书；进场验收记录；性能检测报告和复验报告
2	饰面砖粘贴工程的找平、防水、粘结和勾缝材料及施工方法应符合设计要求和国家现行产品标准和工程技术标准的规定	检查产品合格证书；复验报告和隐蔽工程验收记录
3	饰面砖粘贴必须牢固	检查样板件粘结强度检测报告和施工记录
4	满粘法施工的饰面砖工程应无空鼓、裂缝	观察和小锤轻击检查

表2-9 饰面砖粘贴工程一般项目

项次	一般项目	检验方法
1	表面平整、洁净、色泽协调一致，无歪斜、缺棱、掉角和裂缝等缺陷	观察
2	接缝填嵌密实、平直、宽窄一致、颜色一致，阴阳角处的砖压向正确，非整砖的使用部位适宜	观察；拉5 m线(不足5 m拉通线)尺量检查
3	套割：用整砖套割吻合、边缘整齐；墙裙、贴脸等突出墙面的厚度一致	观察；拉5 m线(不足5 m拉通线)尺量检查
4	流水坡向正确，坡度应符合设计要求，滴水线顺直	观察

表2-10 饰面砖粘贴允许偏差与检验方法

序号	检验项目	允许偏差/mm		检验方法
		外墙面砖	内墙面砖	
1	立面垂直	3	2	用2 m线板和尺量检查
2	表面平整度	4	3	用2 m靠尺和楔形塞尺检查
3	阴阳角方正	3	3	用20 cm方尺和楔形塞尺检查

续表

序号	检验项目	允许偏差/mm		检验方法
		外墙面砖	内墙面砖	
4	接缝平直	3	2	用钢板尺量检查
5	接缝高低差	1	0.5	拉 5 m 线(不足 5 m 拉通线)尺量检查
6	接缝宽度	1	1	用钢板短尺和楔形塞尺检查

注:常见的质量问题如下:
1)空鼓、脱落的主要原因。
①因冬期气温低,砂浆受冻,解冻后容易发生脱落。因此在进行室外贴面砖操作时应保持 0 ℃ 以上,尽量不在冬期施工。
②基层表面偏差较大,基层处理或施工不当,如每层抹灰跟得太紧,面砖勾缝不严,又没有洒水养护,各层之间的粘结强度很差,面层就容易产生空鼓、脱落。
③砂浆配合比不准,稠度控制不好,砂子含泥量过大,在同一施工面上采用几种不同的配合比砂浆,因而产生不同的干缩亦会产生空鼓。应在贴面砖砂浆中加适量建筑胶,增强粘结力,严格按工艺操作,重视基层处理和自检工作,要逐块检查发现空鼓的立即返工。
2)墙面不平:主要是结构施工期间,尺寸控制不好,造成外墙面垂直、平整偏差大,而装修前对基层处理不够认真,应加强对基层打底工作的检查,合格后方可进行下道工序施工。
3)分格缝不匀、不直:主要原因是施工前没有认真按照图纸尺寸核对结构施工的实际情况,加上分段分块弹线、排砖不细、贴灰饼控制点少,以及面砖规格尺寸偏差大、施工中选砖不细、操作不当等造成。
4)墙面污染:主要原因是勾完缝后没有及时擦净砂浆及其他工种污染所致。可用棉丝蘸盐酸加 20% 水刷洗,然后用水冲净。同时应加强成品保护。

(6)石材粘贴工程施工质量验收要求见表 2-11~表 2-13。

表 2-11 石材饰面板工程主控项目

项次	主控项目	检验方法
1	饰面石材板的品种、防腐、规格、形状、平整度、几何尺寸、光洁程度、颜色和图案必须符合设计要求,要有产品合格证	观察和检查产品合格证书;进场验收记录;性能检测报告和复验报告
2	面层与基层应安装牢固;严禁空鼓,无歪斜、缺棱掉角和裂缝等缺陷。粘贴用料、干挂配件必须符合设计要求和国家现行有关标准的规定,碳钢配件需做防锈、防腐处理。焊接点应做防腐处理	检查产品合格证书;复验报告和隐蔽工程验收记录
3	饰面板安装工程的预埋件(或后置埋件)、连接件的数量、规格、位置、连接方法和防腐处理必须符合设计要求。后置埋件的现行拉拔强度必须符合设计要求。饰面板安装必须牢固	检查样板件粘结强度检测报告和施工记录;观察和小锤轻击检查
4	石材的检测必须符合国家有关环保规定	检查产品合格证书;性能检测报告和复验报告

表 2-12 石材饰面板工程一般项目

项次	一般项目	检验方法
1	表面平整、洁净；拼花正确、纹理清晰通顺，颜色均匀一致；非整板部位安排适宜，阴阳角处的板压向正确	观察
2	缝格均匀，板缝通顺，按缝填嵌密实，宽窄一致，无错台错位。饰面板嵌缝应密实、平直、宽度和深度应符合设计要求，嵌缝材料色泽应一致	观察；拉 5 m 线（不足 5 m 拉通线）尺量检查
3	突出物周围的板采取整板套割、尺寸准确，边缘吻合整齐、平顺，墙裙、贴脸等上口平直	用 2 m 靠尺和楔形塞尺检查；拉 5 m 直线，不足 5 m 拉通线和尺量检查
4	滴水线顺直，流水坡向正确、清晰美观	观察；用 20 cm 方尺和楔形塞尺检查

表 2-13 室内外墙面石材饰面板工程允许偏差和检验方法

| 项次 | 项目 | 允许偏差/mm | | 检验方法 |
		室内	室外	
1	立面垂直	光面、粗磨面 2	光面、粗磨面 4	用 2 m 托线板和尺量检查
2	表面平整	1	2	用 2 m 靠尺和楔形塞尺检查
3	阳角方正	2	3	用 20 cm 方尺和楔形塞尺检查
4	接缝直线	2	3	拉 5 m 直线，不足 5 m 拉通线和尺量检查
5	墙裙上口平直	2	3	拉 5 m 直线，不足 5 m 拉通线和尺量检查
6	接缝高低	1	1	用钢板短尺和楔形塞尺检查
7	接缝宽度偏差	1	2	拉 5 m 直线和尺量检查

注：成品保护措施如下。

1）要及时清擦干净残留在门窗框、玻璃和金属饰面板上的污物，如密封胶、手印、尘土、水等杂物，宜粘贴保护膜，预防污染、锈蚀。

2）认真贯彻合理施工顺序，少数工种的工作应做在前面，防止损坏、污染外挂石材饰面板。

3）拆改架子和上料时，严禁碰撞干挂石材饰面板。

4）外饰面完工后，易破损部分的棱角处要钉护角保护，其他工种操作时不得划伤面漆和碰坏石材。

5）在室外刷罩面剂未干燥前，严禁下渣土和翻架子脚手板等。

6）已完工的外挂石材应设专人看管，遇有损害成品的行为，应立即制止，并严肃处理。

（7）马赛克贴面墙面工程施工质量验收要求见表 2-14～表 2-16。

表 2-14 马赛克贴面墙面工程主控项目

项次	主控项目	检验方法
1	材料的品种、规格、颜色、图案和性能必须符合设计要求	观察和检查产品合格证书；进场验收记录；性能检测报告和复验报告

续表

项次	主控项目	检验方法
2	镶贴应牢固，无空鼓、无裂缝、无脱落	检查样板件粘结强度检测报告和施工记录；观察和小锤轻击检查
3	找平、防水、粘结和勾缝材料及施工方法，应符合设计要求和国家现行产品质量标准；符合室内环境质量验收标准	检查产品合格证书；性能检测报告和复验报告

表 2-15　马赛克贴面墙面工程一般项目

项次	主控项目	检验方法
1	表面：平整、洁净，颜色协调一致。发现破损，立即更改	观察
2	接缝：填嵌密实、平直，宽窄一致，颜色一致，填嵌应连续密实，嵌缝最好使用专用粘结剂	观察；拉 5 m 直线，不足 5 m 拉通线和尺量检查
3	套割：用整砖套割吻合，边缘整齐；墙裙、贴脸等突出墙面的厚度一致	观察；拉 5 m 直线，不足 5 m 拉通线和尺量检查
4	坡向、滴水线：流水坡向正确；滴水线顺直	观察；拉 5 m 直线，不足 5 m 拉通线和尺量检查

表 2-16　马赛克贴面墙面工程允许偏差

项次	项	目	允许偏差/mm	检验方法
1	立面垂直	室内	2	用 2 m 托线板和尺量检查
		室外	3	
2	表面平整		2	用 2 m 靠尺和楔形塞尺检查
3	阳角方正		2	用 20 cm 方尺和楔形塞尺检查
4	接缝直线		2	拉 5 m 直线，不足 5 m 拉通线和尺量检查
5	墙裙上口平直		2	拉 5 m 直线，不足 5 m 拉通线和尺量检查
6	接缝高低	室内	0.5	拉 5 m 直线和尺量检查
		室外	1	

注：成品保护措施如下。
1) 镶贴好的玻璃马赛克墙面，应有切实可靠的防止污染的措施；同时要及时清擦干净残留在门窗框、扇上的砂浆。
2) 在凝结前应防止风干、暴晒、水冲、撞击和振动。
3) 少数工种的各种施工作业应做在玻璃马赛克镶贴之前，防止损坏面砖。
4) 合理安排施工程序，避免相互间的污染。

任务小结

本任务主要介绍贴面类墙面、材料的选用、施工技术与施工要点及质量检验等相关知识，主要以常见贴面类墙面材料的选用、施工为主。如需更全面、深入学习，可以查阅相关标准、规范和技术规程。

任务练习

（1）收集有关资料，编制贴面类墙面施工工艺流程图。
（2）收集有关资料，编制贴面类墙面施工作业指导书。
（3）利用实训工场进行墙面镶贴操作实训。

任务2.3　罩面板类墙体饰面

任务目标

●【知识目标】

1. 了解罩面板类墙面装饰常用的材料及其质量要求。
2. 知道罩面板类墙面施工前准备工作的内容与方法。
3. 掌握罩面板类墙面装饰工程的施工方法。
4. 熟悉罩面板类墙面装饰施工验收的内容及方法。

●【能力目标】

1. 会编制罩面板类墙面施工工艺流程。
2. 能正确使用检验方法与工具并实施质量验收。

任务实施

罩面板类饰面主要指用木质、金属、玻璃、塑料、石膏等材料制成的板材作为墙体饰面材料，因其材料种类、使用部位的不同，其构造方式、施工技术也有一定的区别。

罩面板类饰面具有以下特点：

（1）装饰效果丰富。不同的罩面板，因材料自身的质感不同，可满足墙面不同的视觉效果。如木材的质朴、高雅，金属的精巧、别致、华贵等。

（2）耐久性好。因罩面材料耐久性良好，若技术得当、构造合理，饰面即具有良好的耐久性。

（3）施工安装方便。虽然此类饰面技术要求更高，工序繁杂，但施工现场湿作业量少，各类饰面通过镶、钉、拼、贴等构造手法都可简便安装。

项目 2　墙面装饰工程

▲【基本构造】

1. 木质罩面板饰面构造

(1)基本构造见图 2-26。

(2)细部构造。

1)板材间的拼缝见图 2-26；

2)上口及压顶处理见图 2-26；

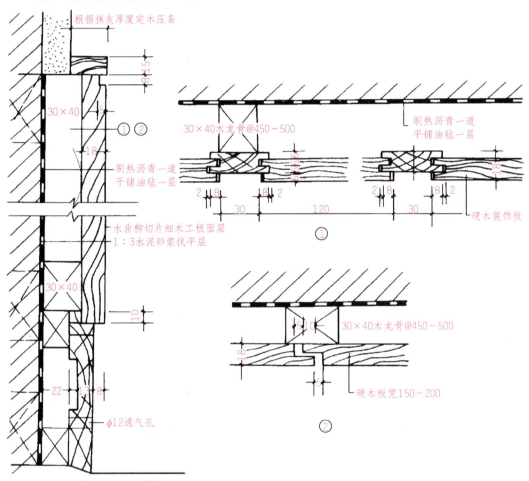

图 2-26　木护墙板构造

3)阴阳角的构造处理见图 2-27。

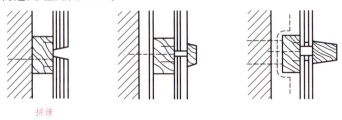

图 2-27　木护墙板阴阳角构造处理

近年来,还出现了组装式木墙面板,板与板之间有特殊连接构造,无须钉粘,只需上、下加压条即可,施工更为方便。

2. 金属板饰面基本构造

金属板饰面构造做法与木质罩面板大致相同,但具体固定方法和材料有一定的区别。其一般构造做法是:

(1)铝合金板饰面构造。

1)插接式构造。将板条或方板用螺钉等紧固件固定在型钢或木骨架上,这种固定方法耐久性好,多用于室外墙面,如图 2-28 所示。

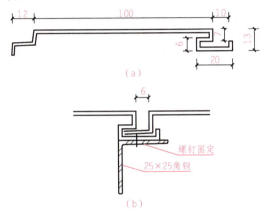

图 2-28　铝合金条板及固定示意

2)嵌条式构造。将板条卡在特别的龙骨上。此构造仅适用于较薄板条,多用于室内墙面装饰,如图 2-29 所示。

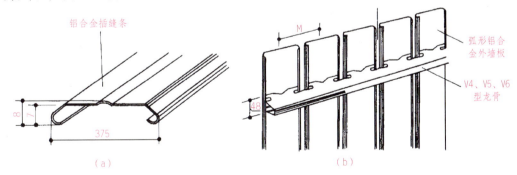

图 2-29　铝合金薄板嵌条式构造
(a)铝合金条板形状和断面尺寸;(b)铝合金条板的安装

(2)不锈钢板饰面构造。不锈钢板板饰面构造做法有以下三种:

1)铝合金或型钢龙骨贴墙。该构造是将铝合金或型钢龙骨直接粘贴于内墙面上,再将各种不锈钢平板与龙骨粘牢,如图 2-30 所示。

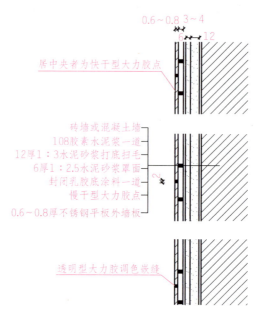

图 2-30 铝合金或型钢龙骨贴墙构造

2)墙板直接贴墙。该构造是将各种不锈钢平板直接粘贴于墙体表面上,如图 2-31 所示。这种构造做法要求墙体找平层应特别坚固,与墙体基层粘结牢固。

3)木龙骨贴墙。该构造是将木龙骨钉在内墙面上,再铺钉基层板,然后将各种不锈钢平板与基层板粘牢。

(3)铝塑板饰面构造。铝塑板饰面装饰构造有无龙骨贴板构造、轻钢龙骨贴板构造、木龙骨贴板构造。无论采用哪种构造,均不允许将铝塑板直接贴于抹灰找平层上,而应贴于纸面石膏板或阻燃型胶合板等比较平整光滑的基层之上。铝塑板粘贴方法有以下三种:

1)粘结剂直接粘贴法。在铝塑板背面涂橡胶类强力胶粘剂(如 801 强力胶、XH-25 强力胶、XY-401 胶,CX-401 胶等),待胶稍具黏性时,将铝塑板上墙就位,用手拍压实,使铝塑板与底板粘牢。拍压时严禁用铁锤或其他硬物敲击。

2)双面胶带及粘贴剂并用粘贴法。根据墙面弹线,将薄质双面胶带按田字形粘贴于底板上,无双面胶带处均匀涂橡胶类强力胶,然后将铝塑板与底板粘牢(操作同上)。

3)发泡双面胶带直接粘贴法。将发泡双面胶带粘贴于底板上,然后根据弹线位置将铝塑板上墙就位,进行粘贴。

3. 玻璃板饰面基本构造

(1)镭射玻璃饰面。镭射玻璃饰面的基本构造做法分两种:

1)龙骨无底板胶贴。修整处理墙面后做防潮层,安装防腐防火木龙骨或轻钢龙骨,在龙骨上粘贴镭射玻璃。

任务2.3 单面板类墙体饰面

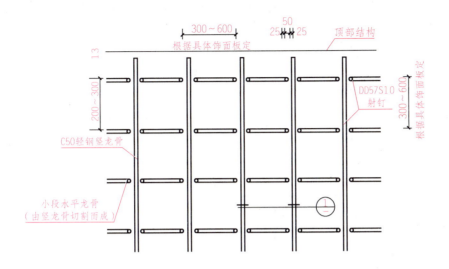

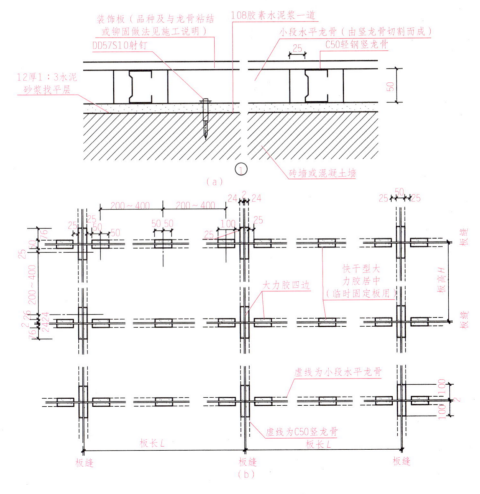

图 2-31 不锈钢平板贴墙构造

(a)龙骨布置、锚固示意图；(b)不锈钢平板背面点涂大力胶位置示意图

2)龙骨加底板胶贴。修整处理墙面后做防潮层,安装防腐防火木龙骨或轻钢龙骨,在龙骨上先钉底板(胶合板或纸面石膏板),然后粘贴镭射玻璃。

微晶玻璃、彩色玻璃饰面构造做法与镭射玻璃饰面相同。

(2)镜面玻璃饰面。镜面玻璃饰面内装饰的构造做法分为有龙骨做法和无龙骨做法两种。

1)有龙骨做法。清理墙面,整修后涂防水建筑胶粉防潮层,安装防腐防火木龙骨,然后在木龙骨上安装阻燃型胶合板,最后固定镜面玻璃,如图2-32所示。玻璃固定方法有:

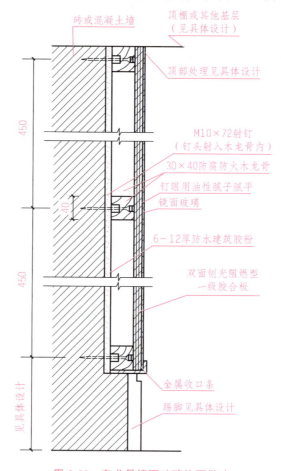

图 2-32 有龙骨镜面玻璃饰面做法

①螺钉固定法。在玻璃上钻孔,用镀锌螺钉或铜螺钉直接把玻璃固定在龙骨上,螺钉上需套橡胶垫圈以保护玻璃,见图2-33(a)。

②嵌钉固定法。在玻璃的交点处用嵌钉将玻璃固定于龙骨上,把玻璃的四角压紧固定。

③粘贴固定法。用环氧树脂或玻璃胶,把玻璃粘贴在衬板上,一般小面积墙面装饰多采用这种方法,见图2-33(b)。

以上三种方法固定的玻璃,周边都可加框,起封闭端头和装饰作用。

④托压固定法。用压条和边框托压住玻璃,压条和边框用螺钉固定于木筋上。压条和边框由硬木、塑料、金属(铝合金、钢、铝等)材料制成。这种方法多用于大面积单块玻璃的固定,见图2-33(c)。

2)无龙骨做法。用10 mm厚1∶0.3∶3水泥石灰膏砂浆打底,6 mm厚1∶0.3∶2.5水泥石灰膏砂浆找平,压实后,满涂防水建筑胶粉防潮层,做镜面玻璃保护层(粘贴牛皮纸或铝箔一层),最后用强力胶粘贴镜面玻璃,封边、收口。加气混凝土或硅酸盐砌块墙不宜用无龙骨做法安装镜面玻璃。

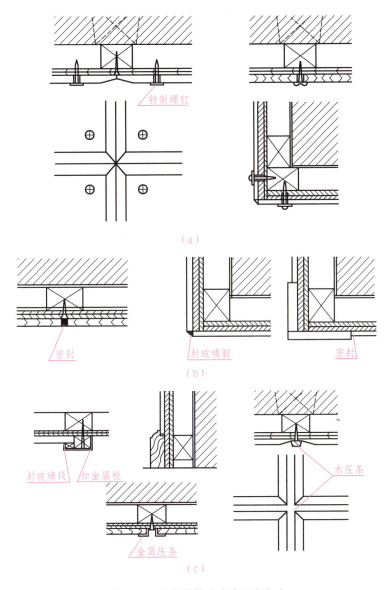

图 2-33 有龙骨做法玻璃固定方式
(a)螺钉固定玻璃;(b)粘贴固定玻璃;(c)托压固定玻璃

项目 2 墙面装饰工程

▲【施工材料组成与分类】

1. 木质罩面板材料的类型及选用

作为一种高级室内装饰,常用于人们易接触的部位,一般高度为 1.0~1.8 m 或一直到顶。

(1)胶合板。是将三层、五层或更多层完全相同的木质薄板,按其纤维方向相互垂直的各层用胶粘剂粘压而成的板材,常用作墙体整体或局部木装修的基层。

(2)纤维板。用木纤维加工成一面光滑、一面有网纹的薄板,按其表现密度分为硬质纤维板、中密度纤维板(即中密度板)和软质纤维板,其中以中密度板应用最广。

(3)细木工板。细木工板属于特种胶合板,芯板用木板拼接而成,两个表面为胶粘木质单板,多用作基层板。

(4)刨花板。利用木材加工刨下的废料,经加工压制而成的板材。

(5)木丝板。利用木材加工锯下的碎丝加工而成的板材,具有良好的吸声、保温和隔热性能。

(6)微薄木。采用柚木、橡木、榉木、胡桃木、花梨木、枫木、雀眼木、水曲柳等树材经精密刨切成厚度为 0.2~0.5 mm 的微薄木,具有纹理细腻、真实、立体感强、色泽美观的特点。常用以上几种板材为基层,用先进的胶粘工艺和胶粘剂,制成微薄木贴面。其广泛用于高级装饰的内墙及门、窗、家具的装饰。

(7)实木。即天然木材,将天然原木加工成截面宽度为厚度 3 倍以上的型材者,为实木板,多用作墙面高级装饰的饰面板;不足 3 倍者为方木,多用作龙骨。

2. 金属板材料的类型及选用

金属饰面板装饰是采用一些轻金属(如铝、铝合金)、不锈钢、铜等制成薄板,或在薄钢板的表面进行搪瓷、烤漆、喷漆、镀锌、覆盖塑料处理等做成的墙面饰面板,这类墙面饰面板不但坚固耐用,而且美观新颖,可用于室内外。

金属薄饰面板的形式可以是平板,也可以制成凹凸纹,以增加板的刚性和方便安装,也可用铝板网做吸声墙面。金属饰面板可以用螺钉直接固定在结构层上,也有用锚固件悬挂或嵌卡的方法,固定在特别的钢架上。

(1)钢材及制品。常用的建筑装饰钢材有不锈钢的镜面板、亚光板、浮雕板、钛金板、彩色涂层钢板等。这类材料具有良好的耐腐蚀性和良好的机械性能,且耐磨易弯曲加工。

1)不锈钢制品。不锈钢是指在钢中掺加了铬或锰、镍等元素的合金钢。它除了具有普通钢材的性质外,还具有极好的抗腐蚀性。因为在不锈钢中,铬能与环境中的氧首先化合,生成一层与钢基体牢固结合的致密的氧化膜层,使合金钢不再受到氧的锈蚀作用,从而达到保护钢材的目的。

不锈钢,按外表色彩分为普通不锈钢和彩色不锈钢;按光泽度分有亚光不锈钢和镜面不锈钢;按表面形状分为平面板和花纹板等。不锈钢可制成板材、型材和管材,其中应用最多的为板材。不锈钢板材可用于商场、宾馆门厅及舞厅等处的墙柱面装饰,电梯门及门贴脸、各种装饰压条和容器的制作。不锈钢管可制成扶手、栏杆、不锈钢防盗门、隔离栅栏和旗杆等。不锈钢型材可用于制作柜台、各种压边等。彩色不锈钢除了可用于制作上述制品外，还可用于招牌、顶棚、车厢板和自动门、无框玻璃门和不锈钢门的制作。

2）彩色涂层钢板。彩色涂层钢板又称彩色钢板或彩板，以冷轧板或镀锌板为基板，通过连续地在基板表面进行化学预处理和涂漆等工艺处理后，使基板表面覆盖一层或多层高性能的涂层后而制得。彩色涂层钢板的涂层有无机涂层、有机涂层和复合涂层等，其中以有机涂层用得最多。彩色涂层钢板兼有钢板和表面涂层两者的性能，在保持钢板的强度和刚度的基础上，增加了钢板的防锈蚀性能。

（2）铝合金装饰板。铝合金扣板、铝塑板（即复合铝板）、镁铝曲面装饰板和蜂窝铝板等均为铝合金装饰板。其强度较高、焊接方便、价格较不锈钢便宜、操作方便、装饰效果好，因而得到广泛使用。

1）铝合金扣板。采用防锈铝合金坯料，用具有一定的花纹轧辊轧制而成的一种铝合金装饰板，具有装饰性好、耐磨、防滑、防腐和易清洁等特点，可用于建筑的内外墙面及楼梯踏步等处的装饰。

2）铝塑板。铝塑板是一种复合材料，它是将表面经氯化乙烯树脂处理过的铝片用粘结剂覆贴到聚乙烯板上而制成的。按铝片的覆贴位置不同，铝塑板有单层板和双层板之分。铝塑板的耐腐性、耐污性和耐候性较好，板面的色彩有红、黄、蓝、白等，装饰效果好，施工时可弯折、截割，加工灵活方便。与铝合金板相比，铝塑板具有重量轻、施工简便及造价低等特点，可用作建筑物的幕墙饰面、门面及广告牌等处的装饰。

3. 玻璃板饰面

罩面用的玻璃有各种平板玻璃、磨砂玻璃、镜面玻璃、彩色玻璃、微晶玻璃、镭射玻璃等。玻璃板材料的类型及选用如下。

1）平板玻璃又称白片玻璃或净片玻璃，是建筑工程中用量最大的玻璃，也是生产其他具有特殊性能玻璃的原料，故又称原片玻璃。它属于无色钠钙硅酸盐玻璃，按生产工艺的不同主要有拉引法玻璃和浮法玻璃，前者也称普通平板玻璃。

平板玻璃既透光又透视，透光率85％左右，并具有一定的隔声作用，保温性和机械强度好，而且耐风压、雨淋、擦洗和酸碱腐蚀；但质脆，怕敲击、强震，受急冷急热作用易碎，紫外线透过率较低。

2）磨（喷）砂玻璃又称为毛玻璃。磨砂玻璃采用普通平板玻璃，以硅砂、金刚砂、石榴石粉等为研磨材料，加水研磨而成；喷砂玻璃采用普通平板玻璃，以压缩空气将细砂喷到玻璃表面研磨而成。由于毛玻璃表面粗糙，使光线产生漫射，透光不透视，室内光线柔和，不刺目，因此适用于需要透光不透视的门窗、卫生间、浴室和办公室等处，也可用于室内隔断和作为灯光透明片使用。

3）镜面玻璃具有明显的镜面效果和单向透视性（即视线只能从镀层一侧观向另一侧），因而能使视觉延伸并扩大空间；内墙面装饰用镜面玻璃以高级浮法平板玻璃，经镀银、镀铜、镀漆等特殊工艺加工而成，与一般镀银玻璃镜、真空镀铝玻璃相比，具有镜面尺寸大,成像清晰、逼真,抗盐雾及抗热性能好,使用寿命长等特点。

4)彩色玻璃又称有色玻璃、饰面玻璃。彩色玻璃分透明和不透明两种。透明彩色玻璃是在原料中加入一定的金属氧化物(如钴、铜、铬、铁、锰等)而使玻璃带色。不透明彩色玻璃在一定形状平板玻璃的一面,喷上色釉,经过烘烤、退火而成。彩色玻璃的颜色较多,有红、黄、蓝、绿等,具有耐腐蚀、易清洗的特点,可拼成一定的图案花纹,用于建筑物的门窗、内外墙面和对光线有特殊采光要求的部位,可使空间有富丽堂皇之感。

5)微晶玻璃是通过基础玻璃在加热过程中进行控制晶化而制得的一种含有大量微晶体的多晶固体材料。微晶玻璃是最新型的饰面玻璃,质地细腻,不风化,不吸水,并可制成曲面,外观可与玛瑙、玉石和鸡血石等名贵石材相似,施工方法与天然石材的粘贴法相同,但其物理性能优于大理石和花岗石。

6)镭射玻璃又名激光玻璃、光栅玻璃,是当代激光技术与建筑材料技术相结合的一种高科技产品。镭射玻璃装饰板的光栅效果是随着环境条件的变化而变化的,同一块镭射玻璃放在某处可色彩万千,但放在另一处也可能就光彩全无。普通镭射玻璃的太阳光直接反射比随人的视角和光线的变化而变化,在一般条件下,应将镭射玻璃放在与人视线位于同一水平处或低于视线之处,这样效果最佳。

▲【罩面板类饰面的施工技术】

1. 木质罩面板饰面施工技术

(1)施工工艺。墙内预埋防腐木砖→墙体表面处理→墙体表面涂防水(潮)层→钉木龙骨→检查墙体边线→钉基层板→选板→微薄木装饰板下料、编号→安装→检查、修整→封边。

(2)施工要点。

1)墙内预留防腐木砖。砖墙或混凝土墙在砌筑、浇筑时在墙内预埋防腐木砖,沿横、竖木龙骨中心线,每1 000 mm(中距)一块或按具体设计。

2)墙体表面处理。将墙体表面的灰尘、污垢及砂浆流痕等清除干净,并洒水湿润。凡有缺棱掉角之处,应用聚合物水泥砂浆修补完整。混凝土墙如有空鼓、缝隙、蜂窝、孔洞、麻面、露筋、表面不平或接缝错位之处,均须妥善修补。

3)墙体表面涂防水(潮)层。墙体表面满涂防水层一道。须涂刷均匀,不得有厚薄不均及漏涂之处。防潮层应为5~10 mm厚,至少三遍成活,须尽量找平,以便兼做找平层用。

4)钉木龙骨。40 mm×40 mm木龙骨,正面刨光,满涂防腐剂一道,防火涂料三道,按中距双向钉于墙体内预埋防腐木砖之上。龙骨与墙面之间有缝隙之处,须以防腐木片(或木块)垫平垫实。

5)检查墙体边线。墙体阴阳角及上下边线是否平直方正,关系到微薄木装饰板的装修质量,如微薄木装饰板各边下料平直方正,而墙体边线不平直方正,则将造成装饰板"走形"而影响装修质量。

6)钉基层板。根据需要在木龙骨上铺钉胶合板或纤维板或细木工板。

7)选板。根据具体设计的要求,对微薄木装饰板进行花色、质量、规格的选择,并一一归类。所有不合格未选中的装饰板,应送离现场,以免混淆。

8)微薄木装饰板下料、编号。将微薄木装饰板按建筑内墙装修具体设计的规格、花色、具体位置等,下料、编号、校正尺寸、四角套方。下料时须根据具体设计对微薄木装饰板拼花图案的要求进行加工,加工完毕经检查合格后,将高级微薄木装饰板一一编号备用。

9)安装。

①清理、修整基层板及微薄木装饰板。上述工序完成后,须将基层板表面及微薄木装饰板背面加以清理。

②涂防腐、防火涂料。微薄木背面满涂氟化钠防腐剂一道,防火涂料三道。须涂刷均匀,不得有漏涂之处。

③弹线。根据试拼时的编号,在墙面龙骨上将微薄木装饰板的具体位置一一弹出。所弹之线,必须准确无误,横平竖直,不得有歪斜或错位之处。

④涂胶。在微薄木装饰板背面与木龙骨粘贴之处以及木龙骨上满涂胶粘剂一层,胶粘剂应根据微薄木装饰板所用的胶合板底板的品种而定(或用不受板品种影响的胶)。涂胶须薄而均匀,不得有厚薄不均及漏胶之处。

⑤上墙粘贴。根据微薄木装饰板的编号及基层板上的弹线,将装饰板按顺序上墙,就位粘贴。粘贴时须注意拼缝对口、木纹图案拼接等,不得疏忽。

10)检查、修整。全部微薄木装饰板安装完毕,须进行全面抄平及严格的质量检查。凡有不平、不直、对缝不严、木纹错位以及其他与质量标准不符之处,均应彻底纠正、修理。

11)封边、收口。根据具体设计来做。

12)漆面。根据具体设计要求进行漆面,并须严格保证质量。

2. 金属墙板安装施工技术

(1)施工准备。

1)材料。金属板材可选用现已生产的各种定型产品,也可以根据设计要求,与金属生产厂家协商定做。承重骨架由横竖杆件拼成,材质为铝合金型材或型钢,常用的有各种规格的角钢、槽钢、V形轻金属墙筋等。因角钢和槽钢较便宜,强度高,安装方便,在工程中采用较多。连接构件有铁钉、木螺钉、镀锌自攻螺钉、螺栓等。

2)施工机具。

①小型机具有型材切割机、电锤、电钻、风动拉铆枪、射钉枪等;

②一般工具有锤子、扳手、螺钉旋具等。

(2)施工工艺。放线→固定骨架的连接件→固定骨架→安装金属板→细部处理。

(3)施工要点。

1)放线。首先要将骨架的位置弹到基层上,放线前先检查结构的质量,如果结构垂直度与平整度误差较大,势必影响骨架的垂直与平整。放线最好一次完成,如有差错,可随时进行调整。

2)固定骨架连接件。骨架的横竖杆件通过连接件与结构固定,而连接件与结构的连接可以与结构的预埋件焊牢,也可以在墙面上打膨胀螺栓。因膨胀螺栓固定方法较灵活,尺寸误差小,准确性高,容易保证质量,故采用较多。连接件施工应保证连接牢固,型钢类的连接件,表面应镀锌,焊缝处应刷防锈漆。

3)固定骨架。骨架应预先进行防腐处理。安装骨架位置要准确,结合要牢固。安装后,检查中心线、表面标高等,对多层或高层建筑外墙,为了保证板的安装精度,用经纬仪对横竖杆件进行贯通,变形缝、沉降缝、变截面处等应妥善处理,使之满足使用要求。

4)安装金属板。金属板的安装固定办法多种多样,不同的断面、不同的部位,安装固定办法可能不同。

5)细部处理。水平部位的压顶、端部的收口、伸缩缝的处理、两种不同材料的交接处理等细部处理要满足构造和设计要求。

3. 玻璃板饰面施工技术

(1)施工工序。基层处理→立筋→铺钉衬底(木基层)→玻璃板安装。

(2)施工要点。

1)基层处理。埋木砖或塞木楔于墙体中,位置应与玻璃板尺寸相配,即其横向距离与玻璃板宽度相等,竖向距离与玻璃板高度相等。大面积玻璃板安装时,还应在横、竖向每隔500mm设木砖或木楔。墙面要抹灰,在抹灰上刷热沥青或贴油毡,也可将油毡夹于木衬板和玻璃板之间,以防止潮气使木衬板变形、水银脱落。

2)立筋。墙筋为40 mm×40 mm或50 mm×50 mm的小方木,用铁钉钉于木砖或木楔上。安装小块玻璃板可双向立筋,安装大面积玻璃板可单向立筋。也可将木筋预制成双向网架,用铁钉钉固在墙、柱面上。用长靠尺检查其垂直度、平整度。

3)铺钉衬板。衬板为15 mm厚木板或5 mm厚胶合板,钉于木筋上,钉头应没入板内。要求衬板表面平整、清洁,无翘曲、起皮现象。大面积铺衬板时,板缝应在立筋处。

4)玻璃板安装。玻璃板安装方法有:嵌压式固定、螺钉固定、粘贴固定、托压固定。

▲【其他几种常用罩面板饰面】

1. 万通板

万通板学名聚丙烯装饰板,是以聚丙烯(PP)为主要原料,经混炼挤压成型,有一般型和难燃型两种,室内墙面装饰必须用难燃型板。万通板具有重量小、防火、防水、防老化等特点,有白、淡杏、淡蓝、淡黄、浅绿、浅红、银灰、黑等色,清雅宜人,美观大方,可用裁纸刀任意切割,粘钉均可。用于墙面装饰的万通板规格有1 000 mm×2 000 mm、1 000 mm×1 500 mm,板厚有2 mm、3 mm、4 mm、5 mm、6 mm多种。万通板一般构造做法是在墙上涂刷防潮剂,钉木龙骨,然后将万通板粘贴于龙骨上。

2. 纸面石膏板

纸面石膏板是以熟石膏为主要原料，掺以适量纤维及添加剂，再以特制纸为护面，通过专门生产设备加工而成的板材，具有质轻、高强、防火、隔声等特点。纸面石膏板可钉、可锯、可钻，表面可刷涂料、可复合各种装饰贴面材料。纸面石膏板内墙装饰构造有两种：一种是直接贴墙做法；另一种是在墙体上涂刷防潮剂，然后铺设龙骨（木龙骨或轻钢龙骨），将纸面石膏板镶钉或粘于龙骨上，最后进行板面修饰。

3. 夹心墙板

夹心墙板通常由两层铝或铝合金板中间夹聚氨酯泡沫或矿棉芯材构成，具有强度高、韧性好、保温、隔热、防火、抗震等特点。墙板表面经过耐色光或PVF滚涂处理，颜色丰富，不变色、褪色。夹心墙板构造采用专门的连接件将板材固定于龙骨或墙体上。

【质量检验与验收】

（1）罩面板类墙面工程所选用的建筑材料，其各项性能应符合产品标准的技术指标。

（2）各分项工程检验批应按下列规定划分：同一品种的罩面板墙面工程每50间（大面积房间和走廊按施工面积30 m^2 为一间）应划分为一个检验批；不足50间也应划分为一个检验批。

检查数量应符合下列规定：每个检验批应至少抽查10%，并不得少于3间，不足3间时应全数检查。

（3）罩面板类墙面工程的施工前技术处理应符合下列要求：

1）罩面板类墙面工程应对下列隐蔽工程项目进行验收：

①骨架隔墙中设备管线的安装及水管试压；

②龙骨防火、防腐处理；

③预埋件或拉结筋；

④龙骨安装；

⑤填充材料的设置。

2）罩面板类墙面工程与顶棚和其他墙体的交接处应采取防开裂措施。

3）设计选定的饰面板应封样保存。

4）饰面板下的各层做法应已按设计要求施工并验收合格。

5）样板间或样板块已经得到认可。

（4）墙面骨架施工质量检测主控项目和一般项目见表2-17和表2-18。

表2-17　墙面骨架施工质量验收主控项目

项次	主控项目	检验方法
1	骨架所用龙骨、配件；墙面板、填充材料及嵌缝材料的品种、规格、性能和木材的含水率应符合设计要求；有隔声、隔热、阻燃、防潮等特殊要求的工程材料应有相应性能等级的检测报告	观察；检查产品合格证书；进场验收记录；性能检测报告和复验报告

续表

项次	主控项目	检验方法
2	骨架龙骨必须与基体结构连接牢固，并应平整、垂直，位置正确	手扳检查；尺量检查；检查隐蔽工程验收记录
3	骨架隔墙中龙骨间距和构造连接方法应符合设计要求；骨架内设备管线的安装，门窗洞口等部位加强龙骨应安装牢固，位置正确，填充材料的设置应符合设计要求	检查隐蔽工程验收记录
4	木龙骨及木墙面板的防火和防腐处理必须符合设计要求	检查隐蔽工程验收记录

表 2-18　墙面骨架施工质量验收一般项目

项次	一般项目	检验方法
1	骨架表面应平整光滑、色泽一致、洁净、无裂缝，接缝应均匀、顺直	观察；手摸检查
2	骨架上的孔洞、槽、盒应位置正确，套割吻合，边缘整齐	观察
3	墙面骨架内的填充材料应干燥，填充应密实、均匀、无下坠	轻敲检查；检查隐蔽工程验收记录

（5）骨架隔墙安装的允许偏差和检验方法应符合表 2-19 的规定。

表 2-19　骨架隔墙安装允许偏差与检验方法

项次	项目	允许偏差/mm		检验方法
		纸面石膏板	人造木板 水泥纤维板	
1	立面垂直度	3	4	用 2 m 垂直检测尺检查
2	表面平整度	3	3	用 2 m 靠尺和塞尺检查
3	阴阳角方正	3	3	用直角检测尺检查
4	接缝直线度	—	3	拉 5 m 线，不足 5 m 拉通线，用钢直尺检查
5	压条直线度	—	3	拉 5 m 线，不足 5 m 拉通线，用钢直尺检查
6	接缝高低	1	1	用钢直尺和塞尺检查

（6）罩面板墙面工程施工质量验收要求见表 2-20～表 2-22。

表 2-20　罩面板墙面工程主控项目

项次	主控项目	检验方法
1	龙骨和面板材质、品种、规格、式样、颜色应符合设计要求和规范的规定，有隔声、隔热、阻燃、防潮等特殊要求的工程，板材应有相应性能等级的检测报告	观察；检查产品合格证书；进场验收记录和性能检测报告
2	安装罩面墙板材所需预埋件、连接件的位置、数量及连接方法应符合设计要求	观察；尺量检查；检查隐蔽工程验收记录

续表

项次	主控项目	检验方法
3	龙骨骨架必须安装牢固,无松动,位置正确。夹板无脱层、翘曲、折裂、缺棱掉角等缺陷,安装必须牢固	观察;手扳检查
4	墙面板材所用接缝材料的品种及接缝方法应符合设计要求	观察;检查产品合格证书和施工记录

表 2-21 罩面板墙面工程一般项目

项次	一般项目	检验方法
1	罩面墙板材安装应垂直、平整、位置正确。板材不应有裂缝或缺损	观察;尺量检查
2	罩面板材墙面表面应平整光滑、色泽一致、洁净、无污染、麻点、锤印、颜色一致。面板之间的缝隙,宽窄应一致,整齐、平直	观察;手摸检查
3	罩面板材墙上的孔洞、槽、盒应位置正确,套割方正,边缘整齐	观察;尺量检查

表 2-22 罩面板墙面安装允许偏差与检验方法

项次	项 目	允许偏差/mm				检验方法
		木材	塑料	金属	玻璃	
1	立面垂直度	1.5	2	2	2	用2 m垂直检测尺检查
2	表面平整度	1	3	3	—	用2 m靠尺和塞尺检查
3	阴阳角方正	1.5	3	3		用直角检测尺检查
4	接缝直线度	1	1	1	2	拉5 m线,不足5 m拉通线,用钢直尺检查
5	墙裙、勒脚、上口直线度	2	2	2	—	拉5 m线,不足5 m拉通线,用钢直尺检查
6	接缝高低差	0.5	1	1	2	用钢直尺和塞尺检查
7	接缝宽度	1	1	1	1	用钢直尺检查

注:技术关键要求如下:
1)弹线必须准确,经复验后方可进行下道工序。
2)罩面板应经严格选材,表面应平整光洁,安装罩面板前应严格检查龙骨的垂直度和水平度。
3)施工部位已安装的门窗,已施工完的地面、墙面、窗台等应注意保护,防止损坏。
4)条木骨架材料,特别是罩面板材料,在进场、存放、使用过程中应妥协管理,使其不变形、不受潮、不损坏、不污染。

任务小结

本任务主要介绍罩面板类墙面、材料的选用、施工技术与施工要点及质量检验等相关知识，主要以常见罩面板类墙面材料的选用、施工为主。如需更全面、深入学习，相关标准、规范和技术规程。

任务练习

（1）收集有关资料，编制罩面板类墙面施工工艺流程图。
（2）收集有关资料，编制罩面板类墙面施工作业指导书。

任务 2.4　裱糊与软包墙体饰面

任务目标

【知识目标】

1. 了解裱糊与软包墙体饰面常用的材料及其质量要求。
2. 知道裱糊与软包墙体饰面施工前准备工作的内容与方法。
3. 掌握裱糊与软包墙体饰面装饰工程的施工方法。
4. 熟悉裱糊与软包墙体饰面施工验收的内容及方法。

【能力目标】

1. 会编制裱糊与软包墙体饰面施工工艺流程。
2. 能正确使用检验方法与工具并实施质量验收。

任务实施

裱糊与软包类饰面是采用柔性装饰材料，利用裱糊、软包方法所形成的一种内墙面饰面。这种饰面具有装饰性强、经济合理、施工简便、可粘贴等特点。现代室内墙面装饰常用的柔性装饰材料有各类壁纸、墙布、棉麻织品、织锦缎、皮革、微薄木等。裱糊与软包类饰面按构造大致可分为：壁纸裱糊、锦缎裱糊和软包饰面。

▲【基本构造】

(1)壁纸裱糊构造见图 2-34。

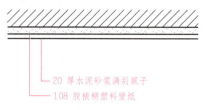

图 2-34　壁纸裱糊构造

(2)锦缎裱糊基本构造做法见图 2-35。

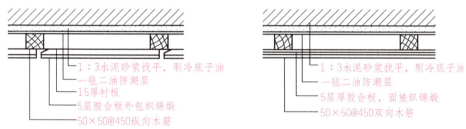

图 2-35　丝绒和锦缎裱糊构造

(3)软包饰面基本构造。软包饰面主要有吸声层压钉面料构造和胶合板压钉面料构造两种做法(图 2-36 和图 2-37)。

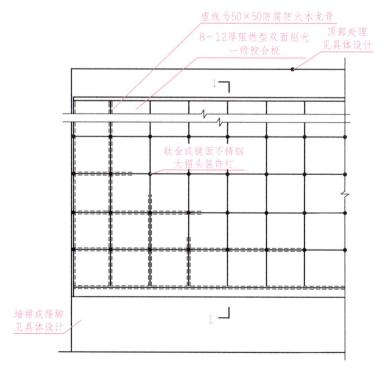

图 2-36　吸声层压钉面料构造

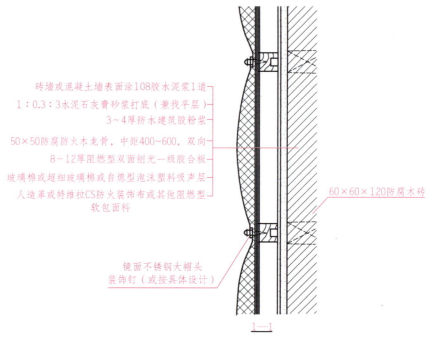

图 2-36 吸声层压钉面料构造(续)

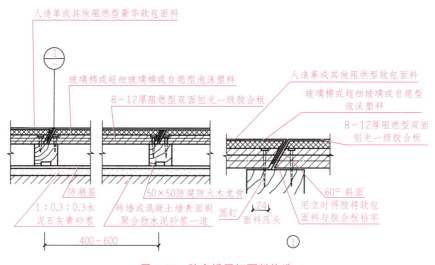

图 2-37 胶合板压钉面料构造

【施工材料组成与分类】

1. 壁纸裱糊饰面

(1)壁纸和墙布的种类。

1)纸面纸基壁纸。在纸面上有各种印花或压花花纹图案,价格便宜,透气性好,但因不耐水、不耐擦洗、不耐久、易破裂、不易施工,故很少采用。

2)天然材料面墙纸。用草、树叶、草席、芦苇、木材等制成的墙纸,可给人一种返朴归真的氛围。

3）金属墙纸。在基层上涂金属膜制成的墙纸，具有不锈钢面与黄铜面之质感与光泽，给人一种金碧辉煌、豪华贵重的感觉，适用于大厅、大堂等气氛热烈的场所。

4）无毒PVC壁纸。无毒PVC壁纸是使用最多的壁纸。它不同于传统塑料壁纸，不但无害且款式新颖，图案美观，有的瑰丽辉煌、雍容华贵，有的凝重典雅、清新怡人。

5）装饰墙布。用丝、毛、棉、麻等纤维编织而成的墙布，它能给人和谐、舒适、温馨的感觉。其具有强度大，静电小、无光、无毒、无味、花纹色彩艳丽的优点，可用于室内高级饰面裱糊，但价格偏高。

6）无纺墙布。用棉、麻等天然纤维或涤纶等合成纤维，经过无纺成型、上树脂、印制花纹而成的一种贴墙材料。它具有挺括、富有弹性、不易折断、纤维不老化、不散失，对皮肤无刺激作用，色彩鲜艳，图案雅致，粘贴方便等特点，同时还具有一定的透气性和防潮性，可擦洗而不褪色。适用于各种建筑物的室内墙面装饰，特别适用于高级宾馆、高级住宅等建筑物。

7）波音软片。表面强度较好，花色品种多，背部有自粘胶，适用于中高档室内装饰和家具饰面。

2. 锦缎裱糊饰面

丝绒和锦缎是高级墙面装饰材料，其特点是绚丽多彩、质感温暖、典雅精致、色泽自然逼真，仅用于室内高级装修。但其材质较柔软、易变形、不耐脏，在潮湿环境中易霉变，故其应用受到了很大的限制。

3. 软包饰面

软包饰面是现代室内墙面装修常用做法，它具有吸声、保温、防儿童碰伤、质感舒适、美观大方等特点。特别适用于有吸声要求的会议厅、会议室、多功能厅、娱乐厅、消声室、住宅起居室、儿童卧室等处。

软包饰面由底层、吸声层、面层三大部分组成。

（1）底层。采用阻燃型胶合板、FC板、埃特尼板等材料。FC板或埃特尼板是以天然纤维、人造纤维或植物纤维与水泥等为主要原料，经烧结成型、加压、养护而成，比阻燃型胶合板的耐火性能高一级。

（2）吸声层。采用轻质不燃、多孔材料，如玻璃棉、超细玻璃棉、自熄型泡沫塑料等。

（3）面层。必须采用阻燃型高档豪华软包面料，常用的有各种人造皮革、特维拉CS豪华防火装饰布、针刺超绒、背面深胶阻燃型豪华装饰布及其他全棉、涤棉阻燃型豪华软质面料。

【裱糊与软包墙体饰面的施工技术】

1. 壁纸裱糊饰面施工技术

（1）施工准备。

1）材料。壁纸、墙布、胶粘剂、腻子、清漆。

2)工具、机具。活动裁纸刀、刮板、胶辊、铝合金直尺、案台、粉线包、毛巾、排笔及板刷。

3)作业条件。顶棚喷浆、门窗油漆已完,地面装修已完。

(2)施工工艺。基层处理→刮腻子→封闭底漆一道→弹线→预拼、裁纸、编号→润纸→刷胶→上墙裱糊→修整表面→养护。

(3)施工要点。

1)刮腻子。分三遍,第一遍局部刮,第二、三遍满刮,且先横后竖,每遍干透后用0～2号砂纸磨平。

2)封闭底漆。腻子干透后,刷清漆一道。

3)弹线。按壁纸的标准宽度找规矩,弹出水平及垂直准线,线色应与基层色相同。为了使壁纸花纹对称,应在窗口弹好中线,再向两侧分弹。如果窗口不在开间中间,为保证窗间墙的阳角花饰对称,应弹窗间墙中线,由中心线向两侧再分格弹线。

4)预拼、裁纸、编号。根据设计要求按照图案花色进行预拼,然后裁纸,裁纸长度应比实际尺寸大 20～30 mm。裁纸下刀前,要认真复核尺寸有无出入,尺子压紧壁纸后不得再移动,刀刃贴紧尺边,一气呵成,中间不得停顿或变换持刀角度,手劲要均匀。

5)润纸。壁纸上墙前,应先在壁纸背面刷清水一遍,立即刷胶,或将壁纸浸入水中3～5 min,取出将水擦净,静置约 15 min 后,再行刷胶。

6)刷胶。壁纸背面和基层应同时刷胶,刷胶应厚薄均匀,刷胶宽度比壁纸宽 30 mm左右,胶可自配,过筛去渣,当日使用,不得隔夜。壁纸刷胶后,为防止干得太快,可将壁纸刷胶面对刷胶面折叠。

7)裱糊。按编号顺序依次裱糊,应先裱垂直面,后裱水平面,先裱细部后裱大面。主要墙面应用整幅壁纸,不足幅宽的壁纸,应裱糊于不明显部位或阴角等处。阳角处壁纸不得拼缝,壁纸绕过墙角的宽度不得小于 12 mm,阴角处壁纸搭缝时,应先裱贴压在里面的转角壁纸,再裱贴非转角处的正常壁纸。阴角处壁纸的搭接宽度应为 2～3 mm。

无须拼花的壁纸,可采用搭接裁割拼缝。在接缝处,两幅壁纸重叠 30 mm,然后用钢直尺或铝合金直尺与裁纸刀在搭接重叠范围的中间将两层壁纸割透,把切掉的多余小条壁纸撕下。然后用刮板从上而下均匀地赶胶,排出气泡,并及时把溢出的胶液擦净。

有花纹的壁纸,只能采用对缝拼接。

2. 锦缎饰面施工技术

锦缎柔软光滑、极易变形,不易裁剪,故很难直接裱糊于各种基层表面。因此,必须先在锦缎背面裱一层宣纸,锦缎硬朗挺括以后再上墙。

(1)施工工艺。基层处理→水泥砂浆找平→防潮处理→弹线→钉木龙骨、胶合板基层→锦缎上浆→锦缎裱糊→预拼、裁纸、编号→刷胶→上墙裱贴→修整墙面→涂防虫涂料→养护。

(2)施工要点。

1)锦缎上浆。将锦缎正面朝下、背面朝上,平铺于非常平滑的大案台上,并将锦缎两边压紧,用排刷沾"浆"从锦段中间向两边刷浆。刷浆(又名上浆)时应涂刷得非常均匀,浆液不宜过多,以打湿锦缎背面为准。"浆"的用料配合比如下:

纯净上等面粉:防虫涂料:水＝5:40:20(质量比)。

面粉须用纯净的高级特粉,越细越好,防虫涂料可购成品。用料配好后,仔细搅拌,直至拌成稀薄适度的浆液为止(水可视情况加温)。

2)锦缎裱纸(俗称托纸)。

①在另一大案台上,平铺上等宣纸一张(宣纸幅宽须较锦缎幅宽宽出100 mm左右),用水打湿后将纸平贴于案面之上,打湿的用水量需非常恰当,以刚好打湿宣纸为宜。宣纸平贴于案面,必须平展整齐,不得有皱褶之处。

②从第一张案台上,由两人合作,将上好浆的锦缎从案上揭起,使浆面朝下,仔细粘裱于打湿的宣纸之上。然后,用牛角刮子从锦缎中间向四边刮压,以使锦缎与宣纸粘贴均匀。刮压时技术要求严格,用力必须恰当,动作须不紧不慢,恰到好处。不得将锦缎刮糟、刮皱,更不得将锦缎刮伤。

③上述工序完成,等宣纸干后,可将裱好的锦缎取下备用。

3)预拼、裁纸、编号。同时,为了保证锦缎颜色、花纹的一致,裁剪时应根据锦缎的具体花色、图案及幅宽等仔细设计,认真裁剪。裁好的锦缎片子应根据预拼结果一一编号备用。

4)刷胶。锦缎宣纸底面与阻燃型胶合板基层表面应同时刷胶,胶粘剂可用专用胶粉。刷胶时应保证厚薄均匀,不得漏刷。基层上的刷胶宽度比锦缎宽30 mm。

5)涂防虫涂料。因为锦缎为丝织品,易被虫咬,故表面必须涂以防虫涂料。

3. 软包饰面施工技术

(1)施工工序。基层处理→水泥砂浆找平→防潮处理→弹线→钉木龙骨→胶合板基层→墙面软包→收口。

(2)墙面软包施工要点。

1)吸声层压钉面料做法。在墙体找平层上做防潮层,防潮层应均匀涂刷一层清油或满铺油纸,不得用沥青油毡。将木龙骨固定于墙上,将底层阻燃型胶合板钉于木龙骨上,然后以饰面材料包玻璃棉覆于胶合板上,并用镜面不锈钢大帽头装饰钉将其钉在胶合板上。

2)胶合板压钉面料做法。

①软包墙面吸声层制作:采用玻璃棉、超细玻璃棉或自熄型泡沫塑料等,按设计厚度及每一格横、竖木龙骨的中距尺寸,裁制成400～600 mm方形(或矩形)吸声块,存放备用。

②软包墙面面层裁剪:将面层按下列尺寸裁剪:

横向尺寸＝竖龙骨中心间距＋吸声层厚度＋50 mm

竖向尺寸＝软包墙面高度＋吸声层厚度＋上、下端压口长度之和

③软包墙面施工。将裁好的胶合板底层按编号就位,将制好的吸声块平铺于胶合板底层之上,将裁好的面料铺于吸声块上,并将面料绷紧,沿胶合板的两条60°斜边,用钉将

面料压钉于竖向木龙骨上,并将胶合板其余两条直边不压面料,直接钉于横向木龙骨上。所有钉头,须沉入胶合板表面以内,钉孔用油性腻子腻平,钉距为 80～150 mm,所有吸声层须铺均匀,包裹严密,不得有漏铺之处。胶合板及面料压紧钉牢以后,再在四角处加钉镜面不锈钢大帽头装饰钉。胶合板底层、吸声层及软包面料钉完一块,即继续再钉下一块,直至全部钉完为止。

▲【质量检验与验收】

(1)裱糊与软包墙面工程所选用的建筑材料,其各项性能应符合国家产品标准的要求的规定。

(2)各分项工程检验批应按下列规定划分:同一品种的裱糊或软包工程每 50 间(大面积房间和走廊按施工面积 30 m² 为一间)应划分为一个检验批;不足 50 间也应划分为一个检验批。

(3)检查数量应符合下列规定:

1)裱糊工程每个检验批应至少抽查 10%,并不得少于 3 间;不足 3 间时应全数检查。

2)软包工程每个检验批应至少抽查 20%,并不得少于 6 间;不足 6 间时应全数检查。

(4)裱糊与软包墙面工程的基层处理应符合下列要求:

1)新建筑物的混凝土或抹灰基层墙面在刮腻子前应涂刷抗碱封闭底漆。

2)旧墙面在裱糊前应清除疏松的旧装修层,并涂刷界面剂。

3)混凝土或抹灰基层含水率不得大于 8%;木材基层的含水率不得大于 12%。

4)基层腻子应平整、坚实、牢固,无粉化、起皮和裂缝;腻子的粘结强度应符合《建筑室内用腻子》(JG/T 298—2010)的规定。

5)基层表面平整度、立面垂直度及阴阳角方正应达到高级抹灰的要求。

6)基层表面颜色应一致。

7)裱糊前应用封闭底胶涂刷基层。

(5)裱糊墙面工程验收要求见表 2-23 和表 2-24。

表 2-23 裱糊工程主控项目

项次	主控项目	检验方法
1	壁纸、墙布的种类、规格、图案、颜色和燃烧性能等级必须符合设计要求及国家现行标准的有关规定	观察;检查产品合格证书;进场验收记录和性能检测报告
2	裱糊工程基层处理质量应符合相关规范要求	观察;手摸检查;检查施工记录
3	裱糊后各幅拼接应横平竖直;拼接处花纹、图案应吻合,不离缝、不搭接、不显拼缝	观察;拼缝检查距离墙面 1.5 m 处正视
4	壁纸、墙布应粘贴牢固;不得有漏粘、补粘、脱层、空鼓和翘边	观察;手摸检查

任务 2.4 裱糊与软包墙体饰面

表 2-24 裱糊工程一般项目

项次	一般项目	检验方法
1	裱糊后的壁纸、墙布表面应平整，色泽应一致，不得有波纹起伏、气泡、裂缝、皱折及斑污，斜视时应无胶痕	观察；手摸检查
2	复合压花壁纸的压痕及发泡壁纸的发泡层应无损坏	观察
3	壁纸、墙布与各种装饰线、设备线盒应交接严密	观察
4	壁纸、墙布边缘应平直整齐，不得有纸毛、飞刺	观察
5	壁纸、墙布阴角处搭接应顺光，阳角处应无接缝	观察

注：应注意的质量问题如下：

1)边缘翘起：主要是接缝处胶刷得少，或局部没刷胶，或边缝没压实，干后出现翘边、翘缝等现象。发现后应及时刷胶辊压修补好。

2)上、下端缺纸：主要是裁纸时尺寸未量好，或切割时未压住钢板尺而走刀将纸裁小。施工操作时一定要认真、细心。

3)墙面不洁净，斜视有胶痕：主要是没及时用湿温毛巾把胶痕擦净，或虽清擦但不彻底又不认真，或由于其他工序造成面纸污染等。

4)壁纸表面不平，斜视有疙瘩：主要是基层墙面清理不彻底，或虽清理但没认真清扫，基层表面仍有积尘、腻子包、水泥斑痕、小砂粒、胶浆疙瘩等，故粘贴壁纸后会出现小疙瘩；或由于抹灰砂浆中含有未熟化的生石灰颗粒，也会将壁纸拱起小包。处理时应将壁纸切取出污物，再重新刷胶粘贴好。

5)壁纸有泡：主要是基层含水率大，抹灰层未干就铺贴壁纸，由于灰层被封闭，多余水分出不来，汽化就将壁纸拱起成泡。处理时可用注射器将泡刺破并注入胶液，用辊压实。

6)阴阳角壁纸空鼓、阴角处有断裂：阳角处的粘贴大都采用整张纸，它要照顾到两个面、一个角，都要尺寸到位、表面平整、粘贴牢固，有一定的难度，阴角比阳角稍好一点，但与抹灰基层质量有直接关系，如胶不漏刷，赶压到位，则可以防止空鼓。要防止阴角断裂，关键是阴角壁纸接槎时必须超过阴角 1~2 cm，实际阴角处已形成了附加层，这样就不会由于时间长、壁纸收缩，而造成阴角处壁纸断裂。

7)面层颜色不一，花形深浅不一：主要是壁纸质量差，施工时没有认真挑选。

8)窗台板上下、窗帘盒上下等处铺贴毛糙，拼花不好，污染严重：主要是操作不认真。应加强工作责任心，要高标准、严要求，严格按规程认真施工。

9)对湿度较大房间和经常潮湿的墙体应采用防水性的壁纸及胶粘剂，有酸性腐蚀的房间应采用防酸壁纸及胶粘剂。

10)对于玻璃纤维布及无纺贴墙布，糊纸前不应浸泡，只用湿温毛巾涂擦后摺起备用即可。

(6)软包墙面工程验收要求见表 2-25～表 2-27。

表 2-25 软包工程主控项目

项次	主控项目	检验方法
1	软包面料、内衬材料及边框的材质、颜色、图案、燃烧性能等级和木材的含水率应符合设计要求及国家现行标准的有关规定	观察；检查产品合格证书；进场验收记录和性能检测报告
2	软包工程的安装位置及构造做法应符合设计要求	观察；尺量检查；检查施工记录
3	软包工程的龙骨、衬板、边框应安装牢固，无翘曲，拼缝应平直	观察；手扳检查
4	单块软包面料不应有接缝，四周应绷压严密	观察；手摸检查

表 2-26　软包工程一般项目

项次	一般项目	检验方法
1	软包工程表面应平整、洁净，无凹凸不平及皱折，图案应清晰、无色差，整体应协调、美观	观察
2	软包边框应平整、顺直，接缝吻合，其表面涂饰质量应符合相关规范的规定	观察；手摸检查
3	清漆涂饰木制边框的颜色，木纹应协调一致	观察

表 2-27　软包工程安装允许偏差与检验方法

项次	项目	允许偏差/mm	检验方法
1	垂直度	3	用 1 m 垂直检测尺检查
2	边框宽度、高度	0；-2	用钢尺检查
3	对角线长度差	3	用钢尺检查
4	裁口、线条接缝高低差	1	用钢直尺和塞尺检查

注：软包作业条件如下：

1) 软包墙、柱面上的水、电、风专业预留预埋必须全部完成，且电气穿线、测试完成并合格，各种管路打压、试水完成并合格。

2) 室内湿作业完成，地面和顶棚施工已经全部完成(地毯可以后铺)，室内清扫干净。

3) 不做软包的部分墙面面层施工基本完成，只剩最后一遍涂层。

4) 门窗工程全部完成(做软包的门扇除外)，房间达到可封闭条件。

5) 软包门扇必须全部涂刷完不少于两道底漆，各五金件安装孔已开好。

6) 各种材料、工机具已全部到达现场，并经检验合格，各种木制品满足含水率不大于12%的要求。

7) 基层墙、柱面的抹灰层已干透，含水率达到不大于8%的要求。

任务小结

本任务主要介绍裱糊与软包墙体饰面、材料的选用、施工技术与施工要点及质量检验等相关知识，主要以常见裱糊与软包材料的选用、施工为主。如需更全面、深入学习，可以查阅相关标准、规范和技术规程。

任务练习

(1) 收集有关资料，编制裱糊与软包墙体饰面施工工艺流程图。

(2) 收集有关资料，编制裱糊与软包墙体饰面施工作业指导书。

项目 3

楼地面工程

任务 3.1 整体面层楼地面

【知识目标】

1. 掌握整体面层楼地面材料的性能知识。
2. 熟悉整体面层楼地面的基本施工工序。
3. 掌握整体面层楼地面的施工及质量验收要点。

【能力目标】

1. 会识读施工图,掌握整体面层楼地面的相关信息。
2. 掌握整体面层楼地面的操作技能。
3. 能正确使用检验工具并实施质量验收。
4. 培养学生正确的学习态度,营造良好的学习氛围以及对本专业的热爱及一丝不苟的态度。

▲【构造与识图】

整体地面主要是指混凝土地面、水泥砂浆地面、现浇水磨石地面和菱苦土地面等。这是一种应用较为广泛、具有传统做法的地面,其基层和垫层的做法相同,仅面层所用材料和施工方法有所区别。绝大部分工程的基层和垫层在土建工程中完成,在装饰工程中仅进行面层的施工。本任务重点介绍水泥砂浆地面、现浇水磨石地面的施工工艺。

▲【水泥砂浆地面施工材料选用】

水泥砂浆地面的面层以水泥做胶凝材料,以砂做集料,按配合比配制抹压而成。其构造及做法如图 3-1 所示。水泥砂浆地面的优点是造价较低、施工简便、使用耐久;缺点是容易起灰。

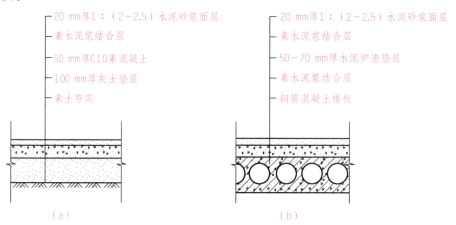

图 3-1 水泥砂浆楼地面构造及做法

(a)水泥砂浆地面；(b)水泥砂浆楼面

水泥砂浆地面的主要材料如下：

(1)胶凝材料。水泥砂浆地面所用的胶凝材料(图 3-2)为水泥，应优先选择硅酸盐水泥、普通硅酸盐水泥，其强度等级一般不得低于 42.5 MPa。以上品种的水泥与其他品种水泥相比，具有早期强度高、水化热较高、干缩性较小等优点。如果采用矿渣硅酸盐水泥，其强度等级应大于 32.5 MPa，在施工中要严格按施工工艺操作，并且要加强养护，这样才能保证工程质量。

(2)细集料。水泥砂浆面层所用的细集料(图 3-3)为砂，一般多采用中砂和粗砂，含泥量不得大于 3%(质量分数)。因为细砂的级配不好，拌制的砂浆强度比中砂、粗砂拌制的强度低 25%～35%，不仅耐磨性较差，而且干缩性较大，容易产生收缩、裂缝等质量问题。

图 3-2　胶凝材料

图 3-3　细集料

▲【水泥砂浆地面施工工具选用】

水泥砂浆地面的常用施工工具有如下：

(1)机械：砂浆搅拌机。

(2)工具：手推车、刮杠、木抹子、铁抹子、角抹子、铁锹、小水桶、喷壶、筛子、长把刷子、扫帚、钢丝刷、楔子、锤子等。

(3)计量检测用具：水准仪、磅秤、量斗、靠尺、塞尺、钢尺等。

(4)安全防护用品：手套、护目镜、口罩等。

▲【水泥砂浆地面的施工】

水泥砂浆地面的施工工艺流程为：基层处理→弹线、找标高→水泥砂浆抹面→养护。

1. 基层处理

水泥砂浆面层多铺抹在楼地面混凝土面层上，基层处理是防止水泥砂浆面层发生空鼓、裂纹、起砂等质量通病的关键工序。因此，要求基层具有粗糙、洁净、潮湿的表面，必须仔细清除一切浮灰、油渍、杂质，否则会形成一层隔离层，使面层结合不牢。表面比较光滑的基层应进行凿毛，并用清水冲洗干净，冲洗后的基层最好不要上人。在现浇混凝土或水泥砂浆垫层、找平层上做水泥砂浆地面面层时，其抗压强度达到 1.2 MPa 后才能铺设面层，这样才不致破坏其内部结构。

2. 弹线、找标高

(1)弹基准线。地面抹灰前，应先在四周墙上弹出一道水平基准线，作为确定水泥砂浆面层标高的依据。

做法是以地面±0.00 m 为依据，根据实际情况在四周墙上弹出 0.5 m 或 1.0 m 作为水平基准线。据水平基准线量出地面标高并弹于墙上（水平辅助基准线）(图 3-4)。

(2)做标筋。根据水平辅助基准线，从墙角处开始，沿墙每隔 1.5～2.0 m 用 1∶2 水泥砂浆抹标志块；标志块大小一般是 8～10 cm。待标志块结硬后，再以标志块的高度做出纵、横方向通长的标筋以控制面层的标高。地面标筋用 1∶2 水泥砂浆，宽度一般为 8～10 cm。做标筋时，注意控制面层标高与门框的锯口线要吻合(图 3-5)。

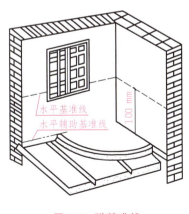

图 3-4 弹基准线

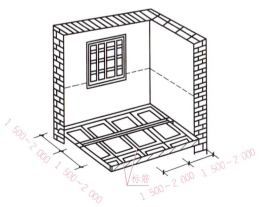

图 3-5 做标筋

(3)找坡度。对于厨房、浴室、厕所等房间的地面，要找好排水坡度。有地漏的房间，要在地漏四周做出不小于 5% 的泛水,以避免地面"倒流水"或产生积水。抄平时,要注意各室内地面与走廊高度的关系。

(4) 校核找正。地面铺设前,还要将门框再一次校核找正。其方法是先将门框锯口线抄平找正,并注意当地面面层铺设后,门扇与地面的间隙应符合规定要求,然后将门框固定,防止松动、位移。

3. 水泥砂浆抹面

面层水泥砂浆的配合比应符合有关设计要求,一般不低于 1∶2。水灰比为 0.3~0.4,稠度不大于 3.5 cm。水泥砂浆要求拌合均匀,颜色一致。

铺抹前,先将基层浇水湿润,第二天先刷一道水灰比为 0.4~0.5 的素水泥浆结合层,随即进行面层铺抹。如果素水泥浆结合层过早涂刷,则起不到粘结基层和面层的作用,反而易造成地面空鼓,所以一定要随刷随抹。

地面面层的铺抹方法是:在标筋之间铺上砂浆,并随铺随用木抹子拍实,用短木杠按标筋标高刮平。刮平时,要从室内由里往外刮到门口,符合门框锯口线的标高,然后用木抹子搓平,并用铁皮抹子紧跟着压光一遍。压光时用力要轻一些,使抹子的纹浅一些,以压光后表面不出现水纹为宜。如果面层上有多余的水分,可根据水分的多少适当均匀地撒一层干水泥或干拌水泥砂浆,以吸收面层上多余的水分,再压实、压光。但当表层无多余水分时,不得撒干水泥。

当水泥砂浆开始初凝时,即人踩上去有脚印但不塌陷,便可开始用铁抹子压第二遍。这一遍是确保面层质量最关键的环节,一定要压实、压光、不漏压,并要把死坑、砂眼和脚印全部压平,要做到清除气泡和孔隙、平整光滑。待水泥砂浆达到终凝前,即人踩上去有细微脚印、抹子抹上去不再有纹时,再用铁抹子压第三遍。抹压时用力要稍微大一些,并把第二遍留下的抹子纹和毛细孔压平、压实、压光。

水泥地面压光要三遍成活,每遍抹压的时间要掌握适当,以保证工程质量。压光过早或过迟都会造成地面起砂的质量问题。

4. 养护

面层抹压完毕后,在常温下铺盖草垫或锯木屑进行洒水养护,使其在湿润的状态下进行硬化。养护洒水要适时,洒水过早则容易起皮,过晚则易产生裂纹或起砂。一般夏天在 24 h 后进行养护。春秋季节应在 48 h 后进行养护。当采用硅酸盐水泥和普通硅酸盐水泥时,养护时间不得少于 7 d;当采用矿渣硅酸盐水泥时,养护时间不得少于 14 d。面层强度达到 5 MPa 以上后,才允许人在地面上行走或进行其他作业。

▲【现浇水磨石地面施工材料选用】

现浇水磨石地面具有坚固耐用、表面光亮、外形美观、色彩鲜艳等优点。它是在水泥砂浆垫层已完成的基层上,根据设计要求弹线分格、镶贴分格条,然后抹水泥石子浆,待水泥石子浆硬化后研磨露出石渣,并经补浆、细磨、打蜡制成。现浇水磨石的构造做法如

图3-6所示。

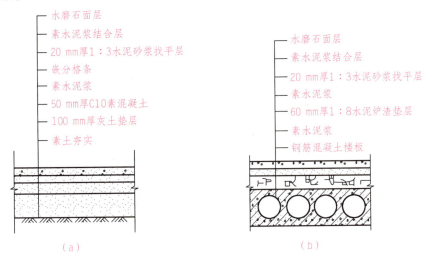

图3-6 现浇水磨石楼地面的构造
(a)现浇水磨石地面；(b)现浇水磨石楼面

现浇水磨石地面主要适用于清洁度要求较高的场所，如商店营业厅、医院病房、宾馆门厅、走道楼梯和其他公共场所。现浇水磨石现场湿作业工序多、施工周期长，采用的手推式磨石机机身质量较小，能磨去的表面厚度很少，因此只能采用粒径小、轻软的石粒，其装饰效果不如预制水磨石。

1. 胶凝材料

现浇水磨石地面所用的水泥与水泥砂浆地面不同，白色或浅色的水磨石面层，应采用白色硅酸盐水泥(图3-7)；深色的水磨石地面，应采用硅酸盐水泥和普通硅酸盐水泥。无论白色水泥还是深色水泥，其强度均不得低于42.5 MPa。对于未超期而受潮的水泥，当用手捏无硬粒、色泽比较新鲜时，可考虑降低强度5%使用；肉眼观察存有小球粒，但仍可散成粉末者，则可考虑降低强度的15%左右使用；对于已有部分结成硬块者，则不能再使用。

图3-7 白色硅酸盐水泥

2. 石粒材料

水磨石石粒(图3-8)应采用质地坚硬、比较耐磨、洁净的大理石、白云石、方解石、花岗石、玄武岩、辉绿岩等，要求石粒中不得含有风化颗粒和草屑、泥块、砂粒等杂质。石粒的最大粒径以比水磨石面层厚度小1～2 mm为宜。

工程实践证明：普通水磨石地面宜采用4～12 mm的石粒，而粒径石子彩色水磨石地面宜采用3～7 mm、10～15mm、20～40 mm三种规格的组合。石粒粒径过大则不易压平，石粒之间也不容易挤压密实。各种石粒应按不同的品种、规格、颜色分别存放，不

图3-8 水磨石石粒

能互相混杂，使用时按适当比例进行配合。除了石渣可作为水磨石的集料外，质地坚硬的螺壳、贝壳也是很好的集料。这些产品在水磨石中经研磨后可闪闪发光，呈现出珍珠般的光彩。

3. 颜料材料

颜料在水磨石面层中虽然用量很少，但对于面层质量和装饰效果起着非常重要的作用。

用于水磨石的颜料，一般应采用耐碱、耐光、耐潮湿的矿物颜料，要求呈粉末状，不得有结块，掺入量根据设计要求并做样板确定，一般不大于水泥质量的12%，并以不降低水泥的强度为宜。

4. 分格条

分格条也称嵌条，为达到理想的装饰效果，通常选用黄铜条、铝条和玻璃条三种，另外也有不锈钢和硬质聚氯乙烯制品等。

5. 其他材料

(1)草酸。它是水磨石地面面层抛光材料。草酸为无色透明晶体，有块状和粉末状两种。由于草酸是一种有毒的化工原料，不能接触食物，对皮肤有一定的腐蚀性，因此在施工中应特别注意劳动保护。

(2)氧化铝。它呈白色粉末状，不溶于水，与草酸混合，可用于水磨石地面面层抛光。

(3)地板蜡。它用于水磨石地面面层磨光后做保护层。地板蜡有成品出售，也可根据需要自配蜡液。但应注意防火工作。

▲【现浇水磨石地面的施工】

现浇水磨石施工的工艺流程：基层处理→找标高弹水平线→抹找平层砂浆→弹线、嵌分格条→铺设面层→面层磨光→抛光上蜡。

(1)基层处理。将混凝土基层上的杂物清除,不得有油污、浮土,用钢錾子和钢丝刷将沾在基层上的水泥浆皮錾掉铲净。

(2)找标高弹水平线。根据墙面上的+50 cm 标高线,往下量测出磨石面层的标高,弹在四周的墙上,并考虑其他房间和通道面层的标高,相邻同高程的部位注意交圈。

(3)抹找平层砂浆。根据墙上弹出的水平线,留出面层厚度(10~15 mm 厚),抹 1∶3 水泥砂浆结合层,为了保证找平层的平整度,先抹灰饼(纵横方向间距 1.5 m 左右),大小 8~10 cm。灰饼砂浆硬结后,以灰饼高度为标准,抹宽度为 8~10 cm 的纵横标筋。

(4)弹线、嵌分格条。先在找平层上按设计要求弹上纵横垂直水平线或图案分格墨线,然后按墨线固定铜条或玻璃嵌条并埋牢,作为铺设面层的标志。水磨石分格条的嵌固是一项非常重要的工序,应特别注意水泥浆的粘嵌高度和角度。分格条的粘嵌方法是粘嵌高度略大于分格条高度的 1/2,水泥浆斜面与地面夹角以 30°为准。在铺设面层水泥石粒浆时,石粒就能靠近分格条,磨光后分格条两边石粒密集,显露均匀、清晰,装饰效果好(图 3-9)。

分格条交接处粘嵌水泥浆时,应各留出 2~3 cm 的空隙,然后在十字交叉的周围留出 15~20 mm 的空隙,以确保铺设水泥石粒浆饱满,磨光后外形美观(图 3-10)。

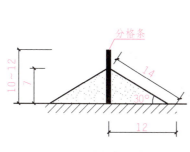

图 3-9 分格条粘嵌

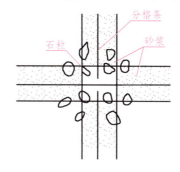

图 3-10 分格条分叉处粘嵌法

分格条间距按设计设置,一般不超过 1 m,否则砂浆收缩会产生裂缝。故通常间距以 90 cm 左右为标准。分格条粘嵌好后,经 24 h 后可洒水养护。

(5)铺设面层。分格条粘嵌养护后,清除积水、浮砂,刷素水泥浆一遍,随刷随铺设面层水泥石粒浆。水泥石粒浆调配时,应先按配合比将水泥和颜料干拌均匀,过筛后装袋备用。铺设前,再将石料加入彩色水泥粉中,石粒和水泥干拌 2~3 遍,然后加水湿拌。同时,在按施工配合比备好的材料中取出 1/5 石粒,以备撒石用,然后将拌合均匀的石粒浆按分格顺序进行铺设,其厚度应高于分格条 1~2 mm,以防在滚压时压弯铜条或压碎玻璃条。

铺设时,先用木抹子将分格条两边约 10 cm 内的水泥石粒浆轻轻拍紧、压实,以免分格条被撞坏。水泥石粒浆铺设后,应在表面均匀地撒一层预先取出的 1/5 石粒,用木抹子或铁抹子轻轻拍实、压平,但不得用刮尺刮平,以防将面层高凸部分的石粒刮出,只留下水泥浆,影响装饰效果。如果局部铺设太厚,则应当用铁抹子挖去,再将周围的水泥石粒浆拍实、压平。铺设时，一定要使面层平整，石粒分布均匀。

如果在同一平面上有几种颜色的水磨石，应当先做深色后做浅色，先做细部后做大面，待前一种色浆凝固后，再铺设另一种色浆。两种颜色的色浆不能同时铺设，以免出现串色及界线不清的现象，从而影响质量。但铺设的间隔时间也不宜过长，以免两种石粒色浆的软硬程度不同。待间隔 2 h 左右，再用小辊筒进行第二次压实，直至压出水泥浆为止，再用木抹子或铁抹子抹平，次日开始养护。

水磨石面层的另一种铺设方法是干撒滚压施工法。其具体做法是：当分格条经养护镶嵌牢固后，刷素水泥浆一遍，随即用 1∶3 水泥砂浆进行二次找平，上部留出 8～10 mm；待二次找平砂浆达终凝后，开始抹彩色水泥浆(水灰比为 0.45)，厚度为 4 mm。坐浆后，将彩色石粒均匀地撒在坐浆上，用软刮尺刮平，接着用滚筒纵横反复滚压，直至石粒被压平、压实为止，且要求底浆上返 60%～80%，再往上浇一遍彩色水泥浆(水灰比为0.65)，浇时用水壶往辊筒上浇，边浇边压，直至上、下层彩色水泥浆结合为止，最后用铁抹子压一遍，于次日洒水养护。这种方法的主要优点是：面层石粒密集、美观，特别对于掺有彩色石粒的美术水磨石地面，不仅能清楚地观察彩色石粒的分布是否均匀，而且能节约彩色石粒，降低工程成本。

(6)面层磨光。面层磨光是影响水磨石地面质量最重要的环节，必须加以足够重视。开磨的时间应以石粒不松动为准，大面积施工宜采用磨石机；小面积、边角处的水磨石可使用小型湿式磨光机；当工程量不大或无法使用机械时，可采用手工研磨。在正式开磨前应试磨，试磨成功才能大面积研磨。面层过硬难磨，严重影响工效。一般采用"二浆三磨"法，即整个磨光过程为补浆两次、磨光三遍。第一遍先用 60～80 号粗磨石磨光，要磨匀、磨平，使全部分格条外露，磨后要将泥浆冲洗干净；稍干后涂擦一道同色水泥浆，用以填补砂眼，个别掉落石粒部位要补好，不同颜色应先涂补深色浆后涂补浅色浆，并养护 4～7 d。第二遍用 90～120 号细磨石磨光，操作方法与第一遍相同，主要是磨去凹痕，磨光后再补上一道色浆。第三遍用 180～240 号油磨石磨光，磨至表面石粒均匀显露、平整光滑、无砂眼细孔为止，然后用清水冲洗、晾干。

(7)抛光上蜡。抛光上蜡之前，地面涂草酸溶液，然后用 280～320 号油石研磨出白浆，至表面光滑为止，再用水冲洗干净并晾干。也可以将地面冲洗干净，浇上草酸溶液，用布包在磨石机上研磨。磨至表面光滑，再用水冲洗干净并晾干。上述工序完成后，可进行上蜡工序，其具体方法是：在水磨石面层上薄薄涂一层蜡，稍干后用磨光机进行研磨，或用钉有细帆布(或麻布)的木块代替油石，装在磨石机上研磨出光亮后，再上蜡研磨一遍，直至表面光滑、亮洁，然后铺上锯末进行养护。

▲【施工质量检查与验收】

(1)工程所选用的材料，其各项性能应符合规范规定。

(2)验收批划分：相同材料工艺和施工条件的工程每 500～1 000 m² 应划分为一个检验批，不足 500 m² 也应划分为一个检验批。相同材料工艺和施工条件的工程每 50 个自然间

(大面积房间和走廊按抹灰面积 30 m² 为一间)应划分为一个检验批,不足 50 间也应划分为一个检验批。

(3)验收数量:室内每个检验批应至少抽查 10% 并不得少于 3 间,不足 3 间时应全数检查。

(4)整体面层楼地面质量检查与验收要求见表 3-1。

表 3-1 整体面层楼地面质量检查与验收

检查项目		标准	检验方法
水泥砂浆	主控项目	水泥、砂和水泥砂浆面层强度等级、水泥砂浆面层的厚度应符合设计要求,厚度不应少于 20 mm	观察检查
		水泥砂浆的强度等级或体积比必须符合设计要求;在一般情况下体积比应为 1:2(水泥:砂),砂浆的稠度不应大于 35 mm,强度等级不应少于 M15	检查配合比通知单和检测报告
	一般项目	面层与下一层应结合牢固,无空鼓、裂纹。面层表面坡度应符合设计要求	观察检查和用小锤轻击
		面层表面的坡度应符合设计要求,不得有倒泛水和积水的现象	观察和采用泼水或坡度尺检查
现浇水磨石	主控项目	水磨石地面施工所用的材料必须符合国家或行业的现行标准要求	观察检查和检查材质合格证明文件、检测报告
		面层与下一层应结合牢固,无空鼓、裂纹	用小锤轻击检查
		水磨石面层拌合料的体积比应符合设计要求,且为 1:1.5~1:2.5(水泥:石粒)	检查配合比通知单和检测报告
	一般项目	面层表面应光滑,无明显裂纹、砂眼和磨纹;石粒密实、均匀显露;颜色图案一致、不混色;分格条牢固、顺直和清晰	观察检查
		踢脚线与墙面应紧密结合、高度一致,出墙厚度均匀	用小锤轻击,用钢尺观察检查

任务小结

本任务主要介绍整体面层的构造与识图、材料及工机具的选用、整体面层的施工工艺及质量检测等相关知识。要求掌握水泥砂浆楼地面和现浇水磨石楼地面施工工艺及主要操作要点。

项目 3　楼地面工程

任务练习

(1) 水泥砂浆面层在施工时有哪些注意事项？

(2) 编制水泥砂浆面层和水磨石面层施工工艺流程。

任务 3.2　块料面层楼地面

任务目标

【知识目标】

1. 了解块料面层楼地面材料的性能知识。
2. 熟悉块料面层楼地面的基本施工工序。
3. 掌握块料面层楼地面的施工及质量验收要点。

【能力目标】

1. 会识读施工图，掌握块料面层楼地面的相关信息。
2. 掌握块料面层楼地面的操作技能。
3. 能正确使用检测工具并实施质量验收。
4. 培养学生正确的学习态度，营造良好的学习氛围以及对本专业的热爱及一丝不苟的态度。

任务实施

▲【构造与识图】

块料楼地面是用天然大理石板、花岗石板、预制水磨石板、陶瓷马赛克、墙地砖、镭射玻璃砖及钛金不锈钢复面墙地砖等装饰板材，铺贴在楼面或地面上。块料地面铺贴材料花色品种多样，能满足不同的装饰要求。

1. 陶瓷马赛克与地砖

陶瓷马赛克与地砖均为高温烧制而成的小型块材，表面致密、耐磨、不易变色。其规格、颜色、拼花图案、面积大小和技术要求均应符合国家有关标准和设计规定(图 3-11)。

任务 3.2 块料面层楼地面

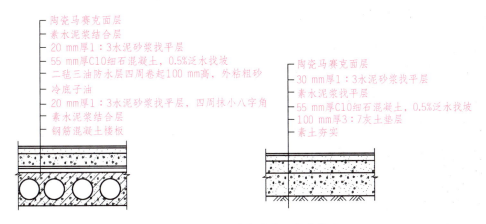

图 3-11 陶瓷马赛克楼地面构造做法

2. 大理石与花岗石板材

大理石和花岗石板材是比较高档的装饰材料，其品种、规格、外形尺寸、平整度、外观及放射性物质含量应符合设计要求。大理石与花岗石板材楼地面的铺贴，其构造做法基本相同，如图 3-12。

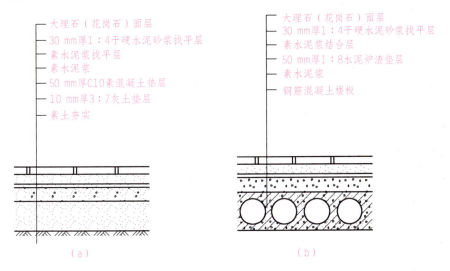

图 3-12 大理石和花岗石楼地面构造做法
(a)地面构造做法；(b)楼面结构做法

▲【块料楼地面的施工】

1. 地砖地面的铺贴施工

(1)施工准备工作。

1)基层处理。在地砖正式铺贴施工前，应将基层表面上的砂浆、油污、垃圾等清除干净，对表面比较光滑的楼面应进行凿毛处理，以便使砂浆与楼面牢固粘结。

2)材料准备。主要检查材料的规格尺寸、缺陷和颜色。对于尺寸偏差过大、表面残缺的材料应剔除，对于表面色泽对比过大的材料不能混用。

(2)铺贴的施工工艺。

1)地砖及墙地砖浸水。为避免地砖及墙地砖从水泥砂浆中过快吸水而影响粘结强度，在铺贴前应在清水中充分浸泡，一般为 2～3 h，然后晾干备用。

2)铺抹结合层的砂浆。基层处理完毕后，在铺抹结合层水泥砂浆前，应提前 1 d 浇水湿润，然后再做结合层。一般做法是摊铺一层厚度不大于 10 mm 的 1∶3.5 的水泥砂浆。

3)对砖进行弹线定位。根据设计要求的地面标高线和平面位置线，在墙面标高点上拉出地面标高线及垂直交叉定位线。

4)设置标准高度面。根据墙面标高线以及垂直交叉定位线铺贴地砖。铺贴时用 1∶2 的水泥砂浆摊抹在地砖的背面，再将地砖铺贴在地面上，用橡皮锤轻轻敲实，并且标高与地面标高线吻合。一般每贴 8 块砖用水平尺检校一次，发现质量问题及时纠正。房间面积大小不同，铺贴的程序也有所区别：对于小房间来说，一般做成 T 形标准高度面；对于较大面积的房间，通常按房间中心做十字形标准高度面，以便扩大施工面，使多人同时施工。有地漏和排水孔的部位，应做放射状标筋，其坡度一般为 0.5%～1.0%。

5)进行大面积铺贴。在大面积铺贴时，以铺好的标准高度面为基准进行，紧靠标准高度面向外逐渐延伸，并用拉出的对缝控制线使对缝平直。铺贴时，水泥砂浆应饱满地抹于瓷砖、地砖的背面，放入铺贴位置后用橡皮锤轻轻敲实，要边铺贴边用水平尺检校整幅地面。铺贴完毕后，养护 2 d 再进行抹缝施工。抹缝时，将白水泥调成干性团状在缝隙上擦抹，使缝内填满白水泥，最后将施工面擦洗干净。

2. 陶瓷马赛克地面的铺贴施工

(1)施工准备工作。

1)基层处理。陶瓷马赛克地面的基层处理与瓷砖、地砖的处理方法相同。

2)材料准备。对所用陶瓷马赛克进行检查，校核其规格、颜色。对掉块的马赛克用胶水补贴，将选用的马赛克按房间部位分别存放。铺贴前在背面刷水湿润。

3)铺抹水泥砂浆找平层。陶瓷马赛克地面铺抹水泥砂浆找平层，是对不平基层进行处理的关键工序，一般先在干净、湿润的基层上刷一层水灰比为 0.5 的素水泥砂浆（不得采用干撒水泥洒水扫浆的办法）。然后，及时铺抹 1∶3 的干硬性水泥砂浆，大杠刮平，木抹子搓毛。找平层厚度根据设计地面标高确定，一般为 25～30 mm。有泛水要求的房间，应事先找出泛水坡度。

4)弹线分格。陶瓷马赛克地面找平层砂浆养护 2～3 d 后，根据设计要求和陶瓷马赛克规格尺寸，在找平层上用墨线弹线。

(2)陶瓷马赛克的铺贴。

1)铺贴前首先湿润找平层砂浆，刮一遍水泥浆；随即抹 1∶1.5 的水泥砂浆 3～4 mm 厚，随刮随抹随铺陶瓷马赛克。

2)按弹线对位后铺上，用木拍板拍实，使马赛克粘结牢固并且与其他马赛克平齐。

3)揭纸拨缝。铺砖后 20～30 min，即可用水喷湿面纸，面纸湿透后，手扯纸边把面纸揭去，不可提拉，以防马赛克松脱。洒水应适量，过多则易使马赛克浮起，过少则不易揭起。揭纸后，用开刀将缝隙调匀，不平部分再揿平、拍实，用1∶1水泥细砂灌缝，适当淋水后再次调缝拍实。

4) 擦缝。用白水泥素浆嵌缝擦实，同时将表面灰痕用锯末或棉纱擦干净。

5) 养护。陶瓷马赛克地面铺贴24 h后，铺锯木屑等养护，3~4 d后方准上人。

3. 天然大理石与花岗石地面铺贴施工

(1) 施工准备工作。大理石、花岗石板材楼地面施工，为避免产生二次污染，一般是在顶棚、墙面饰面完成后进行，先铺设楼地面，再安装踢脚板。施工前要清理现场，检查施工部位有没有水、电、暖等工种的预埋件，是否会影响板块的铺贴；要检查板块材料的规格、尺寸和外观要求，凡有翘曲、歪斜、厚薄偏差过大以及裂缝、掉角等缺陷的应予剔除；同一楼地面工程应采用同一厂家、同一批号的产品，不同品种的板块材料不得混杂使用。

1) 基层处理。在板块地面铺贴前，应先挂线检查楼地面垫层的平整度，清扫基层并用水冲刷干净。如果是光滑的钢筋混凝土楼面，应先凿毛，凿毛深度一般为5~10 mm，间距为30 mm左右。基层表面应提前1 d浇水湿润。

2) 找标高。根据设计要求，确定平面标高位置。对于结合层的厚度，水泥砂浆结合层应控制为10~15 mm，沥青玛琋脂结合层应控制为2~5 mm。平面标高确定之后，在相应的立面墙上弹线。

3) 初步试拼。根据标准线确定铺贴顺序和标准块的位置。在选定的位置上，按图案、色泽和纹理进行试拼。试拼后，按两边方向编号排列，然后按编号码放整齐。

4) 铺前试排。在房间的两个垂直方向，按标准线铺两条干砂，其宽度大于板块。根据设计图要求把板块排好，以便检查板块之间的缝隙。平板之间的缝隙如果无设计规定时，大理石与花岗石板材一般不大于1 mm。根据试排结果，在房间主要部位弹上互相垂直的控制线，并引到墙面的底部，用以检查和控制板块的位置。

(2) 铺贴施工工艺。

1) 板块浸水预湿。为保证板块的铺贴质量，板块在铺贴之前应先浸水湿润，晾干后擦去背面的浮灰方可使用。这样可以保证面层与板材粘结牢固，防止出现空鼓和起壳等质量通病，以免影响工程的正常使用。

2) 铺砂浆结合层。水泥砂浆结合层也是基层的找平层，关系到铺贴工程的质量，应严格控制其稠度，既要保证粘结牢固，又要保证平整度。结合层一般应采用干硬性水泥砂浆，因为这种砂浆含水量少、强度较高、变形较小、成型较早，在硬化过程中很少收缩。干硬性水泥砂浆的配合比常用1∶1~1∶3(体积比)，水泥的强度等级不低于32.5 MPa。铺抹时，砂浆的稠度以2~4 cm为宜，或以手捏成团颠后即散即可。摊铺水泥砂浆结合层前，还应在基层上刷一遍水灰比为0.4~0.5的水泥浆，随刷随摊铺水泥砂浆结合层。待板块试铺合格后，还应在干硬性水泥砂浆上再浇一层薄薄的水泥浆，以保证上下层之间结合牢固。

3)进行正式铺贴。石材楼地面的铺贴,一般由房间中部向两侧退步进行。凡有柱子的大厅,宜先铺柱子与柱子的中间部分,然后向两边展开。砂浆铺设后,将板块安放在铺设位置上,对好纵横缝,用橡皮锤轻轻敲击板块,使砂浆振实、振平;待到达铺贴标高后,将板块移至一旁,再认真检查砂浆结合层是否平整、密实,如有不实之处,应及时补抹;最后,浇上很薄的一层水灰比为 0.4~0.5 的水泥浆,正式将板块铺贴上去,再用橡皮锤轻轻敲击至平整。

4)对缝及镶条。在板块安放时,要将板块四角同时平稳放下,对缝轻敲振实后用水平尺找平。对缝要根据拉出的对缝控制线进行,注意板块尺寸偏差必须控制在 1 mm 以内,否则后面的对缝越来越难。在锤击板块时,不要敲击边角,也不要敲击已铺贴完毕的板块,以免产生空鼓等质量问题。对于要求镶嵌铜条的地面,板块的尺寸要求更精确。在镶嵌铜条前,先将相邻的两块板铺贴平整,其拼接间隙略小于镶条的厚度;然后,向缝隙内灌抹水泥砂浆,灌满后将表面抹平;而后,将镶条嵌入,使外露部分略高于板面(手摸水平面稍有凸出感为宜)。

5)水泥浆灌缝。对于不设置镶条的大理石与花岗石地面,应在铺贴完毕 24 h 后洒水养护,一般 2 d 后无板块裂缝及空鼓现象,方可进行灌缝。素水泥灌缝应为板缝高度的 1/3,溢出的水泥浆应在凝结之前清除干净,再用与板面颜色相同的水泥浆擦缝。待缝内水泥浆凝结后,将面层清理干净,并对铺贴好的地面采取保护措施,一般在 3 d 内禁止上人或进行其他工序操作。

▲【施工质量检查与验收】

(1)工程所选用的材料,其各项性能应符合规范规定。

(2)验收批划分:相同材料工艺和施工条件的块料楼地面工程每 50 间(大面积房间和走廊按施工面积 30 m^2 为一间)应划分为一个检验批,不足 50 间也应划分为一个检验批。相同材料工艺和施工条件的块料楼地面工程每 500~1 000 m^2 应划分为一个检验批,不足 500 m^2 也应划分为一个检验批。

(3)验收数量:每个检验批应至少抽查 10%并不得少于 3 间,不足 3 间时应全数检查。块料楼地面质量检查与验收见表 3-2 和表 3-3。

表 3-2 陶瓷、地砖块料楼地面质量检查与验收

检查项目		标准	检验方法
陶瓷面砖、地砖	主控项目	品种、规格、图案、颜色和性能应符合设计要求	观察,检查产品合格证书、进场验收记录、性能检测报告和复验报告
		粘贴工程的找平、防水粘结和勾缝材料及施工方法应符合设计要求及国家现行产品标准和工程技术标准的规定	检查产品合格证书、复验报告和隐蔽工程验收记录
		粘贴必须牢固	检查样板件粘结强度检测报告和施工记录

续表

检查项目		标准	检验方法
陶瓷面砖、地砖	一般项目	满粘法施工的饰面砖工程应无空鼓、裂缝	观察,用小锤轻击检查
		表面应平整、洁净、色泽一致、无裂痕和缺损	观察
		阴阳角处搭接方式、非整砖使用部位应符合设计要求	观察
		接缝应平直、光滑,填嵌应连续、密实,宽度和深度应符合设计要求	观察、尺量检查

表 3-3　天然大理石与花岗岩块料楼地面质量检查与验收

检查项目		标准	检验方法
天然大理石与花岗石	主控项目	大理石、花岗岩面层所用的板块品种、规格、图案、颜色和性能应符合设计要求。大理石面层的抛光应具有镜面光泽,吸水率不大于 0.75%;花岗岩吸水率不大于 1%	观察,检查产品合格证书、进场验收记录、性能检测报告和复验报告
		面层与下一层应结合牢固	观察,用小锤轻击检查并检查样板件粘结强度检测报告和施工记录
	一般项目	大理石与花岗石表面应平整、洁净、色泽一致、无裂痕和缺损,无磨痕,且图案清晰、接缝均匀、周边顺直。板缝无裂痕、掉角和缺棱现象	观察
		阴阳角处搭接方式、非整砖使用部位应符合设计要求	观察
		面层表面坡度应符合设计要求,不倒泛水,无积水,与地漏结合处牢固,无渗漏	观察、泼水或用坡度尺及蓄水检查

任务小结

本任务主要介绍块料面层的构造与识图、材料及工机具的选用、块料面层的施工工艺及质量检验等相关知识。以普通地砖、陶瓷马赛克、天然大理石和花岗岩板等块料楼地面的施工工艺为主。

任务练习

(1)大理石、花岗岩石板面层施工时有哪些注意事项?

(2)块料面层出现空鼓、起拱的主要原因有哪些?其防治措施有哪些?

(3)编制块料面层施工工艺流程。

任务 3.3　塑料面层楼地面

任务目标

【知识目标】

1. 了解塑料面层楼地面材料的性能知识。
2. 熟悉塑料面层楼地面的基本施工工序。
3. 掌握塑料面层楼地面的施工及质量验收要点。

【能力目标】

1. 会识读施工图，掌握塑料面层楼地面的相关信息。
2. 具备塑料面层楼地面的操作技能。
3. 能正确使用检测工具并实施质量验收。
4. 培养学生正确的学习态度，营造良好的学习氛围以及对本专业的热爱及一丝不苟的态度。

任务实施

由于众多现代建筑物楼地面的特殊使用需求，塑料类装饰地板材料的应用日益广泛，产品种类及材料品质不断发展，已成为不可缺少的当代建筑楼地面铺装材料。无论是用于现代办公楼及大型公共建筑物，还是用于有防尘超净、降噪超静、防静电等要求的室内楼地面，塑料地面不仅在艺术效果方面富有高雅的质感，而且可以最大可能地节约自然资源，保护环境。

塑料地板以其脚感舒适、不易沾尘、噪声较小、防滑耐磨、保温隔热、色彩鲜艳、图案多样和施工方便等优点，在世界各国得到广泛应用。在装饰工程中常用的塑料地板有半硬质聚氯乙烯塑料地板(简称 PVC 塑料地板)、聚氯乙烯卷材(简称 PVC 卷材)、氯化聚乙烯地板(简称 CPE 橡胶地板)和塑胶地板等。本节重点介绍半硬质聚氯乙烯塑料地板和塑胶地板的相关知识。

【半硬质聚氯乙烯塑料楼地面的施工】

半硬质聚氯乙烯塑料地板产品，是以聚氯乙烯共聚树脂为主要原料，加入适量的填料、增塑剂、稳定剂、着色剂等辅料，经压延、挤出或热压工艺所生产的单层和复合半硬质 PVC 铺地装饰材料。

任务3.3 塑料面层楼地面

1. 材料的准备

半硬质聚氯乙烯塑料地板铺贴施工常用的主要材料有塑料地板、塑料踏脚以及适用于板材的胶粘剂。

(1)塑料地板:可以选用单层板或同质复合地板,也可以选用由印花面层和彩色基层复合而成的彩色印花塑料地板。它不但具有普通塑料地板的耐磨、耐污染等性能,而且图案多样,高雅美观。

(2)胶粘剂:胶粘剂的种类很多但性能各不相同,因此在选择胶粘剂时要注意其特性和使用方法,胶粘剂在使用前必须充分拌合均匀后才能使用。对双组分胶粘剂,要先将各组分分别搅拌均匀,再按规定的配合比准确称量,然后将两组分混合,再次搅拌均匀后才能使用。胶粘剂不用时,千万不能打开容器盖,以防止溶剂挥发,影响其质量。使用时,每次取量不宜过多,特别是双组分胶粘剂配量要严格掌握,一般使用时间不超过2 h。另外,溶剂型胶粘剂易燃且带有刺激性气味,所以在施工现场严禁明火和吸烟,并要有良好的通风条件。

2. 施工工具的准备

塑料地板的施工工具主要有橡胶压边辊筒、橡胶辊筒、涂胶刀、划线器等,如图3-13所示。另外,还有裁切刀、墨斗线、钢直尺、皮尺、刷子、磨石、吸尘器等。

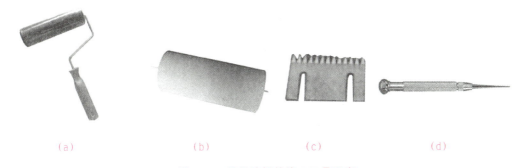

(a) (b) (c) (d)

图3-13 塑料地板的施工工具示意

(a)橡胶压边辊筒;(b)橡胶辊筒;(c)涂胶刀;(d)划线器

3. 基层处理

基层不平整、含水率过高、砂浆强度不足或表面有油迹、尘灰、砂粒等,均会使地板产生各种质量弊病。塑料地板最常见的质量问题有地板起壳、翘边、鼓泡、剥落及不平整等。因此,要求铺贴的基层要平整、坚固,有足够的强度,各阴阳角必须方正,无污垢灰尘和砂粒,含水率不得大于8%。不同材料的基层,要求是不同的。

(1)水泥砂浆和混凝土基层。在水泥砂浆和混凝土基层上铺贴塑料地板,基层表面用2 m直尺检查,允许空隙不得超过2 mm。如果有麻面、孔洞等质量缺陷,必须用腻子进行修补,并涂刷乳液一遍。腻子应采用乳液腻子,其配合比可参考表3-4。

表 3-4　乳液腻子配合比

名称	配合比例(质量比)							
	聚醋酸乙烯乳液	108 胶	水泥	水	石膏	滑石粉	土粉	羧甲基纤维素
108 胶水泥乳液	—	0.5～0.6	1.0	6～8	—	—	—	—
石膏乳液腻子	1.0	—	—	适量	2.0	—	2.0	—
滑石粉乳液腻子	0.2～0.25	—	—	适量	—	1.0	—	0.10

修补时，先用石膏乳液腻子嵌补找平。然后用 0 号钢丝纱布打毛，再用滑石粉腻子刮第二遍，直至基层完全平整、无浮灰后刷 108 胶水泥乳液，以增加胶结层的粘结力。

（2）水磨石和陶瓷马赛克基层。水磨石和陶瓷马赛克基层的处理，应先用碱水洗去其表面污垢，再用稀硫酸腐蚀表面或用砂轮进行推磨，以增加此类基层的粗糙度。这种地面宜用耐水胶粘剂铺贴。

（3）木质地板基层。木板基层的木搁栅应坚实，地面突出的钉头应敲平，板缝可用胶粘剂加老粉配制成腻子，进行填补平整。

4. 铺贴工艺

（1）弹线分格。按照塑料地板的尺寸、颜色、图案进行弹线分格。塑料地板的铺贴定位一般有两种方法（图 3-14）：一种是接缝与墙面成 45°，称为对角定位法；另一种是接缝与墙面平行，称为直角定位法。

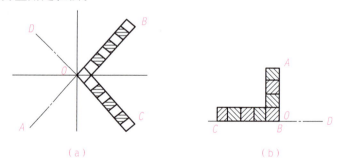

（a）　　　　　　　　　　（b）

图 3-14　塑料地板铺贴定位方法
(a)对角定位法；(b)直角定位法

1）弹线。以房间中心点为中心，弹出相互垂直的两条定位线。同时，要考虑板块尺寸和房间实际尺寸的关系。尽量少出现小于 1/2 板宽的窄条。相邻房间之间出现交叉和改变面层颜色时，应当设在门的裁口线处，而不能设在门框边缘处。在进行分格时，应距墙边留出 200～300 mm 距离作为镶边。

2）铺贴。以上面的弹线为依据，从房间的一侧向另一侧进行铺贴，这是最常用的铺贴顺序，可以采用十字形、T 形、对角形等铺贴方式（图 3-15）。

（2）裁切试铺。为确保地板粘贴牢固，塑料地板在裁切试铺前，应首先进行脱脂除蜡

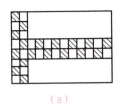 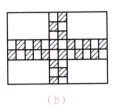 

图 3-15 塑料地板的铺贴方式
(a)T形;(b)十字形;(c)对角形

处理,将其表面的油蜡清除干净。

1)每张塑料板放进 75 ℃左右的热水中浸泡 10～20 min,然后取出晾干。用棉丝蘸溶剂(丙酮:汽油 1:8 的混合溶液)进行涂刷脱脂除蜡,保证塑料地板在铺贴时表面平整、不变形和粘贴牢固。

2)塑料地板铺贴前应对于靠墙处不是整块的塑料板加以裁切。其方法是:在已铺好的塑料板上放一块塑料板,再用一块塑料板的右边与墙紧贴,沿另一边在塑料板上画线,按线裁下的部分即为所需尺寸的边框。

3)塑料板脱脂除蜡并裁切好后,即可按弹线进行试铺。试铺合格后,按顺序编号。以备正式铺贴。

(3)刮胶。塑料地板铺贴刮胶前应将基层清扫干净,并先涂刷一层薄而匀的底子胶。涂刷要均匀一致,越薄越好且不得漏刷。底子胶干燥后,方可涂胶铺贴。

1)应根据不同的铺贴地点选用相应的胶粘剂。如象牌 PVA 胶粘剂,适宜于铺贴二层以上的塑料地板;耐水胶粘剂,适用于潮湿环境中塑料地板的铺贴,也可用于-15 ℃的环境中。不同的胶粘剂有不同的施工方法。

如用溶剂型胶粘剂,一般应在涂布后晾干到手触不粘手,再进行铺贴。用 PVA 等乳液型胶粘剂时,则不需要晾干过程,只需将塑料地板的粘结面打毛,涂胶后即可铺贴。用 E-44 环氧树脂胶粘剂时,则应按配方准确称量固化剂(常用乙二胺)加入调和,涂布后即可铺贴。若采用双组分胶粘剂,如聚氨酯和环氧树脂等,要按组分配比正确称量,预先进行配制,并即时用完。

2)通常情况下,施工温度应为 10 ℃～35 ℃,暴露时间为 5～15 min。低于或高于此温度,则不能保证铺贴质量,最好不进行铺贴。

3)若采用乳液型胶粘剂,应在塑料地板的背面刮胶。若采用溶剂型胶粘剂,只在地面上刮胶即可。

4)聚醋酸乙烯溶剂胶粘剂,甲醇挥发速度快,故涂刮面不能太大,稍加暴露就应马上铺贴。聚氨酯和环氧树脂胶粘剂都是双组分固化型胶粘剂,即使有溶液也含量很少,可稍加暴露后再铺贴。

(4)铺贴。铺贴塑料地板主要要控制好三个方面:一是塑料地板要粘贴牢固,不得有脱胶、空鼓现象;二是缝格顺直,避免发生错缝;三是表面平整、干净,不得有凹凸不平及破损与污染。在铺贴中注意以下几个方面:

1)塑料地板接缝处理,粘结坡口做成同向顺坡,搭接宽度不小于 300 mm。

2)铺贴时,切忌整张一次贴上,应先将边角对齐粘合,轻轻地用橡胶辊筒将地板平伏地粘贴在地面上,在准确就位后,用橡胶辊筒压实,将气赶出,如图 3-16 所示,或用锤子轻轻敲实。用橡胶锤子敲打应从一边向另一边依次进行,或从中心向四边敲打。

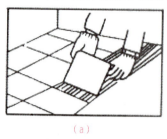
(a)

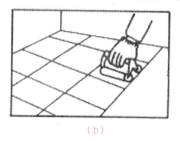
(b)

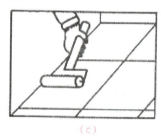
(c)

图 3-16 铺贴及压实示意图
(a)地板一端对齐粘合;(b)用橡胶滚筒赶压气泡;(c)压实

3)铺贴到墙边时,可能会出现非整块地板,应准确量出尺寸,现场裁割。裁割后再按上述方法一并铺贴。

(5)清理。铺贴完毕后应及时清理塑料地板表面,特别是施工过程中因手触摸留下的胶印。对溶剂胶粘剂用棉纱蘸少量松节油或 200 号溶剂汽油擦去从缝中挤出来的多余胶,对水乳胶粘剂只需要用湿布擦去,最后上地板蜡。

(6)养护。塑料地板铺贴完毕,要有一定的养护时间,一般为 1~3 d。养护内容主要有两个方面:一是禁止行人在刚铺过的地面上大量行走;二是养护期间避免沾污或用水清洗表面。

【塑胶地板的施工】

塑胶地板也称塑胶地砖,是以 PVC 为主要原料,加入其他材料经特殊加工制成的一种新型塑料。其底层是一种高密度、高纤维网状结构材料,坚固耐用,富有弹性。表面为特殊树脂,纹路逼真,超级耐磨,光而不滑。这种塑料地板具有耐火、耐水、耐热胀冷缩等特点,用其装饰的地面脚感舒适、富有弹性、美观大方、施工方便、易于保养,一般用于高档地面装饰。

1. 施工的准备工作

(1)基层准备工作。在地面上铺设塑胶地板时,应在铺贴之前将地面进行强化硬化处理,一般是在素土夯实后做灰土垫层,然后在灰土垫层上做细石混凝土基层,以保证地面的强度和刚度。细石混凝土基层达到一定强度后,再做水泥砂浆找平层和防水防潮层。在楼地面上铺设塑胶地板时,首先应在钢筋混凝土预制楼板上做混凝土叠合层,为保证楼面的平整度,在混凝土叠合层上做水泥砂浆找平层,最后做防水防潮层。

(2)铺贴准备工作。

1)弹线。根据具体设计和装饰物的尺寸,在楼地面防潮层上弹出互相垂直且分别与房间纵横墙面平行的标准十字线,或分别与同一墙面成45°且互相垂直交叉的标准十字线。根据弹出的标准十字线,从十字线中心开始,将每块(或每行)塑胶地板的施工控制线逐条弹出,并将塑胶楼地面的标高线弹于两边墙面上。弹线时还应将楼地面四周的镶边线一并弹出(镶边宽度应按设计确定,设计中无镶边者不必弹此线)。

2)试铺和编号。按照弹出的定位线,将预先选好的塑胶地板按设计规定的组合造型进行试铺,试铺成功后逐一进行编号,堆放在合适位置备用。逐一进行编号,堆放在合适位置备用。

2. 铺贴工艺

(1)清理基层。在正式涂胶前,应将基层表面的浮砂、垃圾、尘土、杂物等清理干净,待铺贴的塑胶地板也要清理干净。

(2)试胶粘剂。在塑胶地板铺贴前,首先要进行试胶工作,确保采用的胶粘剂与塑胶地板相适应,保证粘贴质量。试胶时,一般取几块塑胶地板用拟采用的胶粘剂涂于地板背面和基层上,待胶稍干后(以不粘手为准)进行粘铺。在粘铺4 h后,如果塑胶地板无软化、翘边或粘结不牢等现象,则认为这种胶粘剂与塑胶地板相容,可以用于铺贴。否则,应另选胶粘剂。

(3)涂胶粘剂。用锯齿形涂胶板将选用的胶粘剂涂于基层表面和塑胶地板背面,涂胶的面积不得少于总面积的80%。涂胶时应用刮板先横向刮涂一遍,再竖向刮涂一遍,要刮涂均匀。

(4)粘铺施工。在涂胶待胶膜表面稍干些后,将塑胶地板按试铺编号水平就位,并与所弹定位线对齐,把塑胶地板放平粘铺,用橡胶辊将塑胶地板压平、粘牢,同时将气泡赶出,并与相邻各板抄平调直,彼此不得有高度差。对缝应横平竖直,不得有不直之处。

(5)质量检查。塑胶地板粘铺完毕后,应进行严格的质量检查。凡有高低不平、接槎不严、板缝不直、粘结不牢及整个楼地面平整度超过0.50 mm的情况,均应彻底进行修正。

(6)镶边装饰。设计有镶边的应进行镶边,镶边材料及做法按设计规定办理。

(7)打蜡上光。塑胶地板在铺贴完毕并经检查合格后,应将表面残存的胶液及其他污迹清理干净,然后用水蜡或地板蜡打蜡上光。

▲【施工质量检查与验收】

(1)工程所选用的材料,其各项性能应符合规范规定。

(2)验收批划分:按每一层次或每层施工段(或变形缝)作为一个检验批,高层建筑的标准层可按每三层(不足三层按三层计)作为一个检验批。

(3)验收数量:按自然间(或标准间)检验,抽查数量应随机检验,不应少于3间;不足3间,应全数检查;其中,走廊(过道)应以延长米为间。

(4)楼地面面层检查与验收见表3-5。

项目 3 楼地面工程

表 3-5 塑料面层楼地面质量检查与验收

检验项目		标准	检验方法
塑料面层楼地面	主控项目	塑料面层所用的塑料板块和卷材的品种、规格、颜色、等级必须符合设计要求和国家现行产业标准的规定	观察检查和检查材质合格证明文件及检测报告
		面层与下一层的粘结应牢固，不翘边，不脱胶，无溢胶	观察检查和用锤击以及钢尺检查
	一般项目	塑料面层应表面洁净，图案清晰，色泽一致，接缝严密、美观。拼缝处的图案、花纹吻合，无胶痕；与墙边交接严密，阴阳角收边方正	观察检查
		板块的焊接，焊接应平整、光洁、无焦化、变色、斑点、焊瘤和起鳞等缺陷，其凹凸允许偏差为±0.6 mm。焊缝的抗拉强度不得少于塑料板强度的75%	观察检查和检查检测报告
		镶边用料应尺寸准确，边角整齐，拼缝严密，接缝顺直	用钢尺和观察检查

任务小结

本任务主要介绍塑料面层楼地面的构造与识图、材料的选用，塑料面层楼地面的施工工艺及塑料面层质量检验等相关知识，主要以半硬质聚氯乙烯塑料地板的施工工艺为主。

任务练习

（1）编制塑料地板的施工工艺流程。

（2）塑料地板面层出现鼓包、翘曲的主要原因有哪些？防治措施有哪些？

任务 3.4 木材面层楼地面

任务目标

【知识目标】

1. 了解木材面层楼地面材料的性能知识。
2. 熟悉木材面层楼地面的基本施工工序。
3. 掌握木材面层楼地面施工及质量验收要点。

任务3.4 木材面层楼地面

● 【能力目标】

1. 能识读施工图，掌握木材面层楼地面的相关信息。
2. 具备木材面层楼地面的操作技能。
3. 能正确使用检测工具并实施质量验收。
4. 培养学生正确的学习态度，营造良好的学习氛围以及对本专业的热爱及一丝不苟的态度。

任务实施

【构造与识图】

室内装饰工程中的木地板按施工构造可分为空铺式、实铺式两种。

1. 空铺式木地板

空铺式木地板一般用于底层。其龙骨两端搁在基础墙挑台上，龙骨下放通长的压沿木。当木龙骨跨度较大时，在跨中设地垄墙或砖墩。木龙骨上铺设双层木地板或单层木地板。为解决木地板的通风，在地垄墙和外墙上设 180 mm×180 mm 通风洞（图3-17）。

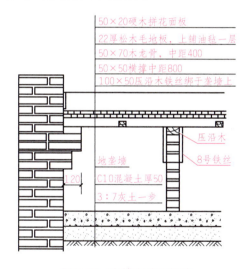

图3-17 空铺木地面构造

2. 实铺式木地板

实铺式木地板是直接在实体基层上铺设的地面，分为有龙骨式、无龙骨式、免漆木地板三种。有龙骨式实铺木地板将木龙骨直接放在结构层上，由预埋铁件固定在基层上。在底层地面，为了防潮，须在结构层上涂刷冷底子油和热沥青各一道。无龙骨式实铺木地板采用粘贴式做法，将木地板直接粘贴在结构层的找平层上。免漆地板是目前装饰市场流行的产品，以硬木地板居多，经过干燥回潮及六面涂装处理而成。

3. 实铺式复合木地板

实铺式复合木地板是在结构找平层上先铺一层泡沫塑料，上铺复合木地板，采用企口缝抹白乳胶或配套胶拼接而成的木地板。板底面不铺胶。

实铺地面构造如图 3-18 所示。

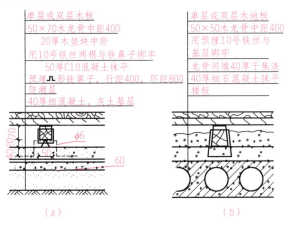

图 3-18 实铺地面构造

（a）地面；（b）楼面

【实木地板面层楼地面的施工】

1. 木地板施工工艺

（1）有龙骨实铺式木地板的施工工艺流程。基层清理→弹线、找平→修理预埋铁件→安装木龙骨、剪刀撑→弹线、钉毛地板→找平、刨平→墨斗弹线、钉硬木面板→找平、刨平→弹线钉踢脚板→刨光、打磨→油漆。

（2）无龙骨粘贴式实铺木地板的施工工艺流程。基层清理→弹线、试铺→铺贴→面层刨光打磨→安装踢脚板→刮腻子→油漆。

（3）免漆实木地板施工工艺流程。抄平、弹线及基层处理→安装木搁栅→木地板铺钉→清理磨光。

2. 施工操作

（1）有龙骨实铺式木地板。

1）龙骨安装。按弹线位置，用双股 12 号镀锌铁丝将龙骨绑扎在预埋 Q 形铁件上，垫木应做防腐处理，宽度不少于 50 mm，长度为 70～100 mm。龙骨调平后用铁钉与垫木钉牢。龙骨铺钉完毕，检查水平度合格后，钉卡横档木或剪刀撑，中距一般 300 mm。

2）弹线、钉毛地板。在龙骨顶面弹毛地板铺钉线，铺钉线与龙骨成 30°～45°。铺钉时，使毛地板留缝约 3 mm。接头设在龙骨上并留 2～3 mm 缝隙，接头应错开。铺钉完毕，弹方格网线，按网点抄平，并用刨子修平，达到标准后，方能钉硬木地板。

3)铺面层板。拼花木地板的拼花形式有席纹、人字纹、方格和阶梯式等,如图 3-19 所示。

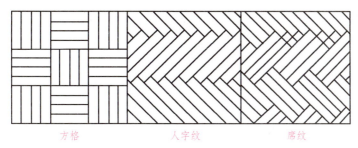

图 3-19 拼花木地板的拼花形式

铺钉前,在毛地板弹出花纹施工线和圈边线。铺钉时,先拼缝铺钉标准条,铺出几个方块或几档作为标准,再向四周按顺序拼缝铺钉。每条地板钉 2 颗钉子。钉孔预先钻好。每钉一个方块,应找方一次。中间钉好后,最后圈边。末尾不能拼接的地板应加胶钉牢。粘贴式铺设木地板,拼缝可为裁口接缝或平头接缝,平头接缝施工简单,更适合沥青胶和胶粘剂铺贴。

4)面层刨光、打磨。拼花木地板宜采用刨地板机刨光,与木纹成 45°斜刨。边角部位用手刨。刨平后用细刨净面,最后用磨地板机装砂布磨光。

5)油漆。将地板清理干净,然后补凹坑,刮批腻子、着色,最后刷清漆(详见地面涂料施工),木地板用清漆有高档、中档、低档三类。高档地板漆有聚酯清漆等。其漆膜强韧,光泽丰富,附着力强,耐水,耐化学腐蚀,不需上蜡。中档清漆为聚氨酯漆,低档清漆为醇酸清漆、酚醛清漆等。

6)上软蜡。当木地板为清漆罩面时,可上软蜡。

(2)免漆实铺式木地板。目前流行的木地板,多为耐磨的免漆实木地板;由面层板、中层板及底层板构成的复层实木地板;由热固性树脂(多为三聚氰胺涂层)透明耐磨表层、木纹或其他图案的装饰层、木质纤维中密度板基体板等构成的强化复合地板等。它们的优点是:加工精密,板边企口准确吻合,没有明显缝隙,施工简易,铺设后无须刨平磨光、涂饰油漆及上光打蜡等烦琐工序,大大减轻了对现场过多的环境污染。

1)施工前的准备。复合木地板的施工最佳相对湿度为 40%~60%。安装前,把未拆包的地板在将要铺装的房间里放置 48 h 以上,使之适应施工环境的温度和湿度。根据设计要求所需的龙骨、衬板等材料,要求其品种、规格及质量应符合国家现行产品标准的规定。

2)施工操作步骤。

①抄平、弹线及基层处理。抄平借助仪器、水平管,操作要求认真、准确,复核后将基层清扫干净,并用水泥砂浆找平;弹线要求清晰、准确,不许有遗漏,同一水平要交圈;基层应干燥且做防腐处理(沥青油毡或铺防水粉)。预埋件(木楔)位置、数量、牢固性要达到设计标准。

②安装木搁栅。

a. 根据设计要求,搁栅可采用 30 mm×40 mm 或 40 mm×60 mm 截面木龙骨;也可以采用厚 10～18 mm,宽 100 mm 左右的人造板条。木地板基层要求毛板下龙骨间距要密实,要小于 300 mm。

b. 在进行木搁栅固定前,按木搁栅的间距确定木楔的位置,用带 φ16 mm 钻头的冲击电钻在弹出的十字交叉点的水泥地面或楼板上打孔,孔深 40 mm 左右,孔距 600 mm 左右,然后在孔内下浸油木楔,固定时用长钉将木搁栅固定在木楔上。

c. 搁栅之间要加横撑,横撑中距依现场及设计而定,与搁栅垂直相交用铁钉钉固,要求不松动。

d. 为了保持通风,木搁栅上面每隔 1 000 mm 开深不大于 10 mm、宽 20 mm 的通风槽。木搁栅之间空腔内应填充适量防水粉或干焦渣、矿棉毡、石灰炉渣等轻质材料,达到保温、隔声、吸潮的功效,填充材料不得高出木搁栅上皮。

e. 所有木质部分要进行防腐、防火处理。

③木地板铺钉。木地板铺钉前,可根据设计及现场情况的需要铺设一层底板,底板可选 10～18 mm 厚人造板与木搁栅胶钉。具体工艺细节可参考木护墙板施工工艺。现通用的木地板多为企口板,此做法同空铺式工艺。条形地板的铺设方向应考虑铺钉方便、固定牢固、实用美观等要求。对于走廊、过道等部位,应顺着行走的方向铺设;而室内房间,应顺光线铺设。对多数房间而言,顺光线方向与行走方向是一致的。

▲【实铺式复合木地板面层楼地面的施工】

复合木地板是用原木经粉碎、添加胶粘剂、防腐处理、高温高压制成的中密度板材,表面刷高级涂料,再经过切割、刨槽刻榫等加工制成拼块复合木地板。地板规格较为统一,安装极为方便,是国内目前应用较为广泛的地板装饰材料。

1. 材料规格

(1)规格尺寸:目前市场上销售的复合木地板无论是国产或进口产品,其规格都是统一的,宽度为 120 mm、150 mm、195 mm,长度为 1 500 mm、2 000 mm,厚度为 6 mm、8 mm、14 mm,所用胶粘剂有白乳胶、强力胶、立时得等。

(2)板材组合方式:

1)以中密度板为基材,表面贴天然薄木片(榉木、红木、橡木、桦木、水曲柳等),并在其表面涂结晶三氧化二铝耐磨涂料。

2)以中密度板为基材,底部贴硬质 PVC 薄板做防水层以增强防水性能。其表面仍然涂耐磨涂料。

3)表层为胶合板,中间设塑料保温材料或木屑,底层为硬质 PVC 塑料板,经高压加工制成地板材料,表面涂耐磨涂料。

上述三种板材按标准规格尺寸裁切,刨槽刻榫制成地板块,每 10 块一捆,包装出厂销售。

2. 施工工艺

施工工艺流程为：基层处理→弹线、找平→铺垫层→试铺预排→铺地板→铺踢脚板→清洗表面。

3. 施工操作方法

复合木地板铺贴和普通企口缝木地板铺贴基本相同，只是其精度更高，横端头也用企口缝拼接。

(1)基层处理：基本同前，要求平整度 3 mm 内误差不得大于 2 mm。基层应干燥。

基层分为楼面钢筋混凝土基层、水泥砂浆基层。木地板基层(毛木板)要求仪器找平，不合要求的要修补。木地板基层要求毛板下木龙骨间距要密，一般小于 300 mm。斜 45°铺装、刨平。

(2)铺垫层：垫层为聚乙烯泡沫塑料薄膜，宽 1 000 mm 卷材，铺时按房间长度净尺寸加 100 mm 裁切，横向搭接 150 mm。垫层可增加地板隔潮作用，增加地板的弹性并增加地板稳定性及减少行走时地板产生的噪声。

(3)预排复合木地板：长缝顺入射光方向沿墙铺放。槽口对墙，从左至右，两板端头企口插接，直到第一排最后一块板，切下的部分若大于 300 mm 可以作为第二排的第一块板铺放，第一排最后一块的长度不应小于 500 mm，否则可将第一排第一块板切去一部分，以保证最后的长度要求。木地板与墙留 8~10 mm 缝隙，用木楔调直，暂不涂胶，拼铺三排进行修整、检查平直度，符合要求后，按排拆下放好。

(4)铺贴：按预排板块顺序，接缝涂胶拼接，用木槌敲击挤紧。复验平直度，横向用紧固卡带将三排地板卡紧，每 1 500 mm 左右设一道卡带，卡带两端有挂钩，卡带可调节长短和松紧度。从第四排起，每拼铺一排卡带就移位一次，直至最后一排。每排最后一块地板端部与墙仍留 8~10 mm 缝隙。在门洞口，地板铺至洞口外墙皮与走廊地板平接。如为不同材料时，留 5 mm 缝隙，用卡口盖缝条盖缝。

(5)清扫、擦洗：每完一间待胶干后扫净杂物，用湿布擦净。

(6)安装踢脚板：复合木地板可选用仿木塑料踢脚板、普通木踢脚板和复合木地板。安装时，先按踢脚板高度弹水平线，清理地板与墙缝隙中杂物，标出预埋木砖位置，按木砖位置在踢脚板上钻孔(孔径比木螺钉直径小 1~1.2 mm)，用木螺钉固定。踢脚板接头尽量设在拐角处。

4. 铺装复合木地板操作顺序

铺装复合木地板操作顺序如图 3-20~图 3-26 所示。

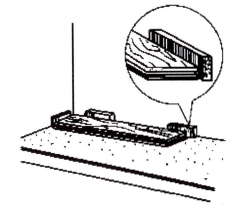

图 3-20 铺第一块板

图 3-21 抹胶

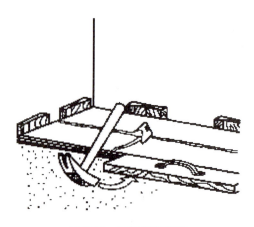

图 3-22 板槽拼缝挤紧

图 3-23 横向切割

图 3-24 靠墙处填木板挤紧

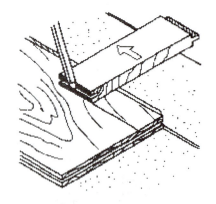

图 3-25 纵向切割

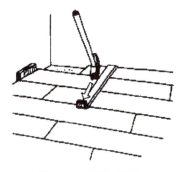

图 3-26 铺最后条板

▲【施工质量检查与验收】

(1)工程所选用的材料,其各项性能应符合规范规定。

(2)验收批划分:每一层次或每层施工段(或变形缝)作为一个检验批,高层建筑的标准层可每三层(不足三层按三层计)作为一个检验批。

(3)验收数量：按自然间(或标准间)检验，抽查数量应随机检验，不应少于3间；不足3间，应全数检查；其中，走廊(过道)应以延长米为间。

(4)木材面层楼地面质量检查与验收见表3-6。

表3-6　木材面层楼地面质量检查与验收

检验项目		标准	检验方法
木质地板	主控项目	木材材质和铺设时的含水量必须符合工程施工和验收规范的有关规定。木搁栅、毛地板和垫木等必须做防腐处理，木搁栅的安装必须牢固、平直，在混凝土基层上铺设木搁栅，其间距和稳固方法必须符合设计要求	观察检查和检查材质合格证明文件及检验报告
		面层铺设应牢固；粘结无空鼓	观察和脚踩或用小锤轻击检查
	一般项目	条形木地板面层接缝缝隙严密，接头位置错开，表面洁净，拼缝平直、方正。拼花木地板面层接缝严密，粘钉牢固，表面洁净，粘结无溢胶，板块排列合理、美观、镶边宽度一致	观察检查

任务小结

本任务主要介绍木材面层的构造与识图以及室内装饰工程中的木地板铺贴的种类、木材面层的材料选用，木材面层的施工工艺及质量检验等相关知识，主要以实木地板和复合木地板施工工艺为主。

任务练习

(1)木地板在施工时有哪些质量要求和措施？

(2)编制实木地板、复合地板的施工工艺流程。

项目 4

吊顶工程

任务 4.1 木龙骨吊顶

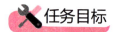 任务目标

●【知识目标】

1. 了解木龙骨吊顶施工的常用材料。
2. 掌握木龙骨吊顶施工工艺。
3. 熟悉木龙骨吊顶施工质量应检查的相关内容。

●【能力目标】

1. 会组织木龙骨吊顶施工。
2. 能进行木龙骨吊顶现场施工质量验收。

 任务实施

▲【构造与识图】

木龙骨吊顶分为有主龙骨木搁栅和无主龙骨木搁栅。有主龙骨木搁栅吊顶多用于比较大的建筑空间,目前采用得比较少。无主龙骨木搁栅由次龙骨和横撑龙骨组成,吊筋也采用方木,这种做法是家庭装修采用较多的一种形式(图 4-1)。

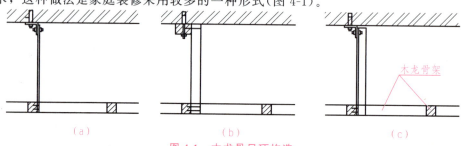

图 4-1 木龙骨吊顶构造
(a)用扁铁固定;(b)用木方固定;(c)用角钢固定

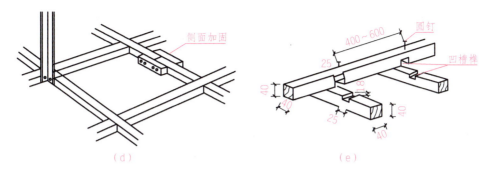

图 4-1 木龙骨吊顶构造(续)

(d)骨架连接；(e)凹槽榫连接

【施工材料选用】

1. 木材

木龙骨集料应为烘干，无扭曲的红、白松树种，并按设计要求进行防火处理。

木龙骨规格按设计要求，如设计无明确规定时，大龙骨规格为 50 mm×70 mm 或 50 mm×100 mm；小龙骨规格为 50 mm×50 mm 或 40 mm×50 mm；木吊杆规格为 50 mm×50 mm 或 40 mm×40 mm。

2. 罩面板材及压条

按设计选用。较常用的罩面材料有胶合板、纤维板、实木板、纸面石膏板、矿棉板、吸声穿孔石膏板、矿棉装饰吸声板、泡沫钙塑板、塑料装饰板等，选用时严格掌握材质及规格标准。

3. 其他材料

其他材料包括 $\phi6$ mm 或 $\phi8$ mm 吊筋、膨胀螺栓、射钉、圆钉、角钢、扁钢、胶粘剂、木材防腐剂、防火剂、8 号镀锌铁丝、防锈漆。

【木龙骨吊顶施工】

1. 抄平弹线

弹线包括：标高线、顶棚造型位置线、吊挂点布局线、大中型灯位线。

(1)确定标高线：根据室内墙上+50 cm 水平线，用尺量至顶棚设计标高，在该点画出高度线，用一条塑料透明软管灌满水后，将软管的一端水平面对准墙面上的高度线。然后，将软管的另一端头水平面，在同侧墙面找出另一点。当软管内水平面静止时，画下该点的水平面位置，再将这两点连线，即得吊顶高度水平线。用同样方法在其他墙面做出高度水平线。操作时应注意，一个房间的基准高度点只用一个，各个墙的高度线测点共用。沿墙四周弹一道墨线，这条线便是吊顶四周的水平线，其偏差不能大于 5 mm。

(2)确定造型位置线：对于较规则的建筑空间，其吊顶造型位置可先在一个墙面量出竖向距离，以此画出其他墙面的水平线，即得吊顶位置外框线，而后逐步找出各局部的造型框架线。对于不规则的空间画吊顶造型线，宜采用找点法，即根据施工图纸测出造型边缘距墙面的距离，从墙面和顶棚基层进行实测，找出吊顶造型边框的有关基本点，将各点连线，形成吊顶造型线。

（3）确定吊点位置：对于平顶吊顶，其吊点一般是按每平方米布置1个，在吊顶上均匀排布。对于有叠级造型的吊顶，应注意在分层交界处布置吊点，吊点间距为0.8～1.2 m。较大的灯具应安排单独吊点来吊挂。

2. 木龙骨处理

对吊顶用的木龙骨进行筛选，将其中腐蚀部分、斜口开裂、虫蛀等部分剔除。对工程中所用的木龙骨均要进行防火处理，一般将防火涂料涂刷或喷于木材表面，也可把木材放在防火涂料槽内浸渍。防火涂料的种类和使用规定见表4-1。

表4-1　防火涂料的种类和使用规定

项次	防火涂料的种类	用量/(kg·m^{-2}) 不得小于	特性	基本用途	限制和禁止的范围
1	硅酸盐涂料	0.5	无抗水性，在二氧化碳的作用下分解	用于不直接受潮湿作用的构件上	不得用于露天构件及位于二氧化碳含量高的大气中的构件
2	可赛银（酪素）涂料	0.7	—	用于不直接受潮湿作用的构件上	不得用于露天构件上
3	掺有防火剂的油质涂料	0.6	抗水	用于露天构件上	—
4	氯乙烯涂料和其他涂料	0.6	抗水	用于露天构件上	—

对于直接接触结构的木龙骨，如墙边龙骨、梁边龙骨、端头伸入或接触墙体的龙骨应预先刷防腐剂。要求涂刷的防腐剂具有防潮、防蛀、防腐的功效。

3. 安装吊杆

(1)吊杆固定件的设置方法。应根据设计要求及现场的实际情况选择如下设置方法：

1)用M8或M10膨胀螺栓将∟25×3或∟30×3角钢固定在现浇楼板底面上。对于M8膨胀螺栓要求钻孔深度≥50 mm，钻孔直径10.5 mm为宜；对于M10膨胀螺栓要求钻孔深度≥60 mm，钻孔直径13 mm为宜。

2)用ϕ5 mm以上高强射钉将∟40×4角钢或钢板等固定在现浇楼板的底面上。

3)在浇灌楼面或屋面板时，在吊杆布置位置的板底预埋铁件。

4)现浇楼板浇筑前或预制板灌缝前预埋ϕ10 mm钢筋。要求预埋位置准确，若为现浇楼板时，应在模板面上弹线标示出准确位置，然后在模板上钻孔预埋吊筋。对于钢模板也可先将吊杆连接筋预弯90°后紧贴模板面埋设，待拆模后剔出。

对于木龙骨吊顶,吊杆与主龙骨的连接通常采用主龙骨钻孔,吊杆下部套丝,穿过主龙骨用螺母紧固。吊杆的上部与吊杆固定件连接一般采用焊接,施焊前拉通线,所有丝杆下部找平后,上部再搭接焊牢。吊杆与上部固定件的连接也可采用在角钢固定件上预先钻孔或预埋的钢板埋件上加焊 $\phi 10$ mm 钢筋环,然后将吊杆上部穿进后弯折固定。

(2)吊杆纵横间距按设计要求,原则上吊杆间距应不大于 1 000 mm。

(3)吊杆长度大于 1 000 mm 时,必须按规范要求设置反向支撑。

(4)吊顶灯具、风口及检修口等处应增设附加吊杆。

4. 安装主龙骨

主龙骨常用 50 mm×70 mm 枋料,较大房间采用 60 mm×100 mm 木枋。主龙骨与墙相接处,主龙骨应伸入墙面不少于 110 mm,入墙部分涂刷防腐剂。

主龙骨的布置要按设计要求,分档画线,分档尺寸尚应考虑与面层板块尺寸相适应。

主龙骨应平等于房间长向安装,同时应起拱,起拱高度为房间跨度的 1/250 左右。主龙骨的悬臂段不应大于 300 mm。主龙骨接长采取对接,相邻主龙骨的对接接头要互相错开。主龙骨挂好后应基本调平。

5. 安装次龙骨

次龙骨一般采用 5 cm×5 cm 或 4 cm×5 cm 的木枋,底面刨光、刮平、截面厚度应一致。小龙骨间距应按设计要求,设计无要求时应按罩面板规格决定,一般为 400~500 mm。钉中间部分的次龙骨时,应起拱。房间 7~10 m 的跨度,一般按 3/1 000 起拱;10~15 m 的跨度,一般按 5/1 000 起拱。

按分档线先定位安装通长的两根边龙骨,拉线后各根龙骨按起拱标高,通过短吊杆将小龙骨用圆钉固定在大龙骨上,吊杆要逐根错开,不得吊钉在龙骨的同一侧面上。

先钉次龙骨,后钉间距龙骨(或称卡挡搁栅)。间距龙骨一般为 5 cm×5 cm 或 4 cm×5 cm 的方木,其间距一般为 30~40 cm,用 33 mm 长的钉子与次龙骨钉牢。次龙骨与主龙骨的连接,多采用 8~9 cm 长的钉子,穿过次龙骨斜向钉入主龙骨,或通过角钢与主龙骨的连接。次龙骨的接头和断裂及大节疤处,均需用双面夹板夹住,并应错开使用。接头两侧最少各钉 2 个钉子,在墙体砌筑时,一般是按吊顶标高沿墙四周牢固地预埋木砖,间距多为 1 m,用以固定墙边安装龙骨的方木(或称护墙筋)。

6. 管道及灯具固定

吊顶时要结合灯具位置、风扇位置做好预留洞穴及吊钩。当平顶内有管道或电线穿过时,应预先安装管道及电线,然后铺设面层。若管道有保温要求,应在完成管道保温工作后,封钉吊顶面层。大的厅堂宜采用高低错落形式的吊顶。

7. 吊顶罩面板的安装

木龙骨吊顶,其常用的罩面板有装饰石膏板(白平板、穿孔板、花纹浮雕板等)、胶合板、纤维板、木丝板、刨花板、印刷木纹板等。

(1)装饰石膏板顶棚饰面。装饰石膏板可用木螺钉与木龙骨固定。木螺钉与板边距离应不小于 15 mm，间距以 170～200 mm 为宜，并均匀布置。螺钉帽应嵌入石膏板深度 1 mm，并应涂刷防锈涂料，钉眼用腻子找平，再用与板面颜色相同的色浆涂刷。

(2)胶合板顶棚饰面。胶合板是将三层或多层木质单向纤维板，按纤维方向互相垂直胶合而成的薄板。胶合板顶棚被广泛应用于中、高级民用建筑室内顶棚装饰。但需注意面积超过 50 m^2 的顶棚不准使用胶合板饰面。

用清漆饰面的顶棚，在钉胶合板前应对板材进行挑选。板面颜色一致的夹板钉在同一个房间，相邻板面的木纹应力求协调、自然。

铺胶合板时，应沿房间的中心线或灯框的中心线顺线向四周展开，光面向下。

胶合板对缝时，应弹线对缝，可采用 V 形缝，亦可采用平缝，缝宽 6～8 mm。顶棚四周应钉压缝条，以免龙骨收缩，顶棚四周出现沿墙离缝。板块间拼缝应均匀平直，线条清晰。

钉胶合板时，钉距 80～150 mm。钉帽要敲扁，送进板面 0.5～1 mm。胶合板应钉得平整，四角方正，不应有凹陷和凸起。

胶合板顶棚以涂刷聚氨酯清漆为宜。先把胶合板表面的污渍、灰尘、木刺和浮毛等清理干净，再用油性腻子嵌钉眼，然后批嵌腻子，上色补色，砂纸打磨，刷清漆 2 或 3 道。漆膜要光亮，木纹清晰，不应有漏刷、皱皮、脱皮和起霜等缺陷。色彩调和，深浅一致，不应有咬色、显斑和露底等缺陷。

(3)纤维板顶棚饰面。纤维板是以植物纤维重新交织、压制成的一种人造板材。由于成型时温度和压力不同，纤维板可分为软质、硬质和半硬质三种。用于顶棚吊顶面板的主要是硬质纤维板平板。

硬质纤维板顶棚饰面安装之前，须将板进行加湿处理，即把板块浸入 60 ℃ 的热水中 30 min，或用冷水浸泡 24 h。将硬质纤维板浸水后码垛堆起再使其自然湿透，而后晾干即可安装。在工地现场可采取隔天浸水，晚上晾干，第二天使用的方法。因硬质纤维板浸水时四边易起毛，板的强度降低，为此，浸水后应注意轻拿轻放，尽量减少摩擦。

如采用钉子固定时，钉距应为 80～120 mm，钉长应为 20～30 mm，钉帽砸扁后敲进板面 0.5 mm。其他与胶合板安装相同。

(4)其他人造板顶棚饰面。其他人造板顶棚主要包括木丝板、刨花板、细木工板、印刷木纹板等。

1)木丝板、刨花板、细木工板：木丝板(万利板)是利用木材的短残料经机械刨成木丝，加入水泥及硅酸盐溶液经铺料、冷压凝固成型，最后经干燥、养护而成的板材；刨花板是利用碎木、刨花和胶料经热压而成的人造板材；细木工板是利用木材边角小料，经刨光、施胶、拼接、贴面而成的板材，贴面多用胶合板、纤维板和塑料板。

木丝板、刨花板、细木工板安装时，一般多用压条固定，其板与板间隙要求 3～5 mm。如不采用压条固定而采用钉子固定时，最好采用半圆头木螺钉，并加垫圈。钉距 100～120 mm，钉距应一致纵横成线，以提高装饰效果。

2)印刷木纹板：印刷木纹板又称装饰人造板，是在人造板表面上印刷上花纹图案（如木纹）而制成。印刷木纹板不需任何贴面装饰就很美观。印刷木纹板安装，多采用钉子固定法，钉距不大于 120 mm。为防止破坏板面装饰，钉子应与板面钉齐平，然后用与板面相同颜色的油漆涂饰。

▲【施工质量检查与验收】

（1）吊顶工程材料、品种、规格等应符合设计和规范要求。

（2）检验批划分：同一品种的中吊顶工程每 50 间（大面积房间和走廊按吊顶面积 30 m^2 为一间）应划分为一个检验批，不足 50 间也应划分为一个检验批。

（3）检查数量：每个检验批应至少抽查 10%，并不得少于 3 间；不足 3 间时应全数检查。

（4）吊顶工程质量验收主控项目检验内容及检验方法见表 4-2；吊顶工程质量验收一般项目检验内容及检验方法见表 4-3；木骨架罩面板吊顶允许偏差和检验方法见表 4-4；吊顶工程质量关键控制点及控制方法见表 4-5。

表 4-2　吊顶工程质量验收主控项目检查与验收

项目	检验要求	检验方法
吊顶	标高、尺寸、起拱和造型应符合设计要求	观察；尺量检查
饰面材料	材质、品种、规格、图案和颜色应符合设计要求	观察；检查产品合格证书、性能检测报告、进场验收记录和复验报告
吊顶工程	吊杆、龙骨和饰面材料的安装必须牢固	观察；手扳检查；检查隐蔽工程验收记录和施工记录
吊杆、龙骨	材质、规格、安装间距及连接方式应符合设计要求	观察；尺量检查；检查产品合格证书、性能检测报告、进场验收记录和隐蔽工程验收记录
金属吊杆	应经过表面防腐处理	
木吊杆、撑杆、龙骨	应进行防腐、防火处理	
石膏板的接缝	应按其施工工艺标准进行板缝防裂处理。安装双层石膏板时，面层板与基层板的接缝应错开，并不得在同一根龙骨上接缝	观察

表 4-3　吊顶工程质量验收一般项目检查与验收

项目	检验要求	检验方法
饰面材料	表面应洁净、色泽一致，不得有翘曲、裂缝及缺损。压条应平直、宽窄一致	观察；尺量检查
饰面板上的灯具、烟感器、喷淋头、风口篦子等	设备的位置应合理、美观，与饰面板的交接应吻合、严密	观察

续表

项目	检验要求	检验方法
金属吊杆、龙骨的接缝	应均匀一致，角缝应吻合，表面应平整，无翘曲、锤印	检查隐蔽工程验收记录和施工记录
木质吊杆、龙骨	应顺直，无劈裂、变形	
吊顶内填充吸声材料	品种和铺设厚度应符合设计要求，并应有防散落措施	检查隐蔽工程验收记录和施工记录
木骨架罩面板吊顶	允许偏差和检验方法应符合表 4-4 的规定	

表 4-4　木骨架罩面板吊顶允许偏差和检验方法

项类	项目	允许偏差/mm						检验方法
		胶合板	塑料板	纤维板	钙塑板	石膏板	矿棉板	
龙骨	龙骨间距	2	2	2	2	2	2	尺量检查
	龙骨平直	3	3	3	2	2	2	尺量检查
	起拱高度	±10	±10	±10	±10	±10	±10	拉线尺量
	龙骨四周水平	±5	±5	±5	±5	±5	±5	尺量或水准仪检查
罩面板	表面平整	2	2	3	3	3	3	用 2 m 靠尺检查
	接缝平直	3	3	3	3	3	3	拉 5 m 线检查
	接缝高低	0.5	0.5	1	1	1	1	用直尺或塞尺检查
	吊顶四周水平	±5	±5	±5	±5	±5	±5	拉线或用水准仪检查
压条	压条平直	3	—	3	—	3	—	拉 5 m 线检查
	压条间距	2	—	2	—	2	—	尺量检查

表 4-5　吊顶工程质量关键控制点及控制方法

序号	关键控制点	主要控制方法
1	龙骨、罩面板等材料进场验收	与业主协商，明确更具体的材质、类型、规格、等级及性能要求，购专业大厂生产的产品
2	吊杆安装	吊杆材质、规格、防腐处理、位置、间距、标高、丝扣规格及吊杆与楼板连接的牢固性
3	龙骨安装	龙骨间距、标高、主次龙骨连接的牢固性，安装前四周必须弹出安装控制线。龙骨的防火、防腐处理
4	罩面板安装	拉通线检查龙骨的平直度，挂线安装。固定方式正确、可靠，边安装边用靠尺检查平整度
5	外观	吊顶面洁净、色泽一致；压条平直、通顺严实；与灯具、风口箅子交接部位吻合、严密

任务小结

通过本节内容的学习，学生应熟练掌握木龙骨的施工工艺流程，能指导具体的施工工作，并且针对可能出现的质量问题，能够给以有效的控制。

任务练习

(1) 编制木龙骨吊顶的施工工艺流程。
(2) 组织观看木龙骨吊顶的施工视频。
(3) 根据已完工吊顶，组织吊顶施工的质量检查和验收。

任务 4.2　轻金属龙骨吊顶

任务目标

【知识目标】

1. 了解轻金属龙骨吊顶常用材料。
2. 掌握轻金属龙骨吊顶施工工艺。
3. 熟悉轻金属龙骨吊顶施工质量的检验要求。

【能力目标】

1. 能指导轻金属龙骨吊顶的施工。
2. 会进行轻金属龙骨吊顶施工现场验收。

任务实施

▲【构造与识图】

轻钢龙骨是用薄壁镀锌钢带或薄钢板经机械压制而成的骨架型材，常见的有 U 形、T 形和 C 形等，其中 C 形龙骨主要用于隔墙与隔断的制作，U 形和 T 形可组合为吊顶龙骨，如图 4-2 所示。

U 形轻钢龙骨通常由主龙骨、横撑龙骨、吊挂件、接插件和挂插件等组成。根据主龙骨的断面尺寸的大小，即根据龙骨的荷重能力及其适应吊点距离不同，通常将 U 形轻钢龙骨分为 38、45、50、60 共 4 种不同系列。38、45 系列轻钢龙骨适用于吊点距离 0.9～1.2 m 不上人吊顶，零配件如图 4-3 所示。50 系列轻钢龙骨适用于吊点距离 1.5 m 上人吊顶，主龙骨可承受 800 N 的检修荷载，其零配件如图 4-4 所示。

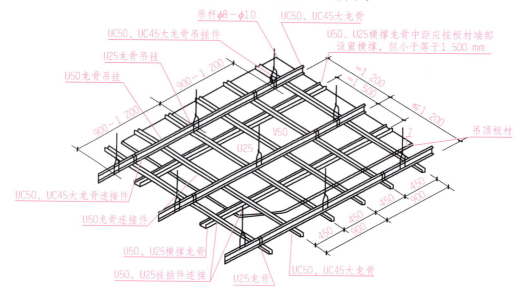

图 4-2 轻钢龙骨吊顶示意图

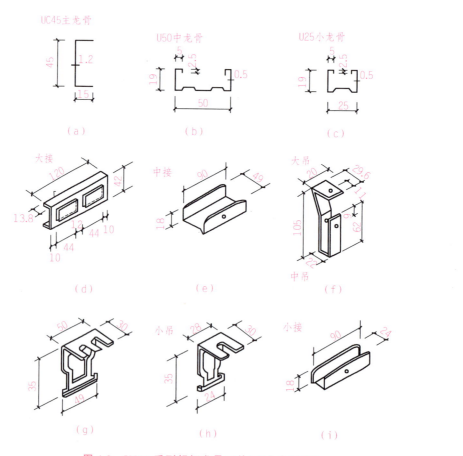

图 4-3 UC45 系列轻钢龙骨配件(不上人吊顶)

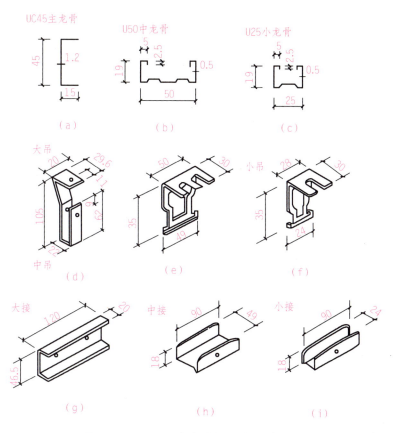

图 4-4　UC50 系列轻钢龙骨配件(上人吊顶)

60 系列轻钢龙骨适用于吊点距离 1.5 m 上人吊顶，主龙骨可承受 1 000 N 检修荷载，零配件如图 4-5 所示。

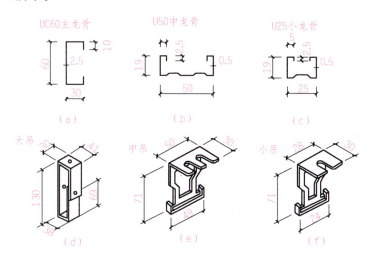

图 4-5　UC60 系列轻钢龙骨配件(重型上人吊顶)

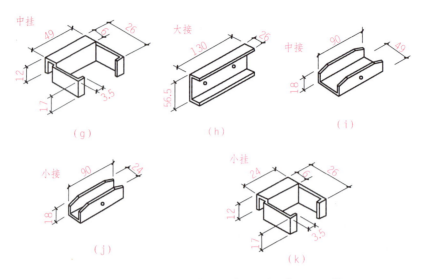

图 4-5　UC60 系列轻钢龙骨配件(重型上人吊顶)(续)

上人吊顶要用 φ6 mm、φ8 mm 钢筋吊杆，不上人吊顶可用 10 号镀锌钢丝做吊杆。横撑龙骨垂直于主龙骨放置，用挂件连接。图 4-6 为轻钢龙骨吊顶安装示意图。

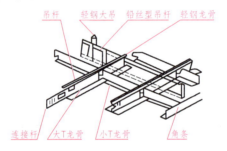

图 4-6　T 形轻钢龙骨吊顶安装示意图

T 形龙骨的承重主龙骨及其吊点布置与 U 形龙骨吊顶相同，用 T 形龙骨和 T 形横撑龙骨组成骨架，把板材搭在骨翼缘上构成吊顶。

▲【施工材料选用】

(1)龙骨：主龙骨是轻钢吊顶龙骨体系中的主要受力构件，整个吊顶的荷载通过主龙骨传给吊杆。主龙骨的受力模型为承受均布荷载和集中荷载的连续梁。故主龙骨必须要满足强度和刚度的要求。

次龙骨(中、小龙骨)的主要作用是固定饰面板，中、小龙骨多数是构造龙骨，其间距由饰面板尺寸决定。

轻钢龙骨按截面形状分为 U 形骨架和 T 形骨架两种形式。按组成吊顶轻钢龙骨骨架的龙骨规格区分，主要有四种，即 D60 系列、D50 系列、D38 系列和 D25 系列。

(2)零配件：吊杆(轻型用 φ6 mm 或 φ8 mm，重型用 φ10 mm)、吊挂件、连接件、挂插件、花篮螺栓、射钉、自攻螺钉等。

(3)罩面板：轻钢龙骨骨架常用的罩面板材料有装饰石膏板、纸面石膏板、吸声穿孔石膏板、矿棉装饰吸声板、钙塑泡沫装饰板、各种塑料装饰板、浮雕板、钙塑凹凸板等。施工时应按设计要求选用。当设计深度不足，如罩面板未标明具体规格尺寸、罩面板厚度、罩面板等级以及罩面板质量密度、抗弯强度或断裂荷载、吸水率等技术性能要求时，则应在订货前与设计或业主联系确定，明确各种要求，便于以后的验收。压缝常选用铝压条。

(4)胶粘剂：应按主粘材的性能选用，使用前做粘结试验。

▲【施工工艺】

1. 工艺流程

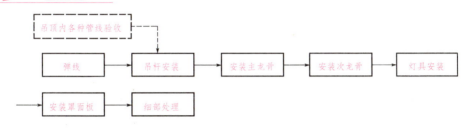

2. 操作要点

(1)弹线。弹线包括标高线、吊顶造型位置线、吊挂点布置线、大中型灯位线。

1)确定安装标高线：根据室内墙上+50 cm 水平线，用尺量至吊顶的设计标高画线、弹线。若室内+50 cm 水平线未弹通线或通线偏差较大时，可采用一条塑料透明软管灌满水后，将软管的一端水平面对准墙面上的高度线。再将软管另一端头水平面，在同侧墙面找出另一点，当软管内水平面静止时，画上该点的水平面位置，再将这两点连线，即得吊顶高度水平线。用同样方法在其他墙面做出高度水平线。操作时应注意，一个房间的基准高度点只用一个，各面墙的高度线测点共用。沿墙四周弹一道墨线，这条线便是吊顶四周的水平线，其偏差不能大于 3 mm。

2)确定造型位置线：对于较规则的建筑空间，其吊顶造型位置可先在一个墙面量出竖向距离，以此画出其他墙面的水平线，即得吊顶位置外框线，而后逐步找出各局部的造型框架线。对于不规则的空间画吊顶造型线，宜采用找点法，即根据施工图纸测出造型边缘距墙面的距离，从墙面和顶棚基层进行引测，找出吊顶造型边框的有关基本点或特征点，将各点连线，形成吊顶造型框架线。

3)确定吊点位置：双层轻钢 U 形、T 形龙骨骨架吊点间距≤1 200 mm，单层骨架吊顶吊点间距为 800~1 500 mm(视罩面板材料密度、厚度、强度、刚度等性能而定)。对于平顶吊顶，在吊顶上均匀排布。对于有叠层造型的吊顶，应注意在分层交界处吊点布置，较大的灯具及检修口位置也应该安排吊点来吊挂。

(2)吊杆安装。

1)吊杆紧固件或吊杆与楼面板或屋面板结构的连接固定有以下四种常见方式：

①用 M8 或 M10 膨胀螺栓将∟25×3 或∟30×3 角钢固定在楼板底面上。注意钻孔深度应≥60 mm，打孔直径略大于螺栓直径 2～3 mm。

②用 $\phi 5$ mm 以上的射钉将角钢或钢板等固定在楼板底面上。

③浇捣混凝土楼板时，在楼板底面（吊点位置）预埋铁件，可采用 150 mm×150 mm×6 mm 钢板焊接 $4\phi 8$ mm 锚爪，锚爪在板内锚固长度不小于 200 mm。

④采用短筋法在现浇板浇筑时或预制板灌缝时预埋 $\phi 6$ mm、$\phi 8$ mm 或 $\phi 10$ mm 短钢筋，要求外露部分（露出板底）不小于 150 mm。

2）吊杆与主龙骨的连接以及吊杆与上部紧固件的连接如图 4-7 和图 4-8 所示。

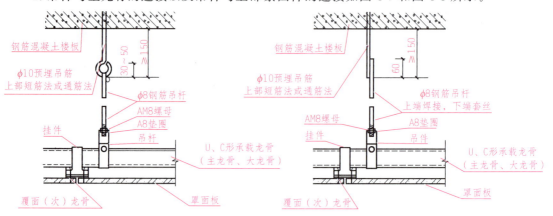

图 4-7 上人吊顶吊点紧固方式及悬吊构造节点

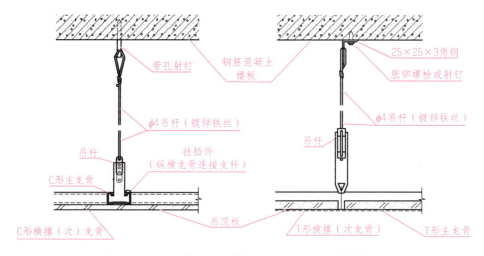

图 4-8 不上人吊顶吊点紧固方式及悬吊构造节点

对于上面所述的两种方法不适宜上人吊顶。

(3) 安装主龙骨。

1) 根据吊杆在主龙骨长度方向上的间距在主龙骨上安装吊挂件。

2) 将主龙骨与吊杆通过垂直吊挂件连接。上人吊顶的悬挂，用一个吊环将龙骨箍住，用钳夹紧，既要挂住龙骨，同时也要阻止龙骨摆动。不上人吊顶悬挂，用一个专用的吊挂件卡在龙骨的槽中，使之达到悬挂的目的。轻钢大龙骨一般选用连接件接长，也可以焊接，但宜点焊。连接件可用铝合金，亦可用镀锌钢板，须将表面冲成倒刺，与主龙骨方孔相连，可以焊接，但宜点焊，连接件应错位安装。遇观众厅、礼堂、展厅、餐厅等大面积房间采用此类吊顶时，需每隔 12 m 在大龙骨上部焊接横卧大龙骨一道，以加强大龙骨侧向稳定性及吊顶整体性。

3)根据标高控制线使龙骨就位。待主龙骨与吊件及吊杆安装就位以后，以一个房间为单位进行调整平直。调平时按房间的十字和对角拉线，以水平线调整主龙骨的平直，对于由 T 形龙骨装配的轻型吊顶，主龙骨基本就位后，可暂不调平，待安装横撑龙骨后再行调平调正。较大面积的吊顶主龙骨调平时，应注意其中间部分应略有起拱，起拱高度一般不小于房间短向跨度的 1/300～1/200。

(4)安装次龙骨、横撑龙骨。

1)安装次龙骨：在覆面次龙骨与承载主龙骨的交叉布置点，使用其配套的龙骨挂件（或称吊挂件、挂搭）将两者上下连接固定，龙骨挂件的下部勾挂住覆面龙骨，上端搭在承载龙骨上，将其 U 形或 W 形腿用钳子嵌入承载龙骨内（图 4-9）。双层轻钢 U、T 形龙骨骨架中龙骨间距为 500～1 500 mm，如果间距大于 800 mm，在中龙骨之间增加小龙骨，小龙骨与中龙骨平行，与大龙骨垂直用小吊挂件固定。

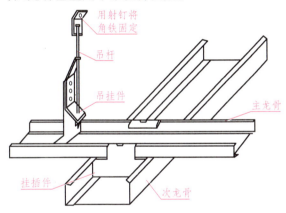

图 4-9 主、次龙骨连接

2)安装横撑龙骨：横撑龙骨用中、小龙骨截取，其方向与中、小龙骨垂直，装在罩面板的拼接处，底面与中、小龙骨平齐，如装在罩面板内部或者作为边龙骨时，宜用小龙骨截取。横撑龙骨与中、小龙骨的连接，采用配套挂插件（或称龙骨支托）或者将横撑龙骨的端部凸头插入覆面次龙骨上的插孔进行连接。

3)边龙骨固定：边龙骨宜沿墙面或柱面标高线钉牢。固定时，一般常用高强水泥钉，钉的间距不宜大于 500 mm。如果基层材料强度较低，紧固力不好，应采取相应的措施，改用膨胀螺栓或加大钉的长度等办法。边龙骨一般不承重，只起封口作用。

(5)罩面板安装。

1)对于轻钢龙骨吊顶，罩面板材安装方法有明装、暗装、半隐装三种。

明装是纵横 T 形龙骨骨架均外露、饰面板只要搁置在 T 形两翼上即可的一种方法。暗装是饰面板边部有企口，嵌装后骨架不暴露。半隐装是饰面板安装后外露部分骨架的一种方法。

2)罩面板与轻钢骨架固定的方式分为罩面板自攻螺钉钉固法、罩面板胶结粘固法和罩面板托卡固定法。

①自攻螺钉钉固法的施工要点是先从顶棚中间顺通长次龙骨方向装一行罩面板，作为基准，然后向两侧延伸分行安装，固定罩面板的自攻螺钉间距为 150～170 mm。钉帽应凹进罩面板表面以内 1 mm。

②胶结粘固法的施工要点是按主粘材料性质选用适宜的胶结材料，例如 401 胶等。使用前必须做粘结试验，掌握好压合时间。罩面板应经选配修整，使厚度、尺寸、边棱一致。每块罩面板粘结时应预装，然后在预装部位龙骨框底面刷胶，同时在罩面板四周边宽 10～15 mm 的范围刷胶，过 2～3 min 后，将罩面板压粘在预装部位，每间吊顶先由中间行开始，然后向两侧分行粘结。

③托卡固定法：当轻钢龙骨为 T 形时，多为托卡固定法安装罩面板。T 形轻钢骨架通长次龙骨安装完毕，经检查标高、间距、平直度符合要求后，垂直通长次龙骨弹分块及卡档龙骨线。罩面板安装由吊顶的中间行次龙骨的一端开始，先装一根边卡档次龙骨，再将罩面板侧槽卡入 T 形次龙骨翼缘（暗装）或将无侧槽的罩面板装在 T 形翼缘上面（明装），然后安装另一侧卡档次龙骨。按上述程序分行安装。若为明装时，最后分行拉线调整 T 形明龙骨平直。

托卡固定法托卡罩面板的基本方式如图 4-10 所示：

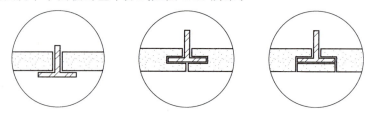

图 4-10　罩面板托卡固定法示意图

3)纸面石膏板与轻钢龙骨暗装施工方法。

①纸面石膏板的现场加工：大面积板料切割可使用板锯，小面积板料切割采用多用刀进行灵活裁割；用专用工具圆孔锯在纸面石膏板上开各种圆形孔洞，用针锉在板上开各种异型孔洞；用针锯在纸面石膏板上开出直线型孔洞；用边角刨将板边制成倒角；用滚锯切割小于 120 mm 的纸面石膏板条，使用曲线锯，可以裁割不同造型的异型板材。

②纸面石膏板的罩面钉装：大多是采用横向铺钉的形式，纸面石膏板在吊顶面的平面排布，需从整张板的一侧开始向不够整张板的另一侧逐步安装。板与板之间的接缝缝隙，其宽度一般为 6～8 mm。纸面石膏板的板材应在自由状态下就位固定，以防止出现弯棱、

凸鼓等现象。纸面石膏板的长边（包封边），应沿纵向次龙骨铺设。板材与龙骨固定时，应从一块板的中间向板的四边循序固定，不得采用在多点上同时作业的做法。

用自攻螺钉铺钉纸面石膏板时，钉距以 150～170 mm 为宜，螺钉应与板面垂直。自攻螺钉与纸面石膏板边的距离，距包封边（长边）以 10～15 mm 为宜；距切割边（短边）以 15～20 mm 为宜。钉头略埋入板面，但不能致使板材纸面破损。自攻螺钉进入轻钢龙骨的深度，应≥10 mm；在装钉操作中如出现有弯曲变形的自攻螺钉时，应予剔除，在相隔 50 mm 的部位另安装自攻螺钉。

纸面石膏板的拼接缝处，必须是安装在宽度不小于 40 mm 的 T 形龙骨上，其短边必须采用错缝安装，错开距离应不小于 300 mm，一般是以一个覆面龙骨的间距为基数，逐块铺排，余量置于最后。安装双层石膏板时，面层板与基层板的接缝也应错开，并不得在同一根龙骨上接缝。

注意：吊顶施工中应注意工种间的配合，避免返工拆装损坏龙骨及板材。吊顶上的风口、灯具。烟感探头、喷洒头等可在吊顶板就位后安装，也可留出周围吊顶板。待上述设备安装后再行安装；T 形明露龙骨吊顶应在全面安装完成后对明露龙骨及板面做最后调整，以保证平直。

4) 纸面石膏板的嵌缝。纸面石膏板拼接缝的嵌缝材料主要有两种：一是嵌缝石膏粉；二是穿孔纸带。

嵌缝石膏粉的主要成分是石膏粉加入缓凝剂等。嵌缝及填嵌钉孔等所用的石膏腻子，由嵌缝石膏粉加入适量清水（嵌缝石膏粉与水的比例为 1∶0.6），静置 5～6 min 后经人工或机械调制而成，调制后应放置 30 min 再使用。注意石膏腻子不可过稠，调制时的水温不可低于 5 ℃，若在低温下调制应使用温水；调制后不可再加石膏粉，避免腻子中出现结块和渣球。穿孔纸带即是打有小孔的牛皮纸带，纸带上的小孔在嵌缝时可保证石膏腻子多余部分能够挤出。纸带宽度为 50 mm，使用时应先将其置于清水中浸湿，这样做有利于纸带与石膏腻子的粘合。此外，另有与穿孔纸带起着相同作用的玻璃纤维网格胶带，其成品已浸过胶液，具有一定的挺度，并在一面涂有不干胶。它有着较牛皮纸带更优异的拉结作用，在石膏板板缝处有更理想的嵌缝效果，故在一些重要部位可用它取代穿孔牛皮纸带，以防止板缝开裂的可能性。玻璃纤维网格胶带的宽度一般为 50 mm，价格高于穿孔纸带。

整个吊顶面的纸面石膏板铺钉完成后，应进行检查，并将所有的自攻螺钉的钉头涂刷防锈漆，然后用石膏腻子嵌平。此后做板缝的嵌填处理，其程序如下：

清扫板缝，用小刮刀将嵌缝石膏腻子均匀饱满地嵌入板缝，并在板缝处刮涂约 60 mm 宽、1 mm 厚的腻子。随即贴上穿孔纸带（或玻璃纤维网络胶带），使用宽约 60 mm 的腻子刮刀顺穿孔纸带（或玻璃纤维网格胶带）方向压刮，将多余的腻子挤出，并刮平刮实，不可留有气泡。

用宽约 150 mm 的刮刀将石膏腻子填满宽约 150 mm 的板缝处带状部分。

用宽约 300 mm 的刮刀再补一遍石膏腻子，其厚度不得超出 2 mm。

待腻子完全干燥后(约 12 h),用 2 号砂布或砂纸将嵌缝石膏腻子打磨平滑,其中间部分略微凸起,但要向两边平滑过渡。

5)细部处理。

①吊顶的边部节点构造。轻钢龙骨纸面石膏板吊顶与墙、柱立面结合部位,一般处理方法归纳为三类:一是平接式;二是留槽式;三是间隙式。吊顶的边部节点构造见图 4-11。

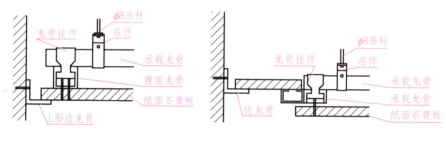

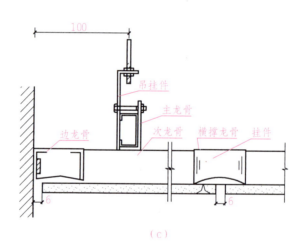

图 4-11 吊顶的边部节点构造
(a)平接式;(b)留槽式;(c)间隙式

②吊顶与隔墙的连接。轻钢龙骨纸面石膏板吊顶与轻质隔墙相连接时,隔墙的横龙骨(沿顶龙骨)与吊顶的承载龙骨用 M6 螺栓紧固;吊顶的覆面龙骨依靠龙骨挂件与承载龙骨连接;覆面龙骨的纵横连接则依靠龙骨支托。吊顶与隔墙面层的纸面石膏板相交的阴角处,固定金属护角。

③烟感器和喷淋头安装。施工中应注意水管预留必须到位,既不可伸出吊顶面,也不能留短;烟感器及喷淋头旁 800 mm 范围内不得设置任何遮挡物。

▲【施工质量检查与验收】

(1)吊顶工程材料、品种、规格等应符合设计和规范要求。

1)全部吊顶用料均要求要有厂名、规格及产品合格证方可使用。

2)材料品种、规格、颜色、基层构造、固定方法应符合设计要求。

(2)检验批划分：同一品种的吊顶工程每 50 间(大面积房间和走廊按吊顶面积 30 m² 为一间)应划分为一个检验批，不足 50 间也应划分为一个检验批。

(3)检查数量：每个检验批应至少抽查 10%，并不得少于 3 间；不足 3 间时应全数检查。

(4)吊顶工程主控项目检验标准及检验方法见表 4-6；吊顶工程一般项目检验标准及检验方法见表 4-7；轻钢龙骨罩面板吊顶允许偏差和检验方法见表 4-8；吊顶工程质量关键控制点及控制方法见表 4-9。

表 4-6　吊顶工程主控项目检验标准及检验方法

项　目	检验标准	检验方法
吊顶	标高、尺寸、起拱和造型应符合设计要求	观察；尺量检查
饰面材料	材质、品种、规格、图案和颜色应符合设计要求	观察；检查产品合格证书、性能检测报告、进场验收记录和复验报告
吊顶工程的吊杆、龙骨和饰面材料的安装	必须牢固	观察；手扳检查；检查隐蔽工程验收记录和施工记录
吊杆、龙骨的材质、规格、安装间距及连接方式	应符合设计要求。金属吊杆、龙骨应经过表面防腐处理	观察；尺量检查；检查产品合格证书、性能检测报告、进场验收记录和隐蔽工程验收记录
石膏板的接缝	应按其施工工艺标准进行板缝防裂处理。安装双层石膏板时，面层板与基层板的接缝应错开，并不得在同一根龙骨上接缝	观察

表 4-7　吊顶工程一般项目检验标准及检验方法

项　目	检验标准	检验方法
饰面材料	表面应洁净、色泽一致，不得有翘曲、裂缝及缺损。压条应平直、宽窄一致	观察；尺量检查
饰面板上的灯具、烟感器、喷淋头、风口箅子等	设备的位置应合理、美观，与饰面板的交接应吻合、严密	观察
金属吊杆、龙骨的接缝	应均匀一致，角缝应吻合，表面应平整，无翘曲、锤印	检查隐蔽工程验收记录和施工记录
吊顶内填充吸声材料	品种和铺设厚度应符合设计要求，并应有防散落措施	检查隐蔽工程验收记录和施工记录
轻钢龙骨罩面板吊顶	允许偏差和检验方法应符合表 4-8 的规定	

表 4-8 轻钢龙骨罩面板吊顶允许偏差和检验方法

项类	项目		允许偏差/mm				检验方法
			纸面石膏板	矿棉板	吸声石膏板	塑料板	
龙骨	龙骨间距		2	2	2	2	尺量检查
	龙骨平直		3	2	2	3	拉5 m线,用钢直尺检查
	起拱高度		±10	±10	±10	±10	拉线尺量
	龙骨四周水平		±5	±5	±5	±5	拉通线或用水准仪检查
罩面板	表面平整	暗装	3	2	2	2	用2 m靠尺和塞尺检查
		明装	—	3	2.5	2	
	接缝平直		3	3	3	3	拉5 m线,用钢直尺检查
	接缝高低	暗装	1	1.5	1	1	用钢直尺或塞尺检查
		明装	—	2	1.5	1	
	顶棚四周水平		±5	±5	±5	±5	拉通线或用水准仪检查
压条	压条平直		3	3	3	3	拉5 m线,用钢直尺检查
	压条间距		2	2	2	2	尺量检查

注:木板、胶合板采用暗装安装方法,其安装允许偏差按塑料板暗装时的允许偏差。

表 4-9 吊顶工程质量关键控制点及控制方法

序号	关键控制点	主要控制方法
1	龙骨、配件、罩面板的购置与进场验收	广泛进行市场调查;实地考察分供方生产规模、生产设备或生产线的先进程度;定购前与业主协商一致,明确具体品种、规格、等级、性能等要求
2	吊杆安装	控制吊杆与结构的紧固方式,对于上人吊顶,必须采用预埋方式;控制吊杆间距、下部丝杆端头标高一致性;吊杆防腐处理
3	龙骨安装	拉线复核吊杆调平程度;检查各吊点的紧挂程度;注意检查节点构造是否合理;核查在检修孔、灯具口、通风口处附加龙骨的设置;骨架的整体稳固程度
4	罩面板安装	安装前必须对龙骨安装质量进行验收;使用前应对罩面板进行筛选,剔除规格、厚度尺寸超差和棱角缺损及色泽不一致的板块
5	外观	吊顶面洁净,色泽一致;压条平直、通顺严实;与灯具、风口箅子交接部位吻合、严实

任务小结

通过本节内容的学习,学生应初步掌握轻钢龙骨吊顶的施工流程,能够指导轻钢龙骨的施工,并且能够检查轻钢龙骨施工的质量。

任务练习

(1)谈谈罩面板与轻钢骨架有哪些固定的方式。
(2)轻钢龙骨吊顶施工中,质量控制的主控项目有哪些?
(3)轻钢龙骨吊顶施工中,质量控制的关键控制点有哪些?
(4)编制轻钢龙骨吊顶的施工流程。
(5)制作轻钢龙骨吊顶模型。

任务 4.3 开敞式吊顶

任务目标

◉ 【知识目标】

1. 了解开敞式吊顶施工工艺。
2. 熟悉开敞式吊顶的施工质量标准和检查方法。

◉ 【能力目标】

1. 能指导开敞式吊顶施工。
2. 会进行开敞式吊顶施工现场施工质量验收。

任务实施

▲【构造与识图】

开敞式吊顶的单体构件造型花样繁多,但是制作单体构件的材料大部分是木材、塑料、金属等。搁栅式单体构件是开敞式吊顶中应用较多的一种形式,所以又称搁栅式吊顶,虽然搁栅式的尺寸及厚度有差异,但获得的装饰效果基本相同。

(1)木制搁栅单体构件用木板、胶合板加工成单体构件,在开敞式吊顶中应用也比较多,主要原因是木板、胶合板易于加工成型、质量轻、材料来源丰富、表面装饰选择的余地大等。但是在使用时,由于木材的可燃性,在有特殊要求的建筑中使用受到一定的限制,若涂刷防火涂料,就能克服这一弊病。

图 4-12 中的吊板,就是采用方块与矩形板组成,使两种不同形状的单体构件交错布置,从透视效果上看别具一格。

图 4-13 中的木制吊顶,采用木制"X"形状的单体构件组成,看似行云流水,舒展大方,很有特色。图 4-14~图 4-16 示出了不同风格的吊顶构件。

防火装饰板既有木板质量小、加工方便的优点,又有防火功能,因而得到广泛应用。图 4-17~图 4-21 示出了防火装饰板单体构件。

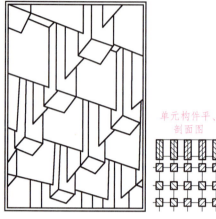

图 4-12 木制单体构件吊顶透视图(一)

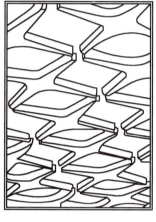

图 4-13 木制单体吊顶透视图(二)

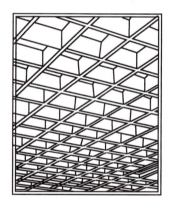

图 4-14 木制单体吊顶透视图(三)

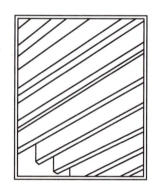

图 4-15 木制单体吊顶透视图(四)

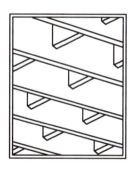

图 4-16 木制单体吊顶透视图(五)

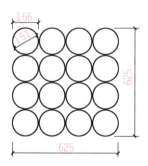

图 4-17 木制单体吊顶透视图(六)

任务4.3 开敞式吊顶

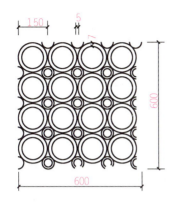

图4-18 防火装饰板单体构件(一)

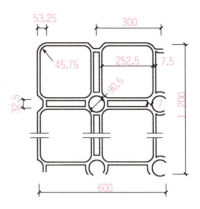

图4-19 防火装饰板单体构件(二)

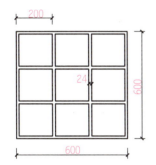

图4-20 防火装饰板单体构件(四)

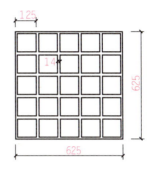

图4-21 防火装饰板单体构件(五)

(2)铝合金搁栅式单体构件。它是开敞式吊顶中应用较多的一种形式。

图4-22及表4-10是目前应用较多的铝合金搁栅单体组合形式及单体构件规格,其单元组合尺寸一般为610 mm×610 mm,搁栅系用双层0.5 mm厚的薄板加工而成,其表面色彩按设计要求进行加工。

常见的铝合金搁栅有图4-23～图4-26的形式。图4-26是一种铝合金格片式吊顶示意图,虽然铝合金格片吊顶在效果上是一种百叶式、光栅式的形式,与前3种搁栅吊顶相比完全没有网格的效果,但通常仍将其与搁栅式吊顶列入同一类。

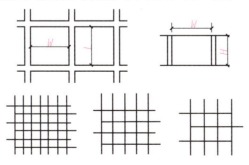

图4-22 常用铝合金搁栅形式

表 4-10　常用的铝合金搁栅单体构件尺寸

规格	宽 W/mm	长 L/mm	高 H/mm	质量/(kg·m^{-2})
Ⅰ	78	78	50.8	3.9
Ⅱ	113	113	50.8	2.9
Ⅲ	143	143	50.8	2.0

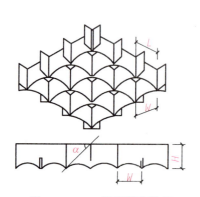

图 4-23　GD2 型搁栅式吊顶

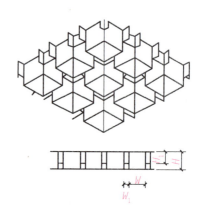

图 4-24　GD3 型搁栅式吊顶

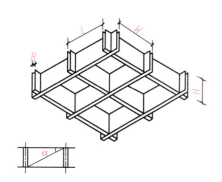

图 4-25　GD4 型搁栅式吊顶

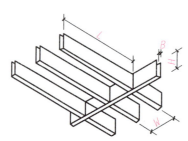 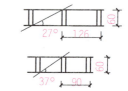

图 4-26　GDⅠ型格片式吊顶

GD2、GD3、GD4 型搁栅规格见表 4-11～表 4-13。

表 4-11　GD2 型搁栅规格　　　　　　　　　　　　　　　mm

型号	规格 W×L×H	遮光角 α	厚度	分格
GD2-1	25×25×25	45°	0.8	600×1 200
GD2-2	40×40×40	45°	0.8	600×600

表 4-12　GD3 型搁栅规格　　　　　　　　　　　　　　　mm

型号	规格 W×L×W$_1$×H$_1$	分格
GD3-1	25×30×14×22	600×600
GD3-2	48×50×14×36	600×1 200
GD3-3	62×60×18×42	

表 4-13　GD4 型搁栅规格　　　　　　　　　　　　　　　　　　mm

型号	规格 $W×L×H$	厚度	遮光角 α
GD4-1	90×90×60	10	37°
GD4-2	125×125×60	10	27°
GD4-3	168×168×60	10	22°

▲【施工材料选用】

(1)单元体：一般常用已加工成的装饰单体、铝合金装饰单体；

(2)吊筋：直径 6~8 mm 钢筋；

(3)连接固件：射钉、水泥钉、膨胀螺栓、木螺钉、自攻螺钉。

▲【施工工艺】

1. 施工准备

(1)施工条件。在吊顶施工前，应对吊顶固定处的屋面(楼面)进行结构检查，施工质量应符合设计要求。在吊顶施工前，吊顶以上部分的电气布线、空调管道、消防管道、供水排水管道必须安装就位并基本调试完毕，从吊顶经墙体通下来的各种开关、插座线路也已安装就绪。

(2)施工材料。单体构件组装材料、连接配件、胶粘剂等按设计要求进场到位。

(3)施工机具。常用的工具有方尺、卷尺、水平尺、线坠、粉线包、直尺等；

常用的机具有手电钻、冲击钻、射钉枪、型材切割机、电动自攻螺钉钻、电动圆锯、电动线锯等。

2. 基层处理

对敞透式吊顶来说，吊顶以上部分应进行涂刷黑漆处理，或者按设计要求的色彩进行涂刷处理。

3. 放线

放线工作包括标高线、吊挂布局线、分片布置线。

(1)标高线。标高线也是开敞式吊顶整齐的控制线，放线时首先要把标高线弹到墙面或柱面上，作为吊顶安装的控制线。

(2)吊挂布局线。吊挂布局线应根据开敞式吊顶安装固定方式确定，确定吊点的位置后再把吊点位置线放在屋(楼)面上。

(3)分片布置线。开敞式吊顶也需要分片吊装，而每个分片可以在地面事先组装和饰面处理。分片布置线就是根据吊顶的结构形式、材料尺寸和材料刚度，来确定分片的大小和位置。

分片布置线一般先从室内吊顶直角位置开始逐步展开。吊挂点的布置需根据分片布置线来设定，以使吊顶分片材料受力均匀。

4. 单体构件的拼装

(1)木制单体构件的拼装。常见的单体结构有单板方框式、骨架单板方框式及单条板式等。

1)单板方框式拼装：单板方框通常是用 9～15 mm 厚木夹板，开成一定宽度板条(宽为 120～200 mm)，在板条上按方框尺寸的间隔画线，然后开槽，槽深为板条宽度的一半。开槽加工时要注意保证开槽的垂直度，开槽完成后用 1 号木砂纸清除边口的毛刺。

在槽口处涂刷白乳胶后进行对拼插接，其形状如图 4-27 所示，插接后随即将挤出的胶液擦去。

将与其他分片接合的单板端头安装上连接件，连接件可用厚 1～2 mm 的铁片制作，如图 4-28 所示。安装连接件可用木螺钉固定。

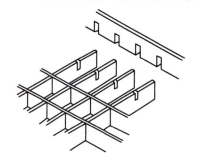

图 4-27　单板方框式拼装

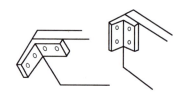

图 4-28　端头连接件

2)骨架单板方框式拼装：先用木方按骨架制作方法来组装成方框骨架片，再用厚木夹板开片成规定宽度的板条，并按方框的尺寸将板条锯成所需短板，最后将短板与木方骨架固定。短板对缝处用胶加钉固定。安装方式如图 4-29 和图 4-30 所示。

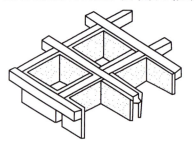

图 4-29　骨架单板方框式拼装

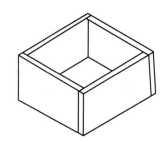

图 4-30　短板对缝固定

3)单条板式拼装：先用实木或厚夹板开成木条板，并在木条板上按规定位置开出方孔或长方孔，然后用实木加工成截面尺寸与开孔尺寸相同的木条，或用与开孔尺寸相同的轻钢龙骨作为支承单条板的主龙骨，最后把单条板逐个穿入作为支承龙骨的木方或轻钢龙骨内，并按规定的间隔进行固定。木龙骨用木螺钉固定，轻钢龙骨用自攻螺钉固定。拼装方法如图 4-31 所示。

(2)铝合金单体构件拼装。铝合金搁栅式标准单体构件的拼装，通常是采用将预拼安装的单体构件插接、挂接或榫接在一起的方法，如图 4-32 所示。

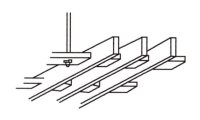
图 4-31 单条板式拼装

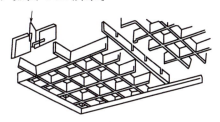
图 4-32 搁栅拼装构件

对于挂板式吊顶，方法与上述有些不同。当吊顶形式为格片式时，挂板与特别的龙骨以卡的方式连接，图 4-33 所示是挂板的规格及挂板的方式。当这种挂板式吊顶要求采取十字搁栅形式时，则需要采用十字连接件。当然，这种连接件适用于有龙骨的情况，其拼装与连接如图 4-34 所示。

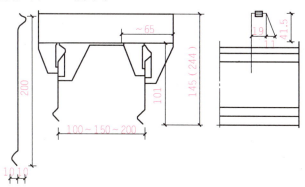
图 4-33 挂板式吊顶拼装的规格和挂板方式

图 4-34 十字连接件

当搁栅式吊顶利用普通铝合金板条时，通过一定的托架和专用的连接件，亦可构成开敞式搁栅吊顶。

5. 构件吊装

（1）吊杆固定。在混凝土吊顶和钢筋混凝土梁底吊杆悬挂点的位置上，用冲击钻固定胀管螺栓，然后将吊杆焊在螺栓上，也可用 18 号钢丝系在螺栓上，作为挂钩件的吊点。

（2）吊装方法。开敞式吊顶安装方法有两种。一种是将单体构件固定在可靠的骨架上，然后将骨架用吊杆与结构相连。这种方法一般适用于构件本身刚度不够、稳定性较差的情况，如图 4-35 和图 4-36 所示，就是将其用螺钉拧在用方钢管焊成的骨架上，骨架再用角钢与楼板连接。

另一种方法，是对于轻质、高强材料制成的单体构件，不用骨架支持，而直接用吊杆与结构相连。在实际工程中，先将单体构件用卡具连成整体，再通过长的钢管与吊杆相连，如图 4-37～图 4-39 所示。

项目 4 吊顶工程

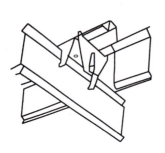

图 4-35 挂板式十字连接

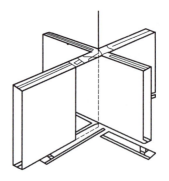

图 4-36 条板的十字连接

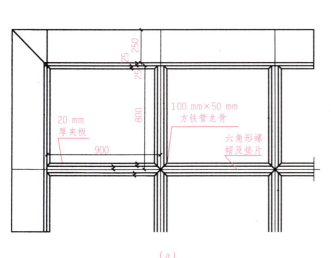

(a)

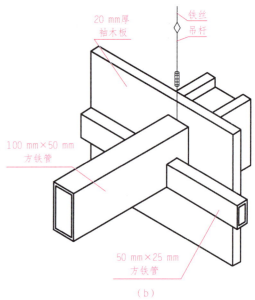

(b)

图 4-37 吊顶方盒子式单体构件(一)
(a)吊顶平面图；(b)开放式吊顶；方匣子与构架安装详图

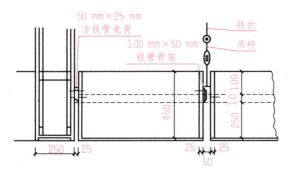

图 4-38 吊顶方盒子式单体构件(二)(剖面图)

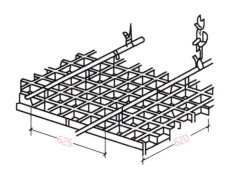

图 4-39 安装示意图

(3)吊装要点。吊装分以下五步进行。

第一步：从一个墙角开始，将分片吊顶托起，高度略高于标高线，并临时固定该分片吊顶架。

第二步：用棉线或尼龙线沿标高线拉出交叉的吊顶平面基准线。

第三步：根据基准线调平该吊顶分片。如果吊顶面积大于 100 m² 时，可以使吊顶面有一定的起拱。对于构成吊顶来说起拱量一般在 1.5/2 000 左右。

第四步：将调平的吊顶分片进行固定。

第五步：构成吊顶分片间相互连接时，首先将两个分片调平，使拼缝处对齐，再用连接钢件进行固定。拼接的方式通常为直角拼接和顶边连接，如图 4-40 所示。

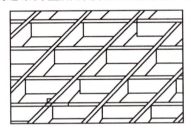

图 4-40　构成吊顶分片间的连接

6. 整体调整及饰面

(1)沿标高线拉出多条平行或垂直的基准线，根据基准线进行吊顶面的整体调整，并检查吊顶面的起拱量是否正确。

(2)检查安装情况以及布局情况，对单体本身因安装而产生的变形要进行修正。

(3)检查各连接部位的固定件是否可靠，对一些受力集中的部位应进行加固。

任务小结

通过本节内容的学习，学生应初步了解开敞式吊顶的施工流程，能够指导开敞式吊顶的施工，掌握开敞式吊顶施工的工艺要点。

任务练习

(1)布置开敞式吊顶的施工准备。

(2)总结常用的吊装方法及各自对应的适用范围。

(3)选择一种形式的开敞式吊顶写出其吊装施工工艺及操作要点。

项目 5

隔墙与隔断工程

任务5.1 板材隔墙与隔断

任务目标

【知识目标】

1. 了解板材隔墙与隔断工程的材料及要求。
2. 掌握板材隔墙与隔断工程的施工工艺。
3. 熟悉板材隔墙与隔断工程质量验收的内容及方法。

【能力目标】

1. 会编制板材隔墙与隔断工程的施工工艺流程。
2. 能正确使用检测工具并实施质量验收。

任务实施

【构造与识图】

板材隔墙与隔断是用各种板状材料直接拼装而成的隔墙与隔断,这种隔墙一般不用骨架,有时为了提高其稳定性也可设置竖向龙骨。隔墙与隔断所用板材一般为等于房间净高的条形板材,通常分为复合板材、单一材料板材、空心板材等类型。常见的有金属夹芯板、石膏夹芯板、石膏空心板、泰柏板、增强水泥聚苯板(GRC板)、加气混凝土条板、水泥陶粒板等。板材式隔墙与隔断墙面上均可做喷浆、油漆、贴墙纸等多种饰面。

1. 板材隔墙与隔断

板材隔墙与隔断主要解决板底与楼地面的固定和板顶与顶棚相接处及板缝处理的构造问题。

(1)板材隔墙、隔断与楼地面的固定构造。

1)板材与楼地面直接固定(直钉式),如图5-1(a)所示。

2)板材用木肋与楼地面固定(加套式),如图 5-1(b)所示。

3)板材用木楔与楼地面固定(加楔式),如图 5-1(c)所示。

4)板材用混凝土肋与楼地面固定(砌筑式),如图 5-1(d)所示。

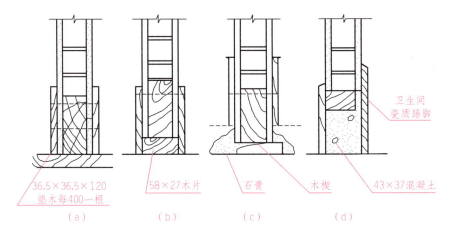

图 5-1 板材隔墙、隔断与楼地面固定构造
(a)直钉式;(b)加套式;(c)加楔式;(d)砌筑式

(2)板材隔墙、隔断与顶棚相接处的构造。板材与顶棚相接处设 365 mm×18 mm 通长木导轨与隔墙板的上部缺口嵌接,如图 5-2 所示。另外,还可以砂浆嵌缝、压条或线脚盖缝装饰。

2. 板材隔墙、隔断板缝处理

板材隔墙、隔断板与板之间的缝隙可盖木制或塑料压条,也可用金属嵌条作装饰或用胶黏剂粘结,如图 5-3 所示。

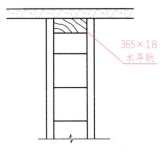

图 5-2 板材隔墙与顶棚相接处构造

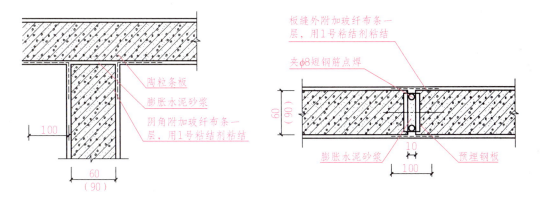

图 5-3 板材隔墙板缝处理构造

3. 泰柏板隔墙

钢丝网架泡沫塑料夹心墙板（泰柏板）具有轻质、高强、防火、防水、隔声、保温、隔热等优良的物理性能，也具有较好的可加工性能：易于剪裁和拼接，无论是在工厂内还是在施工现场，均能组装成设计上所需要的各种形式的墙体。泰柏板内可预先设置管道、电器设备、门窗框等，然后再抹（或喷涂）水泥砂浆。其构造如图 5-4 所示。

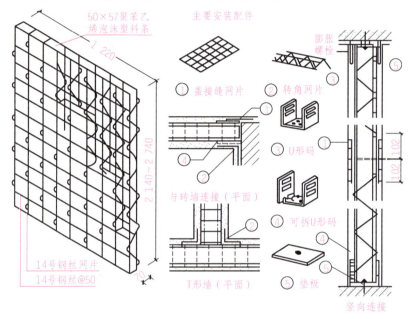

图 5-4 泰柏板隔墙大样图

泰柏板做隔墙，其厚度在抹完砂浆后应控制在 100 mm 左右。隔墙高度要控制在 4.5 m 以下。泰柏板隔墙必须使用配套的连接件进行连接固定。安装时，将裁好的隔墙板按弹线位置立好，板与板拼缝用配套箍码连接，再用钢丝绑扎牢固。隔墙板之间的所有拼缝，需用联节网或之字条覆盖。隔墙的阴角、阳角和门窗洞口等，也须采用补强措施。阴阳角用网补强，门窗洞口用之字条补强。其构造见图 5-5 所示。

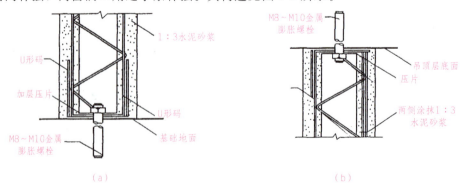

图 5-5 泰柏板隔墙连接做法
(a) 与地面连接；(b) 与顶棚连接

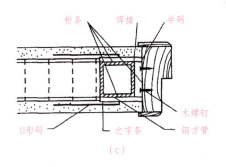 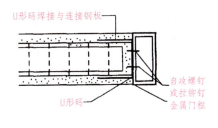

图 5-5 泰柏板隔墙连接做法(续)

(c)与木门窗框连接；(d)与金属门框连接

▲【施工材料选用】

(1)加气混凝土板隔墙按采用的原材料分为水泥-矿渣-砂加气混凝土、水泥-石灰-砂加气混凝土和水泥-石灰-粉煤灰加气混凝土三种；按密度分 500 kg/m³ 和 700 kg/m³，抗压强度分 3 MPa 和 5 MPa 两种。加气混凝土板隔墙导热系数为 0.116 3 W/(m·K)；隔声系数为 30~40 dB。

(2)增强石膏条板隔墙。

1)标准板规格尺寸。

长×宽×厚：(2 400~3 000)mm×595 mm×60 mm、(2 400~3 900)mm×595 mm×90 mm。

2)条板原材料。

石膏：建筑石膏。

水泥：32.5 级或 42.5 级普通水泥。

珍珠岩：标号为 150 号(堆积密度)。

玻璃纤维网格布：涂塑中碱玻璃纤维网格布。

网格 10 mm×10 mm，布重≥80 g/m，幅宽 580 mm，含胶量≥8%。

(3)增强水泥条板隔墙。

1)标准板规格尺寸。

长×宽×厚：(2 400~3 000)mm×595 mm×60 mm、(2 400~3 900)mm×595 mm×90 mm。

2)条板原材料。

石膏：建筑石膏。

水泥：32.5 级或 42.5 级硫铝酸盐或铁铝酸盐水泥，pH 值<11。

珍珠岩：膨胀珍珠岩标号为 150 号(堆积密度)。

玻璃纤维网格布：涂塑耐碱玻璃纤维网格布。

网格 10 mm×10 mm，布重≥80 g/m，幅宽 580 mm，含胶量≥8%。

(4)轻质陶粒混凝土条板隔墙。

1)标准板规格尺寸。

实心轻质陶粒混凝土条板长×宽×厚：(2 400~3 000)mm×595 mm×60 mm。空心轻质陶粒混凝土条板长×宽×厚(2 400~3 000)mm×595 mm×90 mm。

2)条板原材料。

水泥：32.5级及以上普通硅酸盐水泥。

钢材：φ4 mm乙级冷拔低碳钢丝，其强度标准值不低于550 N/mm。

陶粒：干密度为400~600 kg/m³，筒压强度不低于3 MPa。

(5)预制混凝土板隔墙。

水泥：尽可能不用矿渣水泥，因为其早期强度低。用32.5级及以上水泥，应适量掺加粉煤灰，以满足和易性要求。

粗细集料：粗集料采用小豆石或10~20 mm碎石，细集料宜用中砂或粗砂。

混凝土强度等级为C20，坍落度为80~100 mm。

(6)GRC空心混凝土板隔墙。不同厂家生产的规格不同，一般选用(长×宽×厚)：(2 000~3 500)mm×595(600)mm×60(90、120) mm。

(7)陶粒空心板：其规格、性能符合设计要求及产品标准的规定。

(8)水泥：强度等级为42.5级及以上矿渣硅酸盐水泥或普通硅酸盐水泥。

(9)砂：平均粒径为0.35~0.5 mm的中砂，砂的颗粒坚硬、洁净，不得含有黏土、草根、树叶及其他有害物质。砂在使用前应根据不同用途，过不同孔径的筛子。

(10)豆石：5~12 mm的粒径，其含泥量不大于3%。

(11)水泥类胶粘剂、U形卡配套使用。

(12)50 mm或100 mm宽中碱玻纤带及玻纤布用于板缝处理。

▲【主要工具机具】

靠尺板、托线板、线坠、大小开刀、棕毛刷子、钢丝刷、宽口特制撬棍、橡皮锤、钢卷尺、木楔子、刮板、灰槽、射钉枪、电焊机等。

▲【板材隔墙与隔断的施工工艺】

板材隔墙与隔断的施工在结构已验收、屋面防水层已施工完毕之后进行。施工时要求墙面已弹出标高线，操作地点环境温度不低于5℃。

1. 工艺流程

施工准备→安装U形卡→配制胶粘剂→安装隔墙板→安装门窗框→板缝处理→板面装修。

2. 操作要点

(1)施工准备。清理隔墙板与顶面、地面、墙面的结合部，将浮灰、沙、土、酥皮等物清除干净，凡凸出墙面的砂浆、混凝土块等必须剔除并扫净，结合部尺量找平。

在地面、墙面及顶面根据设计位置，弹好隔墙水平双面边线及门窗洞口线，弹出立面垂直线，弹出顶面连接线，并按板宽分档。

配板、修补：板的长度应按楼层结构净高尺寸减 20 mm。计算并量测门窗洞口上部及窗口下部的隔板尺寸，按此尺寸配有预埋件的门窗框板(口板)。当板的宽度与隔墙的长度不相适应时，应将部分隔墙板预先拼接加宽(或锯窄)成合适的宽度，放置在阴角处。

(2)安装 U 形卡。通过电焊将 U 形卡固定在结构梁和板上(每块板不少于两焊点)。

(3)配制胶粘剂。胶粘剂要随配随用。配制的胶粘剂应在 3 h 内用完。

(4)安装隔墙板。可选用下楔法、上楔法及导板靠铺法。①下楔法或称"下楔顶板固定法"：将条板对准安装标线立起，在板与板之间的接缝或板的顶部侧面与建筑结构的结合部位涂粘结料。在条板下部塞入斜楔(或垫块)，调整好位置，使条板就位，垂直向上顶紧于梁板底面并固定。条板拼接时，接缝部位应挤满粘结料，并及时用小刮刀勾缝。②上楔法或称"上顶螺栓固定法"：即下定位、上调差的安装方法。在条板底部及边部槽榫处铺布粘结料，将条板下端对准安装标线，坐浆立起；将螺栓带螺母的一端对准梁、板底部，带有垫片的一端对准条板顶端。边调整墙体的垂直度、水平度，边用扳手拧动螺母，将垫片顶紧，固定条板。空心条板顶端的孔洞应事先堵塞或封盖。条板顶部与梁、板之间的空隙用粘结料或细石混凝土填充密实，将紧固螺栓埋入其中。③导板靠铺法：先沿墙体一侧上下边线设置导板，采用支撑将导板固定在建筑顶、地基面(地板上、楼板或梁底面)。墙板立起紧靠导板，然后即按下楔法的做法，用下楔顶板进行拼装。条板安装完毕，拆除导板及临时支撑。注意拆除时不要碰撞隔墙体。

(5)安装门窗框。一般采用先留门窗洞口后安门窗框的方法。钢门窗框必须与门窗框板中的预埋件焊接。木门窗框用 L 形连接件连接，一边用木螺钉在木砖一端与门窗框板中预埋件焊接。门窗框与门窗框板之间的缝隙不宜超过 3 mm，超过 3 mm 时，应加木垫片过渡。将缝隙中的浮灰清理干净，用胶粘剂嵌缝。嵌缝要嵌满嵌密实，以防止门扇开关时碰撞门框造成裂缝。

(6)板缝处理。隔墙板安装 3 d 后，检查所有缝隙是否粘结良好，有无裂缝。如出现裂缝，应查明原因后进行修补。已粘结良好的所有板缝、阴角缝，应先清理浮灰，刮胶粘剂，再贴 50 mm 宽玻纤网格带，转角隔墙在阳角处粘贴 200 mm 宽(每边各 100 mm 宽)玻纤布一层，压实、粘牢表面再用胶粘剂刮平。

(7)板面装修。一般居室墙面，直接用腻子刮平，打磨后刮第二道腻子，再打磨，最后做饰面层。

隔墙踢脚，待板缝凝固 7 d，将板下端距地 200 mm 高度范围内先刷一遍水泥腻子，再做各种踢脚。如做塑料、木踢脚，钻孔打入木楔，再用钉钉在隔板墙上(或用胶贴)。

如遇板面局部裂缝，在做饰面前应先处理再做下一道工序。在铺设电线管、安装接线盒、安装管卡、埋件时，所有电线管必须沿条板的孔铺设，严禁横铺和斜铺。

安装接线盒时，先在板面钻孔扩孔(勿猛击)，再用扁铲扩孔，孔要大小适度，要方正。孔内清理干净，用胶粘剂粘稳接线盒。

按设计指定的办法安装水暖管卡和吊挂埋件。

项目 5　隔墙与隔断工程

▲【施工质量检测与验收】

（1）工程所选用的材料，其各项性能应符合规范规定。

（2）验收批划分：同一品种的板材隔墙工程每 50 间（大面积房间和走廊按轻质隔墙的墙面 30 m² 为一间）应划分为一个检验批，不足 50 间也应划分为一个检验批。

（3）验收数量：每个检验批应至少抽查 10%，并不得少于 3 间；不足 3 间时应全数检查。

（4）板材隔墙工程质量验收主控项目检验内容及检验方法见表 5-1。板材隔墙工程质量验收一般项目检验内容及检验方法见表 5-2。板材隔墙安装的允许偏差和检验方法见表 5-3。

表 5-1　板材隔墙工程质量验收主控项目检验内容及检验方法

项次	主控项目要求	检验方法
1	隔墙板材的品种、规格、性能、颜色应符合设计要求。有隔声、隔热、阻燃、防潮等特殊要求的工程，板材应有相应性能等级的检测报告	观察；检查产品合格证书、进场验收记录和性能检测报告
2	安装隔墙板材所需预埋件、连接件的位置、数量及连接方法应符合设计要求	观察；尺量检查；检查隐蔽工程验收记录
3	隔墙板材安装必须牢固。现制钢丝网水泥隔墙与周边墙体的连接方法应符合设计要求，并应连接牢固	观察；手扳检查
4	隔墙板材所用接缝材料的品种及接缝方法应符合设计要求	观察；检查产品合格证书和施工记录

表 5-2　板材隔墙工程质量验收一般项目检验内容及检验方法

项次	主控项目要求	检验方法
1	隔墙板材安装应垂直、平整、位置正确，板材不应有裂缝或缺损	观察；尺量检查
2	板材隔墙表面应平整光滑、色泽一致、洁净，接缝应均匀、顺直	观察；手摸检查
3	隔墙上的孔洞、槽、盒应位置正确、套割方正、边缘整齐	观察

表 5-3　板材隔墙安装的允许偏差和检验方法

| 项次 | 项目 | 允许偏差/mm | | | | 验收方法 |
| | | 复合轻质墙板 | | 石膏空心板 | 钢丝网水泥板 | |
		金属夹芯板	其他复合板			
1	立面垂直度	2	3	3	3	用 2 m 垂直检测尺检查
2	表面平整度	2	3	3	3	用 2m 靠尺和塞尺检查
3	阴阳角方正	3	3	3	4	用直尺检测尺检查
4	接缝高低差	1	2	2	3	用钢直尺和塞尺检查

▲【成品保护】

(1)施工中各个专业工种应紧密配合,合理安排工序,严禁颠倒工序施工。隔墙板粘结后 7 d 内不得碰撞、敲打,不得进行下道工序施工。

(2)隔墙板安装埋件时,宜用电钻钻孔扩孔,用扁铲扩方孔,不得对隔墙用力敲击。对刮完腻子的隔墙不得进行任何剔凿。

(3)施工过程中和隔墙施工完成后,应防止运输小车或其他物体碰撞隔墙板及门窗口。

▲【应注意的质量问题】

(1)运输板材时应轻拿轻放,侧抬侧立并相互绑牢,不得平抬平放,侧 75°码放,堆放场地应平整,下垫木方,木方距板端 500 mm。禁止踩踏、蹬、坐、撞击等。

(2)板如有明显变形、无法修补的过大孔洞、断裂、裂缝或破损,不得使用。

(3)板缝开裂是较常见的质量通病,首先要选择好相应的胶粘剂,在施工中对板缝处理要严格按照操作工艺认真操作。

任务小结

本任务主要介绍板材隔墙与隔断的构造、材料、施工工艺、质量检测等相关知识。如需更全面、深入学习板材隔墙与隔断工程部分知识,可以查阅相关标准、规范和技术规程。

任务练习

(1)简单叙述板材隔墙与隔断的施工工艺流程及注意事项。

(2)收集有关资料,编制板材隔墙与隔断安装作业指导书。

任务 5.2　骨架隔墙与隔断

任务目标

●【知识目标】

1. 了解骨架隔墙与隔断工程的材料及要求。
2. 掌握骨架隔墙与隔断工程的施工工艺。
3. 熟悉骨架隔墙与隔断工程质量验收的内容及方法。

项目 5 隔墙与隔断工程

● 【能力目标】

1. 会编制骨架隔墙与隔断工程的施工工艺流程。
2. 能正确使用检测工具并实施质量验收。

任务实施

【构造与识图】

骨架隔墙是由骨架(龙骨)和饰面材料组成的轻质隔墙。常用的骨架有木骨架和金属骨架,饰面有抹灰饰面和板材饰面。

1. 抹灰饰面骨架隔墙

抹灰饰面骨架隔墙是在骨架上加钉板条、钢板网、钢丝网,然后做抹灰饰面,还可在此基础上另加其他饰面。抹灰饰面骨架隔墙已很少采用。

2. 板材饰面骨架隔墙

板材饰面骨架隔墙自重轻、材料新、厚度薄、干作业、施工灵活方便,目前室内采用较多。

(1)木骨架隔墙。木骨架隔墙是由上槛、下槛、立柱(墙筋)、横档或斜撑组成骨架,然后在立柱两侧铺钉饰面板,如图 5-6 所示。这种隔墙质轻、壁薄、拆装方便,但防火、防潮、隔声性能差,并且耗用木材较多。

1)木骨架。木骨架通常采用 50 mm×(70~100)mm 的方木。立柱之间沿高度方向每 1.5m 左右设横挡一道,两端与立柱撑紧、钉牢,以增加强度。立柱间距一般为 400~600 mm,横档间距为 1.2~1.5 m。有门框的隔墙,其门框立柱加大断面尺寸或双根并用。木骨架的固定多采用金属胀管、木楔圆钉、水泥钉等,如图 5-7 所示。另外,木骨架还应进行防火、防腐处理。

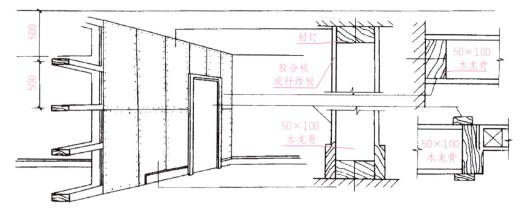

图 5-6 木骨架隔墙构造组成

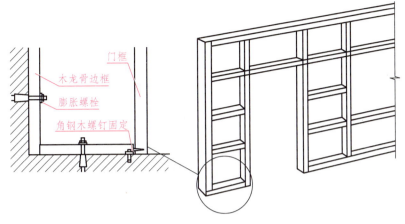

图 5-7 木骨架的固定

2）饰面板。木骨架隔墙的饰面板多为胶合板、纤维板等木质板。

饰面板可经油漆涂饰后直接做隔墙饰面，也可做其他装饰面的衬板或基层板，如镜面玻璃装饰的基层板，壁纸、壁布裱糊的基层板，软包饰面的基层板，装饰板及防火板的粘贴基层板。

饰面板的固定方式有两种：一种是将面板镶嵌或用木压条固定于骨架中间，称为嵌装式；另一种是将面板封于木骨架之外，并将骨架全部掩盖，称为贴面式，如图 5-8 所示。贴面式的饰面板要在立柱上拼缝，常见的拼缝方式有坡缝、凹缝、嵌缝和压缝，如图 5-9 所示。

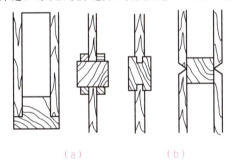

图 5-8 木骨架饰面板固定方式
（a）嵌装式；（b）贴面式

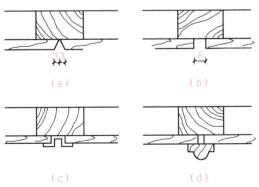

图 5-9 贴面式木骨架隔墙饰面板拼缝方式
（a）坡缝；（b）凹缝；（c）嵌缝；（d）压缝

(2)金属骨架隔墙。金属骨架隔墙一般采用薄壁的轻型钢、铝合金或拉眼钢板做骨架，两侧铺钉饰面板，如图 5-10 所示。这种隔墙材料具有来源广泛、强度高、质轻、防火、易于加工、可大批量生产等特点，近几年得到了广泛的应用。

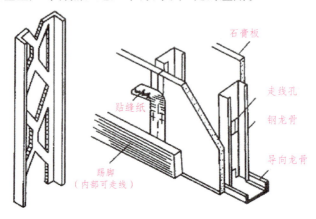

图 5-10　金属骨架隔墙的组成

1)金属骨架。金属骨架由沿顶龙骨、沿地龙骨、竖向龙骨、横撑龙骨和加强龙骨及各种配件组成。通常做法是将沿顶和沿地龙骨用射钉或膨胀螺栓固定，构成边框，中间设竖向龙骨，如需要还可加横撑和加强龙骨，龙骨间距为 400～600 mm。骨架和楼板、墙或柱等构件连接时，多用膨胀螺栓固定，竖向龙骨、横撑之间用各种配件或膨胀铆钉相互连接，如图 5-11 所示。在竖向龙骨上每隔 300 mm 左右预留一个准备安装管线的孔。龙骨的断面多数用 T 形或 V 形。

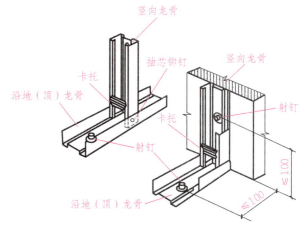

图 5-11　金属骨架的相互连接

2)饰面板。金属骨架的饰面板采用纸面石膏板、金属薄钢板或其他人造板材。目前，应用最多的是纸面石膏板、防火石膏板和防水石膏板。

3)轻钢龙骨纸面石膏板隔墙的构造要求。

①隔墙高度大于纸面石膏板的板长时，在横接缝处应设一根横撑，以增强隔墙的稳定性。当隔墙高大于 3.6 m 时，应在竖向龙骨的上下方各装一排横撑，以保证两侧纸面石膏板错缝排列。

②为利于防火，纸面石膏板应纵向安装。

③纸面石膏板分正反面，通常有标记的一面为反面，应将反面一侧面对轻钢龙骨。

④纸面石膏板与龙骨的连接采用钉、粘、夹具卡等方式，其中用自攻螺钉固定的较多。

⑤纸面石膏可采用单层、双层和多层，安装双层或多层纸面石膏板时，相邻两层板的接缝应错开，如图 5-12 所示。

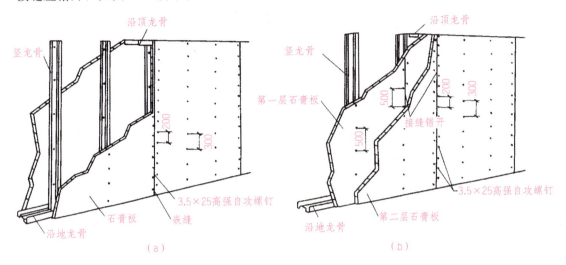

图 5-12　轻钢龙骨纸面石膏板的单、双层安装
(a)单层纸面石膏板安装；(b)双层纸面石膏板安装

⑥为避免纸面石膏板吸水变形，应在纸面石膏板安装后即做防潮处理。防潮处理一般有两种方法：一种是用涂料防潮；另一种是刮腻子裱壁纸或进行其他装饰。

⑦纸面石膏板之间的接缝有明缝和暗缝两种。明缝一般适用于公共建筑大房间的隔墙；暗缝适用于居住建筑小房间的隔墙。明缝的做法是：安装板材时留 8～12 mm 的间隙，再用石膏油腻子嵌入并用勾缝工具勾成凹缝，或在明缝中嵌入铝合金压条。暗缝做法是：将板边缘刨成斜面倒角，再与龙骨固定，安装后在接缝处填腻子，待初凝后再抹一层腻子，然后粘贴穿孔纸带。水分蒸发后，用腻子将纸带压住，与墙抹平，如图 5-13 所示。

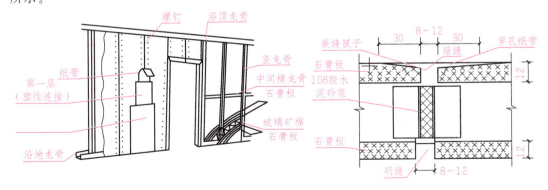

图 5-13　板材隔墙板缝处理构造

项目 5　隔墙与隔断工程

▲【轻钢龙骨纸面石膏板隔墙的施工工艺】

1. 施工工艺

定位、弹线→安装沿地、沿顶龙骨→安装竖龙骨→安装门窗洞口立柱与竖龙骨→设置固定件→安装一侧纸面石膏板→安装墙内管线→验收墙内各种管线→安另一侧纸面石膏板→抄平、修整→接缝处理→连接固定设备及电气设备→隔墙顶部处理及踢脚处理→饰面。

2. 施工要点

(1)定位、弹线。根据工程设计纸面石膏板隔墙的位置，将隔墙位置准确地弹到地上并引至相应的侧墙和顶棚上，作为安装沿顶、沿地和竖向龙骨的依据。

(2)安装沿地、沿顶龙骨。安装沿地、沿顶龙骨，间距为 800 mm 用射钉固定于相应位置上。

(3)安装竖龙骨。将轻钢竖龙骨上、下端分别插入沿顶、沿地龙骨内，并根据具体设计的要求，调整竖龙骨的间距，准确定位。每根竖龙骨安装正位以后，需用 $\phi 3.2$ mm × 8 mm 抽芯铆钉将竖龙骨与沿顶、沿地龙骨锚牢，如图 5-14 所示。竖龙骨间距一般为 400～600 mm，如具体设计另有规定，应按具体设计规定办理。当采用暗接缝时，龙骨间距应增加 6 mm(如 400 mm 或 600 mm，龙骨间距应改为 403 mm 和 603 mm)。如采用明接缝，则按明接缝宽度确定龙骨间距。在沿地、沿顶龙骨上分档画线，竖龙骨应从墙的一端开始排列，当隔墙上有门(窗)洞时，应从门(窗)洞向一侧或两侧排列，最后一根龙骨距墙或柱边尺寸大于规定的间距时，必须增设一根。龙骨为定型产品，当在现场切断时，一律从龙骨上端开始，冲孔位置不能颠倒，确保冲孔位置在同一水平线上。

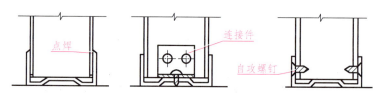

图 5-14　竖向龙骨与沿顶、沿地龙骨的连接方式

(4)安装门窗洞口立柱与竖龙骨。安装门窗洞口立柱与竖龙骨，与竖龙骨同时进行且安装洞口水平龙骨。安装通贯横撑龙骨时必须保证水平，然后用支撑卡卡牢固，不得有松动。支撑卡卡距不得大于 600 mm。

(5)设置固定件。当隔墙中(上)需设置配电箱、消防栓、脸盆、水箱等时，各种墙设备及吊挂件均应在安装龙骨时预先将连接件与骨架连接牢固。

(6)安装石膏板。安装石膏板时，应先对埋在墙中的管道和有关附属设备采取局部加强措施，并进行验收，办理隐检手续，方可封板。纸面石膏板隔墙(或柱)，凡易被碰坏、碰损的边角等处，应安装金属护角。金属护角用 12 mm 长圆钉固定，然后用嵌缝腻子嵌填于护角之上，将护角盖严，腻子干燥后用 2 号砂纸将腻子磨平、打光，但不得使护角露出腻子。

(7)安装墙内管线。所有管道及电线等,在纸面石膏板中间安装,必须在一面的石膏板安装好后立即安装管道、电线等,如图 5-15 所示。管道、电线等安装好后进行验收,做好隐蔽工程记录,方可安装另一侧纸面石膏板。

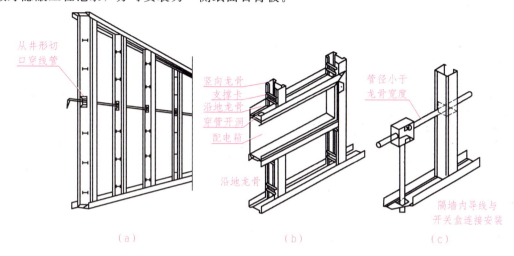

图 5-15 隔墙管道线路安装

(a)隔墙管道线路安装;(b)墙体配电箱安装;(c)隔墙内导线与开关盒连接

▲【施工质量检测与验收】

(1)工程所选用的材料,其各项性能应符合规范规定。

(2)验收批划分:同一品种的骨架隔墙工程每 50 间(大面积房间和走廊按轻质隔墙的墙面 30 m² 为一间)应划分为一个检验批,不足 50 间也应划分为一个检验批。

(3)验收数量:每个检验批应至少抽查 10%,并不得少于 3 间;不足 3 间时应全数检查。

(4)骨架隔墙工程质量验收主控项目检验内容及检验方法见表 5-4。骨架隔墙工程质量验收一般项目检验内容及检验方法见表 5-5。骨架隔墙安装的允许偏差和检验方法见表 5-6。

表 5-4 骨架隔墙工程质量验收主控项目检验内容及检验方法

项次	主控项目要求	检验方法
1	骨架隔墙所用龙骨、配件、墙面板、填充材料及嵌缝材料的品种、规格、性能和木材的含水率应符合设计要求。有隔声、隔热、阻燃、防潮等特殊要求的工程,材料应有相应性能等级的检测报告	观察;检查产品合格证书、进场验收记录、性能检测报告和复验报告
2	骨架隔墙工程边框龙骨必须与基体结构连接牢固,并应平整、垂直、位置正确	手扳检查;尺量检查;检查隐蔽工程验收记录
3	骨架隔墙中龙骨间距和构造连接方法应符合设计要求。骨架内设备管线的安装、门窗洞口等部位的加强龙骨应安装牢固、位置正确,填充材料的设置应符合设计要求	检查隐蔽工程验收记录

续表

项次	主控项目要求	检验方法
4	木龙骨及木墙面板的防火和防腐处理必须符合设计要求	检查隐蔽工程验收记录
5	骨架隔墙的墙面板应安装牢固，无脱层、翘曲、折裂及缺损	观察；手扳检查
6	墙面板所用接缝材料的接缝方法应符合设计要求	观察

表 5-5　骨架隔墙工程质量验收一般项目检验内容及检验方法

项次	一般项目要求	检验方法
1	骨架隔墙表面应平整、光滑、色泽一致、洁净、无裂缝，接缝应均匀、顺直	观察；手摸检查
2	骨架隔墙上的孔洞、槽、盒应位置正确、套割吻合、边缘整齐	观察
3	骨架隔墙内的填充材料应干燥，填充应密实、均匀、无下坠	轻敲检查；检查隐蔽工程验收记录
4	骨架隔墙安装的允许偏差和检验方法见表 5-6	

表 5-6　骨架隔墙安装的允许偏差和检验方法

项次	项目	允许偏差/mm		验收方法
		纸面石膏板	人造木板、水泥纤维板	
1	立面垂直度	3	4	用 2 m 垂直检测尺检查
2	表面平整度	3	3	用 2 m 靠尺和塞尺检查
3	阴阳角方正	3	3	用直尺检测尺检查
4	接缝直线度	—	3	拉 5 m 线，不足 5 m 拉通线，用钢直尺检查
5	压条直线度	—	3	拉 5 m 线，不足 5 m 拉通线，用钢直尺检查
6	接缝高低差	1	1	用钢直尺和塞尺检查

任务小结

本任务主要介绍骨架隔墙与隔断的构造、材料、施工工艺、质量检测等相关知识。如需更全面、深入学习骨架隔墙与隔断工程部分知识，可以查阅相关标准、规范和技术规程。

任务练习

（1）简单叙述骨架隔墙与隔断的施工工艺及注意事项。

（2）收集有关资料，编制骨架隔墙与隔断安装作业指导书。

任务5.3 玻璃隔墙与隔断

任务目标

【知识目标】

1. 了解玻璃隔墙与隔断工程的材料及要求。
2. 掌握玻璃隔墙与隔断工程的施工工艺。
3. 熟悉玻璃隔墙与隔断工程质量验收的内容及方法。

【能力目标】

1. 会编制玻璃隔墙与隔断工程的施工工艺流程。
2. 能正确使用检测工具并实施质量验收。

任务实施

【构造与识图】

玻璃砖隔墙常用来替代局部非承重实体墙,特点是提供良好的采光效果,并有延续空间的感觉。不论是单块镶嵌使用,还是整片墙面使用,皆可有画龙点睛之效。玻璃砖隔墙是以玻璃为基材,制成透明的小型砌块,具有透光、色彩丰富的装饰效果,且具备一定的隔声、隔热、防潮、易清洁、节能环保性能的非承重装饰隔墙。

1. 玻璃砖隔墙

空心玻璃砖是以烧熔的方式将两片玻璃胶合在一起,再用白色胶搅和水泥将边隙密合,可依玻璃砖的尺寸、大小、花样、颜色来做不同的设计表现。

2. 玻璃隔断

玻璃隔断也称为玻璃花格墙,采用木框架或金属框架,玻璃可采用磨砂玻璃、刻花玻璃、夹花玻璃、玻璃砖等,有一定的透光性和较高的装饰性,多用作室内的隔墙、隔断或活动隔断等。

【施工材料选用】

1. 玻璃砖隔墙材料及质量要求

(1)玻璃砖:用透明或颜色玻璃制成的块状、空心的玻璃制品或块状表面施釉的制品,按照透光性分为透明玻璃砖、雾面玻璃砖。玻璃砖的种类不同，光线的折射程度也会有所不同，所以玻璃砖可供选择的颜色有多种。

(2)轻金属型材或镀锌型材，其尺寸为空心玻璃砖厚度加滑动缝隙。型材深度最少应为 50 mm，用于玻璃砖墙的边条重叠部分和胀缝。

1)用于 80 mm 厚的空心玻璃砖的金属型材框，最小截面应为 90 mm×50 mm×3.0 mm。

2)用于 100 mm 厚的空心玻璃砖的金属型材框，最小截面应为 108 mm×50 mm×3.0 mm。

(3)水泥：宜采用 42.5 级或以上普通硅酸盐白水泥。

(4)砂浆：砌筑砂浆与勾缝砂浆应符合下列规定：

1)配制砌筑砂浆用的河砂粒径不得大于 3 mm；

2)配制勾缝砂浆用的河砂粒径不得大于 1 mm；

3)河砂不含泥及其他颜色的杂质；

4)砌筑砂浆等级应为 M5，勾缝砂浆的水泥与河砂之比应为 1∶1。

(5)掺和料：胶粘剂质量应符合国家现行相关技术标准的规定。

(6)钢筋：应采用 HPB300 级钢筋，并符合相关行业标准要求。

(7)玻璃连接件、转接件：产品进场应提供合格证。产品外观应平整，不得有裂纹、毛刺、凹坑、变形等缺陷。当采用碳素钢时，表面应进行热浸镀锌处理。

(8)缓冲材料：通常采用弹性橡胶条、玻璃纤维等。

2. 玻璃隔断材料及质量要求

通常采用钢化玻璃、彩绘玻璃或压花玻璃等装饰玻璃作为隔断主材，利用金属或实木做框架。

平板玻璃、钢化玻璃：玻璃厚度、边长应符合设计要求，表面无划痕、气泡、斑点等，并不得有裂缝、缺角、爆边等缺陷。玻璃技术质量要求可参见《平板玻璃》(GB 11614—2009)、《建筑用安全玻璃 第 2 部分：钢化玻璃》(GB 15763.2—2005)、《镶嵌玻璃》(JC/T 979—2005)。

【玻璃隔墙的施工工艺】

1. 玻璃砖隔墙

(1)常用施工机具。冲击钻、电焊机、灰铲、线坠、托线板、卷尺、铁水平尺、皮数杆、小水桶、存灰槽、橡皮锤和透明塑料胶带条等。

(2)工艺流程。定位放线→固定周边框架(如设计)→扎筋→排砖→玻璃砖砌筑→勾缝→边饰处理→清洁验收。

(3)施工要点。有机玻璃砖墙构造见图 5-16。

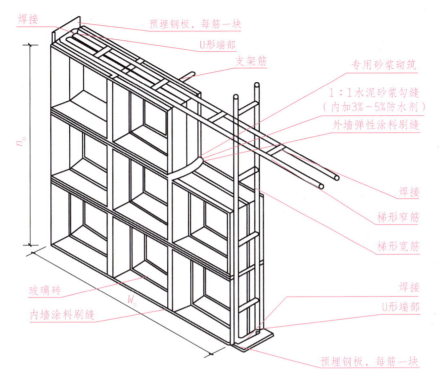

图 5-16 有机玻璃砖墙构造

1)定位放线。在墙下面弹好撂底砖线,按标高立好皮数杆。砌筑前用素混凝土或垫木找平并控制好标高;在玻璃砖墙四周根据设计图纸尺寸要求弹好墙身线。

2)固定周边框架。将框架固定好,用素混凝土或垫木找平并控制好标高,骨架与结构连接牢固。同时,做好防水层及保护层。固定金属型材框用的镀锌钢膨胀螺栓直径不得小于 8 mm,间距<500 mm。

3)横向钢筋。
①非增强的室内空心玻璃砖隔断尺寸应符合表 5-7 的规定。

表 5-7 非增强的室内空心玻璃砖隔断尺寸

砖缝的布置	隔断尺寸/mm	
	高度	长度
贯通的	≤1.5	≤1.5
错开的	≤1.5	≤6.0

②室内空心玻璃砖隔断的尺寸超过表 5-7 的规定时,应采用直径为 6 mm 或 8 mm 的钢筋增强。

③当隔断的高度超过规定时,应在垂直方向上每 2 层空心玻璃砖水平布一根钢筋;当只有隔断的长度超过规定时,应在水平方向上每 3 个缝垂直布一根钢筋。

④钢筋每端伸入金属型材框的尺寸不得小于 35 mm。用钢筋增强的室内空心玻璃砖隔

断的高度不得超过 4 m。

4）排砖。玻璃砖砌体采用十字缝立砖砌法。按照排版图弹好的位置线，首先认真核对玻璃砖墙长度尺寸是否符合排砖模数，否则可调整隔墙两侧的槽钢或木框的厚度及砖缝的厚度。注意隔墙两侧调整的宽度要保持一致，隔墙上部槽钢调整后的宽度也应尽量保持一致。

5）挂线。砌筑第一层应双面挂线。如玻璃砖隔墙较长，则应在中间多设几个支线点，每层玻璃砖砌筑时均需挂平线。

6）玻璃砖砌筑。

①玻璃砖采用白水泥∶细砂＝1∶1的水泥浆或白水泥∶界面剂＝100∶7的水泥浆（质量比）砌筑。白水泥浆要有一定的稠度，以不流淌为好。

②按上、下层对缝的方式，自下而上砌筑。两玻璃砖之间的砖缝不得小于 10 mm，且不得大于 30 mm。

③每层玻璃砖在砌筑之前，宜在玻璃砖上放置十字定位架（图 5-17、图 5-18），卡在玻璃砖的凹槽内。

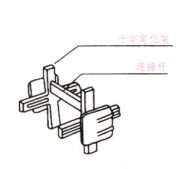

图 5-17 砌筑玻璃砖时的塑料定位架

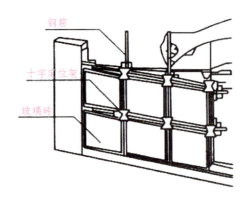

图 5-18 玻璃砖的安装方法

④砌筑时，将上层玻璃砖压在下层玻璃砖上，同时使玻璃砖的中间槽卡在定位架上，两层玻璃砖的间距为 5～10 mm。每砌筑完一层后，用湿布将玻璃砖面上沾着的水泥浆擦去。铺砌水泥砂浆时，应铺得稍厚一些，慢慢挤揉，立缝灌砂浆一定要捣实。缝中承力钢筋间隔小于 650 mm，伸入竖缝和横缝，并与玻璃砖上下、两侧的框体和结构体牢固连接（图 5-19）。

⑤玻璃砖墙宜以 1.5 m 高为一个施工段，待下部施工段胶结料达到设计强度后再进行上部施工。当玻璃砖墙面积过大时应增加支撑。

⑥最上层的空心玻璃砖应深入顶部的金属型材框中，深入尺寸不得小于 10 mm，且不得大于 25 mm。空心玻璃砖与顶部金属型材框的腹面之间应用木楔固定。

⑦勾缝。玻璃砖墙砌筑完后，立即进行表面勾缝。勾缝要勾严，以保证砂浆饱满。先勾水平缝，再勾竖缝，缝内要平滑，缝的深度要一致。勾缝与抹缝之后，应用布或棉纱将

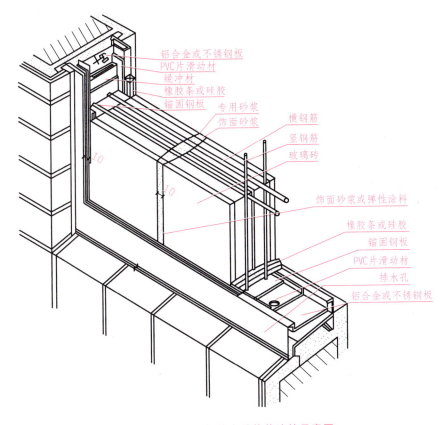

图 5-19 玻璃砖框体和结构体连接示意图

砖表面擦洗干净，待勾缝砂浆达到强度后，用硅树脂胶涂敷。也可采用矽胶注入玻璃砖间隙勾缝。

⑧饰边处理。

a. 在与建筑结构连接时，室内空心玻璃砖隔断与金属型材框两翼接触的部位应留有滑缝，且不得小于 4 mm。与金属型材框腹面接触的部位应留有胀缝，且不得小于 10 mm。滑缝应采用符合《石油沥青纸胎油毡》(GB 326—2007)规定的沥青毡填充。滑缝和胀缝的位置如图 5-20 所示。

b. 当玻璃砖墙没有外框时，需要进行饰边处理。饰边通常有木饰边和不锈钢饰边等。

c. 金属型材与建筑墙体和屋顶的结合部，以及空心玻璃砖砌体与金属型材框翼端的结合部应用弹性密封剂密封。

2. 玻璃隔断

(1)常用工具。工作台(台面厚度大于 5 cm)、玻璃刀、玻璃吸盘器、直尺、木折尺、钢丝钳、记号笔、刨刀、胶枪等。

(2)工艺流程。定位放线→固定周边框架(如设计)→玻璃安装及压条固定→玻璃与基架框安装→玻璃与金属框架固定。

项目 5 隔墙与隔断工程

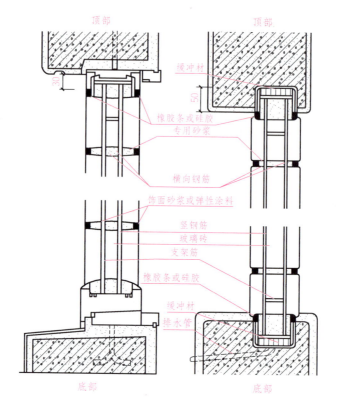

图 5-20 滑缝和胀缝的位置

(3)施工要点。

1)定位放线：根据图纸墙位放墙体定位线。基底应平整、牢固。

2)固定周边框架：根据设计要求选用龙骨，木龙骨含水率必须符合规范规定。采用金属框架时，多选用铝合金型材或不锈钢型材。采用钢架龙骨或木制龙骨，均应做好防火防腐处理，安装牢固。

3)玻璃安装及压条固定：把已裁好的玻璃按部位编号，并分别竖向堆放待用。安装玻璃前，应对骨架、边框的牢固程度、变形程度进行检查，如有不牢固，应予以加固。

4)玻璃与基架框安装：不宜太紧密，玻璃放入框内后，与框的上部和侧边应留有 3～5 mm 的缝隙，防止玻璃由于热胀冷缩而开裂。

5)玻璃板与木基架安装：

①用木框安装玻璃时，在木框上要裁口或挖槽，校正好木框内侧后定出玻璃安装的位置线，并固定好玻璃板靠位线条，见图 5-21。

②把玻璃装入木框内，其两侧距木框的缝隙应相等，并在缝隙中注入玻璃胶，然后钉上固定压条。固定压条宜用钉枪钉。

③对面积较大的玻璃板，安装时应用玻璃吸盘器(图 5-22)将玻璃提起来安装。

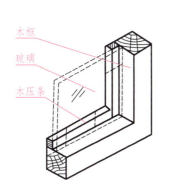

图 5-21 木框内玻璃安装方式

图 5-22 玻璃吸盘器

6）玻璃与金属框架固定（图5-23）：

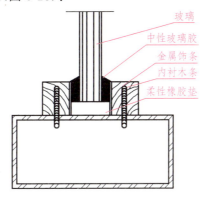

图 5-23 玻璃与金属框架安装示意图

①玻璃与金属框架安装时，先要安装玻璃靠位线条，靠位线条可以是金属角线或金属槽线。固定靠位线条通常用自攻螺钉。

②根据金属框架的尺寸裁割玻璃，玻璃与框架的结合不宜太紧密，应该按小于框架3～5 mm的尺寸裁割玻璃。

③安装玻璃前，应在框架下部的玻璃放置面上，放置一层厚2 mm的橡胶垫。

④把玻璃放入框内，并靠在靠位线条上。如果玻璃面积较大，应用玻璃吸盘器安装玻璃板时，其距金属框两侧的缝隙相等，并在缝隙中注入玻璃胶，然后安装封边压条。

如果封边压条是金属槽条且要求不得直接用自攻螺钉固定，可先在金属框上固定木条，然后在木条上涂环氧树脂胶（万能胶），把不锈钢槽条或铝合金槽条卡在木条上。如无特殊要求，可用自攻螺钉直接将压条槽固定在框架上。常用的自攻螺钉为M4或M5。安装时，先在槽条上打孔，然后通过该孔在框架上打孔。打孔钻头直径要小于自攻螺钉直径0.8 mm。当全部槽条的安装孔位都打好后再进行玻璃的安装。

项目 5 隔墙与隔断工程

▲【施工质量检测与验收】

(1)工程所选用的材料的各项性能应符合规范规定。

1)根据设计要求的钢化玻璃、木龙骨(60 mm×120 mm)、玻璃胶、橡胶垫和各种压条性能应符合规范规定。

2)紧固材料:膨胀螺栓、射钉、自攻螺钉、木螺钉和粘贴嵌缝料,应符合设计要求。

3)玻璃规格:一般采用12 mm 厚安全玻璃,长、宽根据工程设计要求确定。

4)质量要求:钢化玻璃规格尺寸允许偏差:边长度≤1 000 mm,允许偏差为－3 mm。钢化玻璃的厚度允许偏差为±0.8 mm。

(2)验收批划分:同一品种的轻质隔墙工程每50间(大面积房间和走廊按轻质隔墙的墙面 30 m² 为一间)应划分为一个检验批,不足50间也应划分为一个检验批。

(3)验收数量。玻璃隔墙工程的检查数量应符合下列规定:每个检验批应至少抽查20%;不足6间时应全数检查。

(4)玻璃隔墙工程质量验收主控项目和一般项目检验内容及方法见表 5-8。

表 5-8 玻璃隔墙工程质量验收主控项目和一般项目检验内容及方法

项目	序号	项目要求	检查方法
主控项目	1	玻璃隔墙工程所用材料的品种、规格、性能、图案和颜色应符合设计要求。玻璃板隔墙应使用安全玻璃	观察;检查产品合格证书、进场验收记录和性能检测报告
	2	玻璃砖隔墙的砌筑或玻璃板隔墙的安装方法应符合设计要求	观察
	3	玻璃砖隔墙砌筑中埋设的拉结筋必须与基体结构连接牢固,并应位置正确	手扳检查;尺量检查;检查隐蔽工程验收记录
	4	玻璃板隔墙的安装必须牢固。玻璃板隔墙胶垫的安装应正确	观察;手推检查;检查施工记录
一般项目	1	玻璃隔墙表面应色泽一致、平整洁净、清晰美观	观察
	2	玻璃隔墙接缝应横平竖直,玻璃应无裂痕、缺损和划痕	观察
	3	玻璃板隔墙嵌缝及玻璃砖墙勾缝应密实平整、均匀顺直、深浅一致	观察

(5)玻璃隔墙安装的允许偏差和检验方法应符合表 5-9 的规定。

表 5-9 玻璃隔墙安装的允许偏差和检验方法

项次	项目	允许偏差/mm		检验方法
		玻璃砖	玻璃板	
1	立面垂直度	3	—	用 2 m 垂直检查尺检查
2	表面平整度	3	—	用 2 m 垂直检查尺检查

续表

项次	项目	允许偏差/mm		检验方法
		玻璃砖	玻璃板	
3	阴阳角方正	—	2	用直角检测尺检查
4	接缝直线度	—	2	拉 5 m 线，不足 5 m 拉通线，用钢直尺检查
5	接缝高低差	3	2	用钢直尺和塞尺检查
6	接缝宽度	—	1	用钢直尺检查

任务小结

本任务主要介绍玻璃隔墙与隔断的构造、材料、施工工艺流程、质量检测等相关知识。如需更全面、深入学习玻璃砖隔墙和玻璃隔断工程部分知识，可以查阅相关标准、规范和技术规程。

任务练习

（1）简单叙述玻璃砖隔墙和玻璃隔断的施工工艺流程及注意事项。

（2）收集有关资料，编制玻璃隔墙与隔断安装作业指导书。

项目 6

门窗工程

任务 6.1　木门窗施工

任务目标

【知识目标】

1. 了解建筑木门窗常用的材料及其制品的质量要求。
2. 了解木门窗安装前准备工作的内容与方法。
3. 掌握木门窗的制作、安装方法。
4. 熟悉木门窗制作、安装质量验收的内容及方法。

【能力目标】

1. 会识读门窗施工图。
2. 会编制门窗安装工艺流程。
3. 能正确使用检测工具并实施质量验收。

任务实施

【构造与识图】

1. 木门窗构造

木门窗构造如图 6-1～图 6-3 所示。

窗一般由窗框、窗扇、五金件、附件组成。

门一般由门框、门扇、亮子、五金零件及其附件组成。

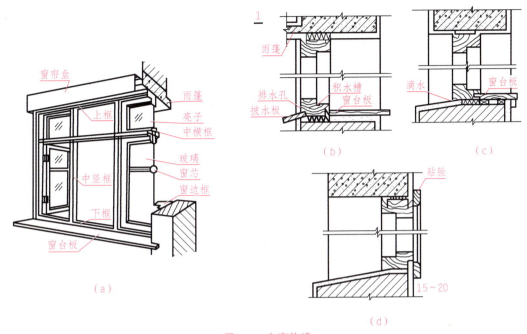

图 6-1 木窗构造

(a)木窗基本组成；(b)窗框外平；(c)窗框居中；(d)窗框内平

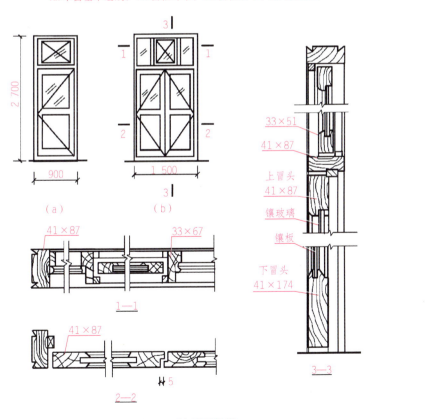

图 6-2 镶板门构造

(a)单扇门平开门；(b)双扇门平开门

项目 6　门窗工程

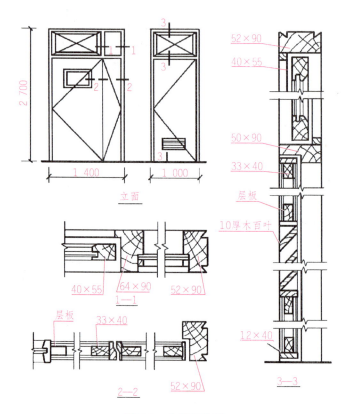

图 6-3　夹板门构造

2. 识图基础

（1）门的开启方式与图例见表 6-1。

表 6-1　门开启方式与图例

开启方式	单面开启单扇门（包括平开或单面弹簧）	双面开启单扇门（包括平开或单面弹簧）	单面开启双扇门（包括平开或单面弹簧）	折叠门	墙中双扇推拉门
图例					

（2）窗开启方式与图例见表 6-2。

表 6-2　窗开启方式与图例

开启方式	图例	开启方式	图例
单层内开		上悬	
单层外开		中悬	
单层推拉		下悬	
上推		固定	

(3)门窗类型与编号见表 6-3。

表 6-3　门窗类型与编号

平开门	地弹簧门	连窗门	推拉门	固定窗	平开窗	推拉窗	节能窗
PM	HM	CM	TM	GC	PC	TC	JC

(4)门窗索引方法。

1)木门牵引方法：

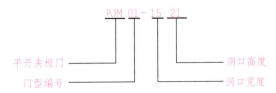

2)木窗牵引方法：

项目 6 门窗工程

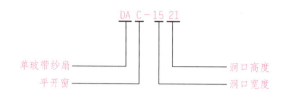

▲【施工材料选用】

(1)木门窗的材料或框、扇的规格型号、木材类别、选材等级、含水率及制作质量均须符合设计要求,并且必须有出厂合格证。

(2)其他材料。木螺钉(图6-4)、铰链(图6-5)、插销(图6-6)、门吸(图6-7)、门锁、发泡胶等均应符合设计要求,并有产品质量合格证和说明书。

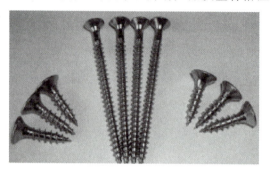

图 6-4 木螺钉

图 6-5 铰链

图 6-6 插销

图 6-7 门吸

▲【木门(窗)制作、安装】

1. 施工工具与机具选用

木门(窗)制作、安装常用施工机具有木工榔头、平锉、边刨、细齿锯(钢锯)、螺丝刀、角尺、卷尺、吊线锤、开孔器、戳子、电刨(图6-8)、电锯(图6-9)、手电钻(图6-10)等。

图 6-8　电刨　　　　　　　图 6-9　电锯　　　　　　　图 6-10　手电钻

2. 木门窗框、扇制作工艺

(1)工艺流程。放样→配料、截料→刨料→画线→打眼→开榫、拉肩→裁口与倒棱→拼装。

(2)操作工艺。

1)放样。放样是根据施工图纸上设计好的木制品，按照足尺 1∶1 将木制品构造画出来，做成样板(或样棒)。放样是配料、截料、画线的依据，在使用的过程中，应注意保持画线的清晰，不要使其弯曲或折断。

2)配料、截料。配料是在放样的基础上进行的，因此，要计算出各部件的尺寸和数量，列出配料单，按配料单进行配料。

配料时，要合理地确定加工余量，各部件的毛料尺寸要比净料尺寸加大些，具体加大量可参考如下数据：

断面尺寸：单面刨光加大 1～1.5 mm，双面刨光加大 2～3 mm。机械加工时单面刨光加大 3 mm，双面刨光加大 5 mm。

长度余量的加工余量也要符合加工要求。

配料时还要注意木材的缺陷，节疤应躲开眼和榫头的部位，防止凿劈或榫头断掉；起线部位也禁止有节疤。

3)刨料(图 6-11)。刨料时，宜将纹理清晰的里材作为正面，对于樘子料，任选一个窄面刨料为正面，对于门、窗框的梃及冒头可只刨面，不刨靠墙的一面；门、窗扇的上冒头和梃也可先刨三面，靠樘子的一面待安装时根据缝的大小再进行修刨。

刨完后，应按同类型、同规格樘扇分别堆放，上、下对齐。每个正面相合，堆垛下面要垫实平整。

图 6-11　刨料

4)画线。画线是根据门窗的构造要求，在各根刨好的木料上画出榫头线、打眼线等。画线前，弄清图纸要求和样板式样，尺寸、规格必须一致,并先做样品,经审查合格后再正式画线。

5)打眼。打眼之前,应选择等于眼宽的凿刀,凿出的眼,顺木纹两侧要直,不得出错槎。先打全眼,后打半眼。成批生产时,要经常核对,检查眼的位置尺寸,以免产生误差。

6)开榫、拉肩。开榫就是按榫头线纵向锯开。拉肩就是锯掉榫头两旁的肩头,通过开榫和拉肩操作就制成了榫头。

7)裁口与倒棱。裁口(图6-12)即刨去框的一个方形角部分,供装玻璃用。用裁口刨子或用歪嘴子刨。裁好的口要求方正平直,不能有戗槎起毛、凹凸不平的现象。倒棱也称为倒八字,即沿框刨去一个三角形部分。倒棱要平直、板实,不能过线。

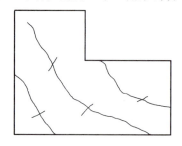 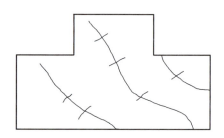

图 6-12　裁口

8)拼装。拼装前应对部件进行检查,要求部件方正、平直,线脚整齐分明,表面光滑,尺寸规格、式样符合设计要求,并用细刨将遗留墨线刨光。

门窗框的组装是把一根边梃的眼里再装上另一边的梃;用锤轻轻敲打拼合,敲打时要垫木块防止打坏榫头或留下敲打的痕迹。待整个拼好归方以后,再将所有榫头敲实,锯断露出的榫头。先将楔头蘸抹上胶再用锤轻轻敲打拼合。

门窗扇的组装方法与门窗框基本相同。

门窗框、扇组装好后,为使其成为一个结实的整体,必须在眼中加木楔,将榫在眼中挤紧。在加楔的过程中,要随时对框、扇用角尺或尺杆卡窜角找方正,并校正框、扇的不平处,加楔时注意纠正。

门窗框组装、净面后,应按房间编号,按规格分别码放整齐,堆垛下面要垫木块。不准在露天堆放,要用油布盖好,以防止日晒雨淋。门窗框进场后应尽快刷一道底油防止风裂和污染。

3. 安装条件

(1)结构工程已完成并验收合格。

(2)室内已弹好+50 cm水平线。

(3)门窗框、扇在安装前应检查是否窜角、翘扭、弯曲、劈裂及崩缺、榫槽间结合处有无松离,如有问题,应进行修理。

(4)门窗框进场后,应将靠墙的一面涂刷防腐涂料,刷后分类码放平整。

(5)准备安装木门窗的砖墙洞口已按要求预埋防腐木砖(图6-13),木砖中心距不大于

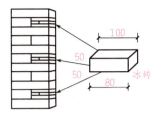

图 6-13 预埋木砖

1.2 m，并应满足每边不少于 2 块木砖的要求；单砖或轻质砌体应砌入带木砖的预制混凝土块。

（6）砖墙洞口安装带贴脸的木门窗，为使门窗框与抹灰面平齐，应在安框前做出抹灰标筋。

（7）门窗框安装在砌墙前或室内外抹灰前进行；门窗扇安装应在饰面完成后进行。

4. 门窗框、扇安装

（1）门窗框的安装。

1）主体结构完工后，复查洞口标高、尺寸及木砖位置。

2）将门窗框用木楔（图 6-14）临时固定在门窗洞口内相应位置。

3）用吊线坠校正框的正、侧面垂直度，用水平尺校正框冒头的水平度。

4）用砸扁钉帽的钉子将框钉牢在木砖上。钉帽要冲入木框内 1~2 mm，每块木砖要钉两处。

图 6-14 木楔

5）高档硬木门框应用钻打孔木螺钉拧固并拧进木框 5 mm，用同等木补孔。

（2）门窗扇的安装。

1）量出棱口净尺寸，考虑留缝宽度。确定门窗扇的高、宽尺寸，先画出中间缝处的中线，再画出边线，并保证梃宽一致。四边画线。

2）若门窗扇高、宽尺寸过大，则刨去多余部分。修刨前应先锯余头。门窗扇为双扇时，应先做打叠高低缝，并以开启方向的右扇压左扇。

3）若门窗扇高、宽尺寸过小，可在下边或装铰链一边用胶和钉子绑钉刨光的木条。将钉帽砸扁，钉入木条内 1~2 mm，然后锯掉余头刨平。

4）平开扇的底边、中悬扇的上下边、上悬扇的下边、下悬扇的上边等与框接触且容易发生摩擦的边，应刨成 1 mm 斜面。

5）试装门窗扇时，应先用木楔塞在门窗扇的下边，然后再检查缝隙，并注意窗楞和玻璃芯子平直对齐。合格后画出铰链的位置线，剔槽（图 6-15）并安装铰链（图 6-16）。

图 6-15 剔槽

图 6-16 安装铰链

(3)门窗小五金的安装。

1)所有小五金必须用木螺钉固定安装,严禁用钉子代替。使用木螺钉时,先用手锤钉入全长的1/3,接着用螺丝刀拧入。当木门窗为硬木时,先钻孔径为木螺钉直径0.9倍的孔,孔深为木螺钉全长的2/3,然后再拧入木螺钉。

2)铰链安装在距门窗扇上下两端的距离为扇高的1/10处,且避开上下冒头。安好后必须能灵活转动。

3)门锁距地面高0.9~1.05 m,应错开中冒头和边梃的结合处。

4)门窗拉手(图6-17)应位于门窗扇中线以下,窗拉手距地面1.5~1.6 m。

图6-17 门窗拉手

5)窗风钩应装在窗框下冒头与窗扇下冒头夹角处,使窗开启后呈90°角,并使上下各层窗扇开启后整齐划一。

6)门插销位于门拉手下边。装窗插销时应先固定插销底板,再关窗打插销压痕,凿孔,打入插销。

7)门扇开启后易碰墙的门,为固定门扇应安装门吸。

8)小五金应安装齐全,位置适宜,固定可靠。

▲【质量检测与验收】

(1)门窗框、扇。进场门、窗的品种、规格、等级应符合设计和有关标准要求。

(2)验收批划分同一品种、类型和规格的木门窗每100樘应划分为一个检验批,不足100樘也应划分为一个检验批。

(3)检查数量。每个检验批应至少抽查5%并不得少于3樘,不足3樘时应全数检查。抽查样本主控项目均应合格,一般项目80%以上合格。

(4)木门窗制作质量验收主控项目检验内容及检验方法见表6-4。木门窗制作质量一般项目检验内容及检验方法见表6-5。木门窗制作的允许偏差和检验方法见表6-6。木门窗安装的留缝限值、允许偏差和检验方法应符合表6-7的规定。

表 6-4 木门窗制作质量验收主控项目检验内容及检验方法

项次	主控项目要求	检验方法
1	木门窗的木材品种、材质等级、规格、尺寸、框扇的线型及人造木板的甲醛含量应符合设计要求	观察；检查材料进场验收记录和复验报告
2	木门窗应采用烘干的木材，含水率应符合相关规定	检查材料进场验收记录
3	木门窗的防火、防腐、防虫处理应符合设计要求	观察；检查材料进场验收记录
4	木门窗的结合处和安装配件处不得有木节，已填补的木节木门窗如有允许限值以内的死节及直径较大的虫眼，应用同一材质的木塞加胶填补。对于清漆制品，木塞的木纹和色泽应与制品一致	观察
5	门窗框和厚度大于 50 mm 的门窗扇应用双榫连接。榫槽应采用胶料严密嵌合，并应用胶楔加紧	观察；手扳检查
6	胶合板门、纤维板门和模压门不得脱胶。胶合板不得刨透表层单板，不得有戗槎。制作胶合板门、纤维板门时，边框和横楞应在同一平面上，面层、边框及横楞应加压胶结。横楞和上、下冒头应各钻两个以上的透气孔，透气孔应通畅	观察
7	木门窗的品种、类型、规格、开启方向、安装位置及连接方式应符合设计要求	观察；尺量检查；检查成品门的产品合格证书

表 6-5 木门窗制作质量一般项目检验内容及检验方法

项次	一般项目要求	检验方法
1	木门窗表面应洁净，不得有刨痕、锤印	观察
2	木门窗的割角、拼缝应严密平整。门窗框、扇裁口应顺直，刨面应平整	观察
3	木门窗上的槽、孔应边缘整齐、无毛刺	观察
4	木门窗制作的允许偏差和检验方法应符合表 6-6 的规定	按表 6-6 中的检验方法进行检验

表 6-6 木门窗制作的允许偏差和检验方法

项次	项目	构件名称	允许偏差/mm 普通	允许偏差/mm 高级	检验方法
1	翘曲	框	3	2	将框、扇平放在检查平台上，用塞尺检查
		扇	2	2	
2	对角线长度差	框、扇	3	2	用钢尺检查，框量裁口里角，扇量外角
3	表面平整度	扇	2	2	用 1 m 靠尺和塞尺检查
4	高度、宽度	框	0；−2	0；−1	用钢尺检查，框量裁口里角，扇量外角
		扇	+2；0	+1；0	

续表

项次	项目	构件名称	允许偏差/mm		检验方法
			普通	高级	
5	裁口、线条结合处高低差	框、扇	1	0.5	用钢直尺和塞尺检查
6	相邻梃子两端间距	扇	2	1	用钢直尺检查

表 6-7　木门窗安装的留缝限值、允许偏差和检验方法

项次	项目		留缝限值/mm		允许偏差/mm		检查方法
			普通	高级	普通	高级	
1	门窗槽口对角线长度差		—	—	3	2	用钢尺检查
2	门窗框的正、侧面垂直度		—	—	2	1	用 1 m 垂直检测尺检查
3	框与扇、扇与扇接缝高低差		—	—	2	1	用钢直尺和塞尺检查
4	门窗扇对口缝		1~2.5	1.5~2	—	—	用塞尺检查
5	工业厂房双扇大门对口缝		2~5	—	—	—	
6	门窗扇与上框间留缝		1~2	1~1.5	—	—	
7	门窗扇与侧框间留缝		1~2.5	1~1.5	—	—	
8	窗扇与下框间留缝		2~3	2~~2.5	—	—	
9	门扇与下框间留缝		3~5	3~4	—	—	
10	双层门窗内外框间距		—	—	4	3	用钢尺检查
11	无下框时门扇与地面间留缝	外门	4~7	5~6	—	—	用塞尺检查
		内门	5~8	6~7	—	—	
		卫生间门	8~12	8~10	—	—	
		厂房大门	10~20	—	—	—	

任务小结

本任务主要介绍木门窗的构造与识图基础、木门窗制作与材料选用、木门窗的制作安装及质量检测等相关知识。如需更全面、深入学习木门窗工程部分知识，可以查阅《木门窗》(04J601-1)、《实木门窗》(JCT 2081—2011)、《房屋建筑制图统一标准》(GB/T 50001—2010)、《建筑装饰装修工程质量验收规范》(GB/T 50210—2001)等标准、规范和技术规程。

任务练习

(1)收集有关资料，编制木门窗套制作、安装施工工艺。
(2)收集有关资料，编制成品木门安装作业指导书。

任务 6.2　金属门窗施工

任务目标

●【知识目标】

1. 了解金属门窗常用的材料及其制品的质量要求。
2. 了解铝合金门窗安装前准备工作的内容与方法。
3. 掌握铝合金门窗的制作、安装方法。
4. 熟悉铝合金门窗安装质量验收的内容及方法。

●【能力目标】

1. 会识读金属门窗施工图。
2. 会编制金属门窗安装工艺流程。
3. 能正确使用检测工具并实施质量验收。

任务实施

▲【构造与识图】

1. 金属门窗常见构造

金属门窗（图 6-18）包含钢、不锈钢、铝合金、涂色镀锌钢板门窗等。金属门窗的常见形式有固定门窗、平开门窗、滑轴门窗、推拉门窗等。图 6-19 为不锈钢平开门构造。图 6-20 为 BLT2008 系列铝合金无框推拉窗（门）节点图。

图 6-18　金属门窗示例

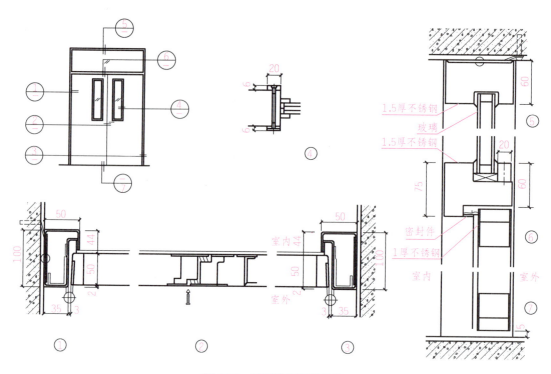

图 6-19 不锈钢平开门构造

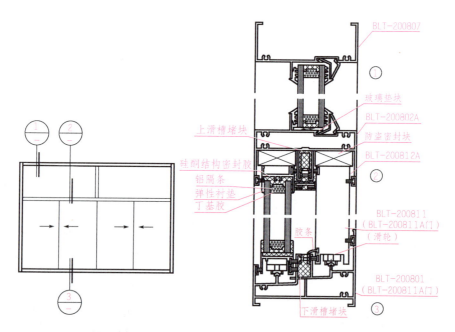

图 6-20 BLT2008 系列铝合金无框推拉窗(门)节点图

2. 金属门窗识图基础

(1)金属门窗编号见表6-8。

表6-8 金属门窗编号

平开门	地弹簧门	连窗门	推拉门	电动推拉门	折叠门	电动折叠门	卷帘门	伸缩门	固定窗	平开窗	推拉窗	节能窗
PM	HM	CM	TM	DTM	ZM	DZM	JM	SM	GC	PC	TC	JC

(2)金属门窗索引方法。

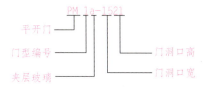

注:a为夹层玻璃;b为中空玻璃;c为钢化玻璃;d为带纱窗。

▲【施工材料选用】

1. 主型材选用

(1)铝合金门窗主型材(图6-21)的壁厚应经计算或实验确定,除压条、扣板等需要弹性装配的型材外,门用主型材主要受力部位基材截面最小实测壁厚不应小于2.0 mm,窗用主型材主要受力部位基材截面实测壁厚不应小于1.4 mm。型材表面处理应符合国家现行标准规定。

(2)门框、门扇、窗框、窗扇应采用不锈钢冷轧薄钢板(图6-22),推荐采用300系列不锈钢。不锈钢门框采用60~90系列,窗框采用50~70系列。所用加固件可采用不锈钢热轧钢材。门窗用不锈钢材厚度符合相关规范要求。

图6-21 铝合金型材

图6-22 不锈钢冷轧薄钢板

2. 玻璃选用

金属门窗可根据功能要求选用浮法玻璃、着色玻璃、镀膜玻璃、中空玻璃、钢化玻璃、夹层玻璃、夹丝玻璃等。

玻璃的使用应符合《建筑玻璃应用技术规程》(JGJ 113—2009)等相关标准规范。

3. 五金件

门窗所用五金件应满足门窗功能要求和耐久性要求，滑轮、推拉窗锁、闭门器、地弹簧(图 6-23)等五金件应满足门窗承载力的要求。门锁在门扇的有锁芯机构处，应有执手或推杆机构。合页(铰链)板厚应不小于 3 mm。闭门器、地弹簧、滑轮应经国家授权的检测机构检测合格。

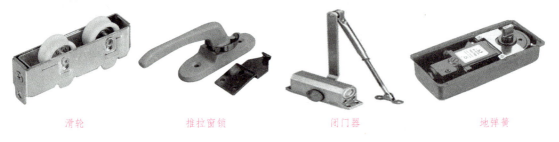

| 滑轮 | 推拉窗锁 | 闭门器 | 地弹簧 |

图 6-23　门窗用部分五金件

4. 其他材料

密封材料、填缝剂等均应符合相关规定。

▲【铝合金门(窗)制作、安装】

1. 施工工具与机具选用

安装所需机具、辅助材料和安全设施，应齐全可靠。铝合金门窗施工的常用机具有角尺、水平尺、灰线袋、螺钉、刀、扳手、手锤、钢錾子、电钻、冲击电钻、射钉枪、切割机、电焊机、线锯(图 6-24)等。

切割机　　　　　　　　　电焊机　　　　　　　　　线锯

图 6-24　金属门窗常用施工机具

2. 门窗框、扇制作

(1)金属门窗构件加工应依据设计加工图纸进行。

(2)金属型材牌号、截面尺寸、五金件、插接件应符合门窗设计要求。

(3)门窗开启扇玻璃装配宜在工厂内完成,固定部位玻璃可在现场装配。

(4)加工金属门窗构件的设备、专用模具和器具应满足产品加工精度要求,检验工具、量具应定期进行计量检测和校正。

(5)铝合金门窗构件加工精度除符合图纸设计要求外,尚应符合以下规定。

1)杆件直角截料时长度允许偏差应为±0.5 mm,杆件斜角截料时端头角度允许偏差应小于−15′;截料端头不应有加工变形,毛刺应小于0.2 mm。

2)构件上孔位加工应采用钻模、多孔钻床或划线样板等进行,孔中心允许偏差应为±0.5 mm,孔距允许偏差应为±0.5 mm,累积偏差应为±1.0 mm。

3)铆钉用通孔、螺钉沉孔均应符合现行国家标准。

4)铝合金门窗构件的槽口(图6-25)、豁口(图6-26)、榫头(图6-27)加工尺寸允许偏差应符合表6-9的规定。

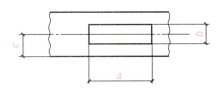

图6-25 构件的槽口加工

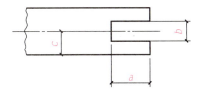

图6-26 构件的豁口加工

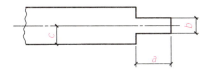

图6-27 构件的榫头加工

表6-9 铝合金门窗构件加工尺寸允许偏差　　　　　　　　　　　　　mm

项　目	a	b	c
槽口、豁口允许偏差	+0.5 0.0	+0.5 0.0	±0.5
榫头允许偏差	0.0 −0.5	0.0 −0.5	±0.5

(6)门窗扇组装尺寸偏差应符合表6-10的规定。

表 6-10　门窗扇组装尺寸允许偏差　　　　　　　　　　　　　　mm

项目	尺寸范围	允许偏差	
		门	窗
门窗宽度、高度构造内侧尺寸	L＜2 000	±1.5	
	2 000≤L＜3 500	±2.0	
	L≥3 500	±2.5	
门窗宽度、高度构造内侧对边尺寸差	L＜2 000	+2.0 0.0	
	2 000≤L＜3 500	+3.0 0.0	
	L≥3 500	+4.0 0.0	
门窗框、扇搭接宽度	—	±2.0	±1.0
型材框、扇杆件接缝表面高低差	相同截面型材	±3.0	
	不同截面型材	±0.5	
型材框、扇杆装配间歇	—	+0.3 0.0	

3. 安装施工准备

(1)复核建筑门窗洞口尺寸，洞口宽、高尺寸允许偏差应为±10 mm，对角线尺寸允许偏差应为±10 mm。

(2)铝合金门窗的品种、规格、开启形式等，应符合设计要求。

(3)检查门窗五金件、附件，其应完整、配套齐备、开启灵活。

(4)检查铝合金门窗的装配质量及外观质量，当有变形、松动或表面损伤时，应进行修整。

4. 安装施工

(1)施工工艺流程。洞口修整、弹线定位→门窗框安装→固定部位玻璃安装→开启扇及开启五金件安装→清理、成品保护。

(2)安装注意事项。

1)金属附框安装应在洞口及墙体抹灰湿作业前完成，门窗安装应在洞口及墙体抹灰作业后进行。

2)金属附框宽度应大于 30 mm。

3)金属附框的内、外两侧宜采用固定片与洞口墙体连接固定，固定片宜用 Q235 钢材，厚度不应小于 1.5 mm，宽度不应小于 20 mm，表面应做防腐处理。

4)金属附框固定片安装位置应满足：角部的距离不应大于 150 mm，其余部位的固定片中心距不应大于 500 mm(图 6-28)，固定片与墙体固定点的中心位

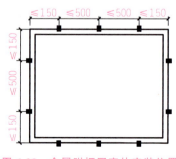

图 6-28　金属附框固定片安装位置

置至墙边缘距离不应小于 50 mm(图 6-29)。

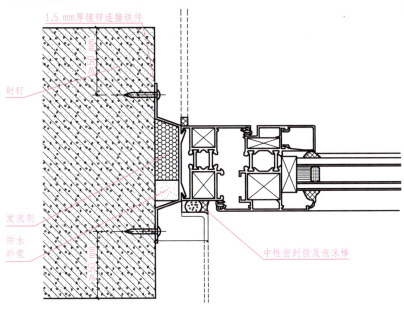

图 6-29　固定片与墙体固定点中心位置至墙边缘距离

5)相邻洞口金属附框平面内位置偏差应小于 10 mm。金属附框内缘应与抹灰后的洞口装饰面齐平,金属附框宽度和高度允许尺寸偏差及对角线偏差应符合表 6-11 的规定。

表 6-11　金属附框安装允许偏差

项目	允许偏差值/mm	检测方法
金属附框高、宽偏差	±3	用钢卷尺检查
对角线尺寸偏差	±4	用钢卷尺检查

6)铝合金门窗框与金属附框连接固定应牢固可靠,连接固定点位置应符合图 6-29 的规定。建筑外门窗的安装必须牢固,在砌体上安装门窗严禁用射钉固定。

7)铝合金门窗固定部位玻璃安装应符合《建筑玻璃应用技术规程》(JGJ 113—2009)的规定和相关规范要求。

8)铝合金门窗开启扇及开启五金件装配宜在工厂内组装完成。

▲【施工质量检测与验收】

(1)金属门窗工程验收应符合现行《建筑工程施工质量验收统一标准》(GB 50300—2013)、《建筑装饰装修工程质量验收规范》(GB 50210—2001)及《建筑节能工程施工质量验收规范》(GB 50411—2007)的有关规定。

(2)验收批划分。同一品种、类型和规格门窗及门窗玻璃每 100 樘应划分为一个检验批,不足 100 樘也应划分为一个检验批;同一品种、类型和规格的特种门每 50 樘应划分为一个检验批,不足 50 樘也应划分为一个检验批。

(3)检查数量。每个检验批应至少抽查5%,并不得少于3樘,不足3樘时应全数检查;高层建筑的外窗,每个检验批应至少抽查10%,并不得少于6樘,不足6樘时应全数检查。

(4)金属门窗安装工程的质量验收主控项目检验内容及检验方法见表6-12。

表6-12 金属门窗安装工程的质量验收主控项目检验内容及检验方法

项次	项目要求	检验方法
1	铝合金门窗的物理性能应符合设计要求	检查门窗性能检测报告或建筑门窗节能性能标识证书,必要时可对外窗进行现场淋水实验
2	铝合金门窗所用铝合金型材的合金牌号、供应状态、化学成分、力学性能、尺寸偏差、表面处理及外观质量应符合现行国家标准的规定	观察;尺量等,检查型材产品质量合格证书
3	铝合金门窗型材主要受力杆件材料壁厚应符合要求,其中门用主型材主要受力部位基材截面最小实测壁厚不应小于2.0 mm,窗用主型材主要受力部位基材截面最小实测壁厚不应小于1.4 mm	观察;游标卡尺检查;千分尺检查;检查进场验收记录
4	铝合金门窗框及金属附框与洞口的连接安装应牢固可靠,预埋件与锚固件的数量、位置与框的连接应符合设计要求	观察;手扳检查;检查隐蔽工程验收记录
5	铝合金门窗扇应安装牢固、开关灵活、关闭严密。推拉窗扇应安装防脱落装置	观察;开启和关闭检查;手扳检查
6	铝合金门窗五金件的型号、规格、数量应符合设计要求,安装应牢固、位置应正确,功能应满足使用要求	观察;开启和关闭检查;手扳检查

(5)铝合金门窗安装工程的质量验收一般项目检验内容及检验方法见表6-13。铝合金门窗安装的留缝限值、允许偏差和检验方法见表6-14。

表6-13 铝合金门窗安装工程的质量验收一般项目检验内容及检验方法

项次	项目要求	检验方法
1	铝合金门窗外观表面应洁净,无明显色差、划痕、擦伤及碰伤。密封胶无间断,表面应平整光滑,厚度均匀	观察
2	除带有关闭装置的门(地弹簧、闭门器)和提升推拉门、无平衡装置的提拉窗外,铝合金门窗扇启闭力应小于50 N	用测力计检查。每个检验批应至少抽查5%,并不得少于3樘
3	门窗框与墙体之间的缝隙应填嵌饱满,填塞材料和方法应符合设计要求,密封胶表面应光滑、顺直、无裂纹	观察;轻敲门窗框检查;检查隐蔽工程验收记录
4	密封胶条和密封毛条装配应完好、平整,不得脱出槽口外,交角处平顺、可靠	观察;开启和关闭检查
5	铝合金门窗排水孔应畅通,其尺寸、位置和数量应符合设计要求	观察;测量
6	铝合金门窗安装的允许偏差和检验方法应符合表6-14的规定	按表6-14中的检验方法进行检验

表 6-14　铝合金门窗安装的留缝限值、允许偏差和检验方法

项次	项目		允许偏差/mm	检验方法
1	门窗框进出方向位置		±5.0	用经纬仪检查
2	门窗框标高		±3.0	用水平仪检查
3	门窗框左右方向相对位置偏差(无对线要求时)	相邻两层处于同一垂直位置	+10 0.0	用经纬仪检查
		全楼高度内处于同一垂直位置(30 m 以下)	+15 0.0	
		全楼高度内处于同一垂直位置(30 m 以上)	+20 0.0	
4	门窗框左右方向相对位置偏差(有对线要求时)	相邻两层处于同一垂直位置	+2 0.0	
		全楼高度内处于同一垂直位置(30 m 以下)	+10 0.0	
		全楼高度内处于同一垂直位置(30 m 以上)	+15 0.0	
5	门窗竖边框及中竖框自身进出方向和左右方向的垂直度		±1.5	用铅垂仪或经纬仪检查
6	门窗上、下框及中横框水平		±1.0	用水平仪检查
7	相邻两横向框的高度相对位置偏差		+1.5 0.0	
8	门窗宽度、高度构造内侧边对边尺寸差	$L<2\,000$	+2.0 0.0	用钢卷尺检查
		$2\,000 \leqslant L < 3\,500$	+3.0 0.0	
		$L \geqslant 3\,500$	+4.0 0.0	

任务小结

本任务主要介绍了常见的金属门窗构造图及识图基础知识,以铝合金门窗施工为示范介绍了金属门窗施工材料、机具、工艺流程、工艺要点及质量检测要求和方法。针对不同要求门窗的选材及施工可查阅《铝合金门窗》(02J603—1)、《节能铝合金门窗——蓝光系列》(07CJ12)、《铝合金门窗工程技术规范》(JGJ 214—2010)、《不锈钢门窗》(13J602—3)等规范、标准。

任务练习

(1)通过书籍、网络收集铝合金门窗施工中易出现的质量通病,并给出防止措施。
(2)根据铝合金门窗质量检验的方法,检测身边的铝合金门窗安装质量。

项目 6　门窗工程

任务6.3　塑料门窗施工

任务目标

【知识目标】

1. 了解塑料门窗常用的材料及其制品的质量要求。
2. 了解塑料门窗安装前准备工作的内容与方法。
3. 掌握塑料门窗的制作、安装方法。
4. 熟悉塑料门窗安装质量验收的内容及方法。

【能力目标】

1. 会识读塑料门窗施工图。
2. 会编制塑料门窗安装工艺流程。
3. 能正确使用检测工具并实施质量验收。

任务实施

【构造与识图】

1. 塑料门窗识图基础

塑料门窗(图6-30)由塑料型材内腔加装增强型钢，经焊接加工制成，主要包括平开窗、推拉窗、上悬窗、下悬组合窗、推拉组合窗、平开门、推拉门等。其名称和代号规定与木门窗及金属门窗基本相同。

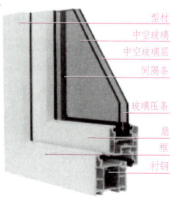

图6-30　塑料门窗基本构成

2. 塑料门窗基本构造

(1)基本门窗和组合门窗的洞口尺寸应符合《建筑门窗洞口尺寸系列》(GB 5824—2008)的要求。门窗构造尺寸由门窗生产厂家按建筑工程实际需要进行调整。

(2)基本门窗以单樘构件组合而成。组合门窗是以单樘门窗加拼樘料组合而成的条窗、带窗以及门连窗等。

【施工材料选用】

安装塑料门窗固定片应符合《聚氯乙烯(PVC)门窗固定片》(JG/T 132—2000)的有关规定。

塑料组合门窗使用的拼樘料截面尺寸及内衬增强型钢的形状、壁厚应符合设计要求。承受风荷载的拼樘料应采用与其内腔紧密吻合的增强型钢作为内衬,型钢两端应比拼樘料略长,其长度应符合要求。

用于组合门窗拼樘料与墙体连接的钢连接件,厚度应经计算确定,并不应小于 2.5 mm。连接件表面应进行防锈处理。

钢附框应采用壁厚不小于 1.5 mm 的碳素结构钢或低合金结构钢制成。附框的内、外表面均应进行防锈处理。

塑料门窗所用玻璃主要采用单层玻璃、中空玻璃和夹层玻璃。单层玻璃厚度为 4 mm、5 mm、6 mm、8 mm;夹层玻璃厚度为 4 mm+4 mm、5 mm+5 mm、6 mm+6 mm;中空玻璃厚度为 4 mm+A+4 mm+A+5 mm、6 mm+A+6 mm(A=6 mm、9 mm、12 mm、15 mm)。

门窗安装用密封条、发泡剂应符合国家现行标准规定。

【塑料门(窗)安装】

1. 施工工具与机具选用

线坠、粉线包、水平尺、托线板、手锤、扁铲、钢卷尺、螺丝刀、冲击电钻、射钉枪、锯、刨子、小平锹、小水桶、钻子等。

2. 安装施工

(1)基本安装工艺流程。框进洞口→调整定位→门窗框固定→盖工艺孔帽及密封处理→打聚氨酯发泡胶→洞口抹灰→清理砂浆→打密封胶→安装配件→装玻璃(或门、窗扇)→表面清理→去保护膜。

(2)施工要点及注意事项。门窗应采用预留洞口法安装,不能直接与水泥砂浆接触,应按《塑料门窗工程技术规程》(JGJ 103—2008)的规定施工。

1)将不同型号、规格的塑料门窗搬到相应的洞口旁竖放。当有保护膜脱落时,应补贴保护膜,并在框上下边画中线。

2)如果玻璃已安装在门窗上,应卸下玻璃,并做好标记。

3)在门窗的上框及边框上安装固定片,其安装应符合下列要求:

①检查门窗框上下边的位置及其内外朝向,确认无误后再安固定片。安装时应先采用直径为 φ3.2 mm 的钻头钻孔,然后将十字槽盘端头自攻螺栓 M4×20 拧入,严禁直接锤击钉入。

②固定片的位置(图 6-31)应距门窗角、中竖框、中横框 150~200 mm,固定片之间的间距应不大于 600 mm。不得将固定片直接装在中横框、中竖框的挡头上。

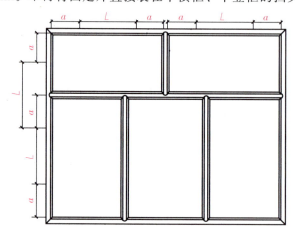

图 6-31 固定片或膨胀螺钉的安装位置

a—端头(或中框)至固定片(或膨胀螺栓)的距离;L—固定片(或膨胀螺栓)之间的距离

4)根据设计图纸及门窗扇的开启方向,确定门窗框的安装位置,把门窗框装入洞口,并使其上下框中线与洞口中线对齐。安装时应采取防止门窗变形的措施。无下框平开门,应使两边框的下脚低于地面标高线 30 mm。带下框的平开门或推拉门应使下框低于地面标高线 10 mm。然后将上框的一个固定片固定在墙体上,并应调整门框的水平度、垂直度和直角度,用木楔临时固定。当下框长度大于 0.9 m 时,其中间也用木楔塞紧,然后调整垂直度、水平度及直角度。

5)当门窗与墙体固定时,应先固定上框,后固定边框。拼樘料与墙体连接时,其两端必须与洞口固定牢固。固定方法(图 6-32)如下:

①混凝土墙洞口采用塑料膨胀螺栓固定。

②砖墙洞口采用塑料膨胀螺栓或水泥钉固定,并固定在胶粘圆木上。

③加气混凝土洞口采用木螺钉将固定片固定在胶粘圆木上。

④设有预埋铁件的洞口应采取焊接的方法固定,也可先在预埋件上按拧紧固件规格打基孔,然后用紧固件固定。

⑤设有防腐木砖的墙面采用木螺钉把固定片固定在防腐木砖上。

⑥窗下框与墙体的固定可将固定片直接伸入墙体预留孔内,并用砂浆填实。

⑦应将门窗框或两窗框与拼樘料卡接,并用紧固件双向扣紧,其间距不大于 600 mm;紧固件端头及拼樘料与窗框之间缝隙用嵌缝油膏密封处理。拼樘料连接节点见图 6-33。

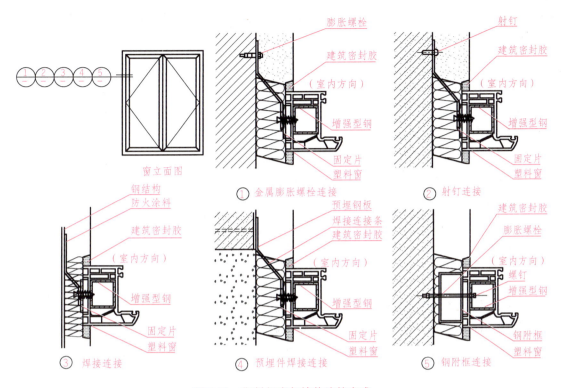

图 6-32 塑料门窗与墙体连接方式

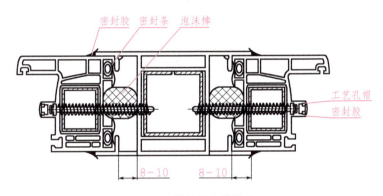

图 6-33 拼樘料连接节点

⑧门窗框与洞口之间的伸缩缝内腔应采用闭孔泡沫塑料、发泡聚苯乙烯等弹性材料分层填塞。之后去掉临时固定用的木楔,其空隙用相同材料填塞。

⑨门窗洞内外侧与门窗框之间缝隙的处理如下:

普通单玻璃窗、门:洞口内外侧与门窗框之间用水泥砂浆或麻刀白灰浆填实抹平;靠近铰链一侧,灰浆压住门窗框的厚度以不影响扇的开启为限,待水泥砂浆或麻刀灰浆硬化后,外侧用嵌缝膏进行密封处理。

保温、隔声门窗:洞口内侧与窗框之间用水泥砂浆或麻刀白灰浆填实抹平;当外侧抹灰时,应用片材将抹灰层与门窗框临时隔开,其厚度为 5 mm,抹灰层应超出门窗框,其厚度以不影响扇的开启为限。待外抹灰层硬化后，撤去片材，将嵌缝膏挤入抹灰层与门窗框缝隙内。

⑩门扇待水泥砂浆硬化后安装。

⑪门窗玻璃的安装应符合下列规定：

a. 玻璃不得与玻璃槽直接接触，应在玻璃四边垫上不同厚度的玻璃垫块。边框上的垫块应用聚氯乙烯胶加以固定。

b. 将玻璃装进框扇内，然后用玻璃压条将其固定。

c. 安装双层玻璃时，玻璃夹层四周应嵌入隔条，中隔条应保证密封、不变形、不脱落；玻璃槽及玻璃内表面应干燥、清洁。

d. 镀膜玻璃应装在玻璃的最外层；单面镀膜层应朝向室内。

⑫门锁、执手、纱窗铰链及锁扣等五金配件应安装牢固、位置正确、开关灵活。安装完后应整理纱网，压实压条。

▲【质量检测与验收】

（1）塑料门窗验收应符合《建筑工程质量验收统一标准》(GB 50300—2013)、《建筑装饰装修工程质量验收规范》(GB 50210—2001)的有关规定执行。有特殊要求的门窗，可按合同约定的相关条款执行。

（2）验收批划分。同一品种、类型和规格门窗及门窗玻璃每100樘应划分为一个检验批，不足100樘也应划分为一个检验批；同一品种、类型和规格的特种门每50樘应划分为一个检验批，不足50樘也应划分为一个检验批。

（3）检查数量。每个检验批应至少抽查5%，并不得少于3樘，不足3樘时应全数检查；高层建筑的外窗，每个检验批应至少抽查10%，并不得少于6樘，不足6樘时应全数检查。

（4）塑料门窗验收主控制项目检验内容及检验方法见表6-15，一般项目检验内容及检验方法见表6-16。塑料门窗安装的允许偏差和检验方法见表6-17。

表6-15　塑料门窗验收主控项目检验内容及检验方法

项次	项目要求	检验方法
1	塑料门窗的品种、类型、规格、尺寸、开启方向、安装位置、连接方式及填嵌密封处理应符合设计要求，内衬增强型钢的壁厚及设置应符合国家现行产品标准的质量要求	观察；尺量检查；检查产品合格证书、性能检测报告、进场验收记录和复验报告；检查隐蔽工程验收记录
2	塑料门窗框、附框和扇的安装必须牢固。固定片或膨胀螺栓的数量与位置应正确，连接方式应符合设计要求。固定点应距窗角、中横框、中竖框150～200 mm，固定点间距不大于600 mm	观察；手扳检查；检查隐蔽工程验收记录
3	塑料门窗拼樘料内衬增强型钢的规格、壁厚必须符合设计要求，型钢应与型材内腔紧密吻合，其两端必须与洞口固定牢靠。窗框必须与拼樘料连接紧密，固定点间距应不大于600 mm	观察；手扳检查；尺量检查；检查进场验收记录

续表

项次	项目要求	检验方法
4	塑料门窗扇应开关灵活、关闭严密、无倒翘。推拉门窗扇必须有防脱落措施	观察;开启和关闭检查;手扳检查
5	塑料门窗配件的型号、规格、数量应符合设计要求,安装应牢固,位置应正确,功能应满足使用要求	观察;手扳检查;尺量检查
6	塑料门窗框与墙体间缝隙应采用闭孔弹性材料填嵌饱满,表面应采用密封胶密封。密封胶应粘结牢固,表面应光滑、顺直、无裂纹	观察;检查隐蔽工程验收记录

表 6-16 塑料门窗验收一般项目检验内容及检验方法

项次	项目要求	检验方法
1	塑料门窗表面应洁净、平整、光滑,大面应无划痕、碰伤	观察
2	塑料门窗扇的密封条不得脱槽。旋转窗间隙应基本均匀	观察
3	平开门窗扇平铰链的开关力应不大于 80 N;滑撑铰链的开关力应不大于 80 N,并不小于 30 N,推拉门窗扇的开关力应不大于 100 N	观察;用弹簧秤检查
4	玻璃密封条与玻璃及玻璃槽口的接缝应平整;不得卷边、脱槽	观察
5	排水孔应畅通,位置和数量应符合设计要求	观察
6	塑料门窗安装的允许偏差和检验方法应符合表 6-17 的规定	按表 6-17 中的检验方法进行检验

表 6-17 塑料门窗安装的允许偏差和检验方法

项目		允许偏差/mm	检验方法
门窗框外形(高、宽)尺寸长度差	≤1 500	2	用精度 1 mm 钢卷尺测量外框两相对外端面,测量部位距端部 100 mm
	>1 500	3	
门窗框对角线长度差	≤2 000	3	用精度 1 mm 钢卷尺测量内角
	>2 000	5	
门、窗框(含拼樘料)正、侧面垂直度		3	用 1 m 垂直检测尺检查
门、窗框(含拼樘料)水平度		3.0	用 1 m 水平尺和精度 0.5 mm 塞尺检查
门、窗下横框的标高		5	用精度 1 mm 钢直尺检查,与基准线比较
双层门、窗内外框间距		4.0	用精度 0.5 mm 钢直尺检查
门、窗竖向偏离中心		5.0	用精度 0.5 mm 钢直尺检查

续表

项目		允许偏差/mm	检验方法
平开门窗及上悬、下悬、中悬窗	门、窗扇与框搭接量	2.0	用深度尺或精度 0.5 mm 钢直尺检查
	同樘门、窗相邻扇的水平高度差	2.0	用靠尺或精度 0.5 mm 钢直尺检查
	门、窗框扇四周的配合间隙	1.0	用楔形塞尺检查
推拉门窗	门、窗扇与框搭接量	2.0	用深度尺或精度 0.5 mm 钢直尺检查
	门、窗扇与框或相邻扇立边平行度	2.0	用精度 0.5 mm 钢直尺检查
组合门窗	平面度	2.5	用靠尺或精度 0.5 mm 钢直尺检查
	竖缝直线度	2.5	用靠尺或精度 0.5 mm 钢直尺检查
	横缝直线度	2.5	用靠尺或精度 0.5 mm 钢直尺检查

任务小结

本任务主要介绍了塑料门窗的识图、材料选用、安装施工的基本知识和方法、安装施工的质量检测，更多相关知识请查阅《塑料门窗工程技术规程》(JGJ 103—2008)、《未增塑聚氯乙烯(PVC-U)塑料门窗》(07J604)等规范、技术规程。

任务练习

利用检测工具对已建建筑物内的塑料门窗进行安装质量检测。

项目 7

细部工程

任务 7.1　窗帘盒

任务目标

◉【知识目标】

1. 了解窗帘盒的基本构造及材料选用。
2. 熟悉窗帘盒制作、安装验收的内容及方法。

◉【能力目标】

1. 掌握窗帘盒的制作、安装方法。
2. 能正确使用检测工具并实施质量验收。
3. 培养学生节能环保意识。

任务实施

▲【构造与识图】

窗帘盒分为明装窗帘盒和暗装窗帘盒两种,窗帘轨道有单轨、双轨和三轨三种,拉窗帘可以通过手动或电动方式。明装窗帘盒:贴墙明露,常设单轨、双轨两种,见图 7-1。暗装窗帘盒:一面贴墙,一面和室内吊顶交接,顶板用木螺钉固定于木搁栅上,见图 7-2。

图 7-1　明装窗帘盒
(a) 上面不盖板；(b) 侧面用胶合板；(c) 顶、侧用板

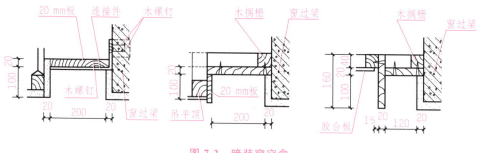

图 7-2 暗装窗帘盒

▲【施工材料选用】

(1)窗帘盒制作与安装工程属于室内精装饰工程,木制品较多。要选用优质木材并经过干燥,满足含水率要求(设计对木材含水率无具体规定时,木龙骨含水率不大于15%,外露面层木制品含水率不大于12%),再进行细致加工制作。窗帘盒应配置适宜、造型美观。

(2)窗帘盒制作与安装所用材料应具有产品合格证书,其材质、规格和木材的燃烧性能等级等应符合设计要求及国家现行标准的规定。

(3)在使用前,人造木板要按照材料试验规定的方法取样进行甲醛含量复验。

(4)窗帘盒制品及配件在包装、安装和运输时,应采取措施防止损伤。

▲【施工工艺及施工要点】

1. 工艺流程

窗帘盒制作→安装预埋件→安装窗帘盒、轨道→检查验收。

2. 施工要点

(1)窗帘盒制作。窗帘盒可根据设计图纸制成各种式样。加工时先将木料用大刨刨平、刨光。有线条时,应用起线刨子顺木纹起线条,线条应光滑、清晰。连接金属件宜选用优质铝合金型材。采用木棍或钢筋做窗帘杆时,应在窗帘盒两端头板上钻孔以便固定。

(2)窗帘轨道安装。安装前先检查是否平直,如有弯曲,先调直再安装。明窗帘盒宜先安装轨道,暗窗帘盒可后安装轨道。采用电动窗帘轨道时,应按产品说明书进行安装调试。

(3)窗帘盒安装。窗帘盒的净空尺寸包括净宽度和净高度。在安装前,根据施工图中对窗帘层次的要求检查这两个净空尺寸。宽度不足时,窗帘将过紧,不好被拉动闭启;反之宽度过大,窗帘与窗帘盒因空隙过大而破坏美观。净高度不足时,不能起到遮挡窗帘上部结构的作用;反之高度过大,窗帘盒会给人一种下坠感。

下料时,单层窗帘的窗帘盒净宽度一般为100~120 mm,双层窗帘的窗帘盒净宽度一般为140~150 mm。窗帘盒的净高度要根据不同的窗帘来定,一般布料窗帘盒的净高为120 mm左右,垂直百叶窗和铝合金百叶窗的窗帘盒净高度一般为150 mm左右。

▲【质量检测与验收】

(1)窗帘盒的制作和安装须符合设计和规范的要求。

(2)分项工程的检验批应按下列规定划分:每50间(处)应划分为一个检验批,不足50间(处)也应划分为一个检验批。

(3)检查数量应符合下列规定:每个检验批应至少抽查3间(处),不足3间(处)时应全数检查。

(4)验收内容:细部工程验收时应检查的相关文件和记录。

1)施工图、设计说明及其他设计文件。

2)材料的产品合格证书、性能检测报告、进场验收记录和复验报告。

3)隐蔽工程验收记录。

4)施工记录。

(5)验收规定:验收按照主控项目和一般项目进行,具体验收要求见表7-1和表7-2。

表7-1 窗帘盒施工质量验收

检验项目		标准	检验方法
主控项目		窗帘盒制作与安装所使用材料的材质和规格、木材的燃烧性能等级和含水率、人造木板的甲醛含量应符合设计要求及国家现行标准的有关规定	观察;检查产品合格证书、进场验收记录、性能检测报告和复验报告
		窗帘盒的造型、规格、尺寸、安装位置和固定方法必须符合设计要求	观察;尺量检查;手扳检查
		窗帘盒配件的品种、规格应符合设计要求,安装牢固	手扳检查;检查进场验收记录
一般项目		窗帘盒表面应平整、洁净、线条顺直、接缝严密、色泽一致,不得有裂缝、翘曲及损坏	观察
		窗帘盒与墙、窗框的衔接应严密,密封胶缝应顺直、光滑	观察
		窗帘盒安装的允许偏差和检验方法应符合表7-2的规定	按表7-2中的检验方法进行检验

表7-2 窗帘盒安装的允许偏差和检验方法

项次	项目	允许偏差/mm	检验方法
1	水平度	2	用1 m水平尺和塞尺检查
2	上口、下口直线度	3	拉5 m线,不足5 m拉通线,用钢直尺检查
3	两端距窗洞口长度差	2	用钢直尺检查
4	两端出墙厚度差	3	用钢直尺检查

任务小结

本任务主要介绍窗帘盒制作与材料选用、安装及质量验收等相关知识。

项目 7 细部工程

任务练习

（1）收集有关资料，编制窗帘盒制作、安装施工工艺。

（2）进行窗帘盒操作的训练。

任务 7.2 橱柜

【知识目标】

1. 了解橱柜的基本构造及材料选用。
2. 熟悉橱柜制作、安装验收的内容及方法。

【能力目标】

1. 掌握橱柜的制作、安装方法。
2. 能正确使用检测工具并实施质量验收。

【构造与识图】

橱柜可以在一面墙上安放，也可以用它装饰四面墙壁。其高度可直至天花板以充分利用空间；也可以用作房间的间壁墙，把两个房间完全分开或者安设透明橱柜，使两个房间半联通。柜体结构可采用多种方式，部件、门板可现场加工，也可购买成品。某橱柜拼装配料图如图 7-3 所示。

【施工材料选用】

橱柜制作与安装工程属于室内精装饰工程，而且木制品较多。因此，首先要选用优质木材并经过干

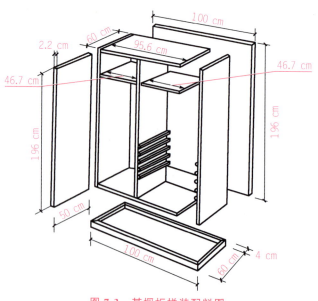

图 7-3 某橱柜拼装配料图

燥，满足含水率要求(设计对木材含水率无具体规定时，木龙骨含水率不大于15%，外露面层木制品含水率不大于12%)，再进行细致加工制作。橱柜制品应配置适宜、造型美观。

(1)橱柜制作与安装所用材料应具有产品合格证书，其材质、规格，木材的燃烧性能等级、含水率应符合设计要求及国家现行标准的规定。

(2)人造木板及饰面人造板。

1)饰面用的人造板、胶合板，其纹理、色泽应符合设计要求，其材质、等级应选用较高等级(3A级)的质量标准的板材。内衬基层所用的人造板表面质量标准可比饰面低，但强度仍与饰面板相同。

2)人造木板进入现场应有出厂质量保证书，品种符合设计要求，且具有性能检测报告。对进场的人造木板，应按有关规定进行复验。严禁使用受水浸泡的不合格人造木板及饰面人造木板。

3)人造板及饰面人造木板游离甲醛含量或释放量应符合设计要求及国家现行标准的规定。

(3)胶粘剂的类型，必须与设计要求、产品的使用说明、材质证明和所用饰面板、龙骨对照，配套使用。胶粘剂应具备稳定性能、耐久性能、耐温性能和耐化学性能。当用于湿度较大的房间时，应选用具有防水、防潮、防霉等性能的胶粘剂。对暴露于室外的粘结件，尚应具有耐风霜、日照、雨雪及温度变化的耐候性。如在现场配制使用，其配合比应由试验确定。

(4)花岗石、大理石台面板的品种、形式、图案须符合设计要求。其放射性指标限量应符合《民用建筑工程室内环境污染控制规范》(GB 50325—2010)的规定。

(5)橱柜制品及配件在包装、安装和运输时，应防止碰伤、污染、受潮及暴晒。

▲【制作与施工】

1. 施工作业条件

(1)橱柜所用木材、胶合板、小五金及机具等均已检验合格，准备就绪。

(2)按施工规范和设计要求已对木材进行了干燥、防腐、防虫、防火处理。

(3)屋面或楼面的防水层已完工，并验收合格。

(4)已完成顶棚、墙面、地面抹灰湿作业。

(5)顶棚、墙面、地面内的预埋件数量和安装质量，经检查符合要求。

2. 工艺流程

弹线→制作框架→下料、制作基板→装配基板→固定就位→安装门扇、抽屉→安装五金件→检查验收。

3. 施工要点

(1)制作与安装质量是影响橱柜制作与安装分项工程的关键因素。现场检查应着重检查橱柜的制作方法是否符合设计要求，造型、饰面图案是否符合样板件的要求；橱柜的安装位置、固定方法是否符合设计要求；抽屉、橱门的开启和关闭是否灵活，回位是否正确。配件应齐全，安装应牢固。

(2)橱柜制作与安装工程试验。

1)对各试验项目的取样，包括：木材材质鉴定的取样，胶粘剂试验的取样，人造木板有害物试验的取样，铁制埋件的取样。

2)样板(件)的制作根据相同基质材料，按设计要求的造型、款式、图案、固定方法进行。完成后的样板供设计审定，样品必须经建设(监理)单位有关部门确认后方准许大面积施工。

3)牢固度的试验方法(强度)：

①橱柜单体拼装后，手扳无松动、摇晃现象，并能承受设计的荷载要求。

②吊装后的橱柜，经手扳无松动、摇晃现象，可做承受设计荷载的2倍试验。

③橱柜门扇用手扳无松动、摇晃现象，开启、关闭灵活。

试验中如有松动、摇晃现象，须重新加固，经试验检查合格。

▲【质量检测与验收】

(1)橱柜的制作和施工应符合设计和规范要求。

(2)检验批的划分。同类橱柜每50间(处)应划分为一个检验批，不足50间(处)也应划分为一个检验批。

(3)检查数量。每个检验批至少抽查3间(处)，不足3间(处)时应全数检查。

(4)验收内容。细部工程验收时应检查下列文件和记录：

1)施工图、设计说明及其他设计文件。

2)材料的产品合格证书、性能检测报告、进场验收记录和复验报告。

3)隐蔽工程验收记录。

4)施工记录。

(5)验收按照主控项目和一般项目要求进行，见表7-3。

表7-3 橱柜施工质量验收

检验项目		标准	检验方法
主控项目		橱柜制作与安装所用材料的材质和规格、木材的燃烧性能等级和含水率、花岗石的放射性及人造木板的甲醛含量应符合设计要求及国家现行标准的有关规定	观察；检查产品合格证书、进场验收记录、性能检测报告和复验报告
		橱柜安装预埋件或后置埋件的数量、规格、位置应符合设计要求	检查隐蔽工程验收记录和施工记录
		橱柜的造型、尺寸、安装位置、制作和固定方法应符合设计要求。橱柜安装必须牢固	观察；尺量检查；手扳检查
		橱柜配件的品种、规格应符合设计要求。配件应齐全，安装应牢固	观察；手扳检查；检查进场验收记录
		橱柜的抽屉和柜门应开关灵活、回位正确	观察；开启和关闭检查

续表

检验项目	标准	检验方法
一般项目	橱柜表面应平整、洁净、色泽一致，不得有裂缝、翘曲及损坏	观察
	橱柜裁口应顺直、拼缝应严密	观察
	橱柜安装的允许偏差和检验方法应符合表7-4的规定	按表7-4中的检验方法进行检验

表7-4 橱柜安装的允许偏差和检验方法

项次	项目	允许偏差/mm	检验方法
1	外型尺寸	3	用钢尺检查
2	立面垂直度	2	用1 m垂直检测尺检查
3	门与框架的平等度	2	用钢尺检查

任务小结

本任务主要介绍橱柜制作与材料选用、安装及质量验收等相关知识。

任务练习

收集有关资料，编制橱柜制作、安装施工工艺。

任务7.3 护栏与扶手

任务目标

【知识目标】

1. 了解护栏、扶手的基本构造及材料选用。
2. 熟悉护栏、扶手制作、安装验收的内容及方法。

【能力目标】

1. 能制作、安装护栏、扶手。
2. 能正确使用检测工具并实施质量验收。

项目 7 细部工程

任务实施

【构造与识图】

楼梯栏杆、扶手可分为有栏板楼梯扶手、空花楼梯栏杆扶手及靠墙扶手等。从材料使用上可分金属、硬质木材和组合材料的栏杆、扶手等,如图 7-4、图 7-5 所示。

图 7-4 木扶手铁艺栏杆

图 7-5 不锈钢扶手栏杆

扶手两端的固定:扶手两端锚固点应该是不发生变形的牢固部位,如墙、柱或金属附加柱等。对于墙体或柱,可以预先在主体结构上埋铁件,然后将扶手与铁件连接,如图 7-6 所示。

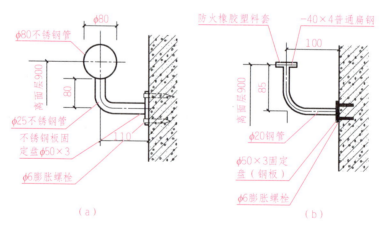

图 7-6 在墙体或柱上安装扶手

(a)φ80 不锈钢楼梯扶手在墙上安装;(b)防火橡胶塑料扶手在墙上安装

【施工材料选用】

(1)制作栏杆、扶手的原材料,应有出厂质量合格证或试验报告,进场时应按批号分批验收。没有出厂合格证明的材料,必须按有关标准的规定抽取试样做物理、化学性能试验,合格后方可使用,严禁使用不合格的材料。

(2)扶手木料的树种材质和含水率必须符合设计要求及现行验收规范的规定,木制扶手不得有腐朽、节疤、裂缝、扭曲等缺陷，含水率不得大于12%。

(3)护栏和扶手的制作与安装所使用材料的材质、规格、数量和木材、塑料燃烧性能等级应符合设计要求。

(4)焊条或焊丝应选用适合于所焊接的材料的品种，且应有出厂合格证。

(5)预埋件材质、规格、数量应符合设计及规范要求。

▲【施工工艺与施工要点】

1. 工艺流程

制作半成品→安装预埋件→刷防腐剂→安装栏杆、扶手→检查验收。

2. 施工要点

(1)木扶手安装。

1)选用顺直、少节的硬木材料，花样必须符合设计规定，制作弯头前应做实样板。

2)接头均应在下面做暗燕尾榫，接头应牢固，不得错牙。

3)安装必须牢固、顺直。

4)木纹花饰，在花饰上做雄榫，在垫板扶手下做雌榫，用木螺钉拧紧。

5)木扶手安装宜由下往上进行，首先预装起步弯头，即先连接第一跑扶手的折弯弯头，再配置中间段扶手、进行分段预装粘结，扶手应用木螺钉拧紧固定，固定间距宜控制在 400 mm 以内，螺母应卧平，不得冒出。

(2)塑料扶手安装。

1)安装塑料扶手时，先将材料加热到 65 ℃～80 ℃，待其变软后将其自上而下地包覆在支撑上，应注意避免将其拉长。

2)转角处要做接头时，可用热金属板或电加热刀将塑料扶手的断面表面加热，然后对焊。

3)在有太阳直射的地方，应在塑料扶手下面焊些用边角料切成的塑料连接块，将扶手底部的两个边缘连接在一起，防止扶手变形或在弯曲处撑开。

4)焊接缝冷却后，必须用锉刀和砂纸磨光，但注意不要使材料发热。如果发热，可用冷水冷却，最后用布蘸快干溶剂轻轻擦洗，再用无色蜡烛抛光。

(3)不锈钢护栏、扶手安装。

1)根据现场放线的实测数据和设计要求绘制施工详图。

2)选择合格的原材料。一般立柱和扶手的管壁厚度不宜小于 1.2 mm，扶手的弯头配件应选用正规厂家生产的产品。

3)尽量采用工厂成品配件和杆件，有造型曲线要求的栏杆扶手，应先制作好统一的样板构件，逐件对照检查，确保成品构件的尺寸。

4)设有玻璃栏板的栏杆，加工玻璃时，应根据图纸或设计要求及现场的实际尺寸加工钢化玻璃(其厚度不小于 12 mm)或夹胶玻璃。玻璃各边及阳角应做成斜边或圆角，以防伤手。

5)不锈钢管扶手的焊接宜使用氩弧焊机焊接。焊缝一次不宜过长,防止钢管受热变形。不锈钢管表面抛光时应先用粗片进行打磨,如表面有砂眼不平处,可用氩弧焊补焊,大面磨平后,再用细片进行抛光。抛光处的质量效果应与表面一致。

6)方、圆不锈钢管焊缝打磨时,必须保证平整、光滑。经过防锈处理后,焊缝及表面应磨平、补光。扶手折弯处应顺平、磨光,折角线清晰,坡角合适,弯曲自然,断面一致。

(4)护栏、扶手制作、安装其他规定。

1)护栏立杆应按所弹固定件的位置线,打孔安装。每个固定件不得少于两个 $\phi 10$ 的膨胀螺栓固定。

2)护栏立杆与固定件焊接时,应放出上、下两条立杆位置线,每根主立杆应先点焊定位,检查垂直合格后,再分别满焊。焊缝应符合设计要求及施工规范规定。不锈钢管为主立杆时,其厚度不得小于 1.5 mm;钢管为主立杆时,其厚度要大于 2 mm。焊接后应清除焊药、刷防锈漆处理。

3)栏杆处的石材地面为整块安装时,立杆焊接后,应按照立杆的位置,将石材开口套装在立杆上。开口大小应保证栏杆的法兰盘能盖严。安装盖板时宜使用水泥砂浆固定石材,可加强栏杆立杆的稳定性。

4)护栏玻璃类型、厚度应符合设计要求,并应使用厚度不小于 12 mm 的钢化玻璃或钢化夹层玻璃。

▲【施工质量检测与验收】

(1)栏杆和扶手的施工质量应符合设计和规范要求。

(2)检验批的划分:立柱预埋件安装、栏杆安装、扶手各按两层划分一个检验批。

(3)检查数量:每个检验批的护栏和扶手应全部检查。

(4)验收内容:细部工程验收时应检查如下相关文件和记录。

1)施工图、设计说明及其他设计文件。

2)材料的产品合格证书、性能检测报告、进场验收记录和复验报告。

3)隐蔽工程验收记录。

4)施工记录。

(5)验收按照主控项目和一般项目进行,见表 7-5。

表 7-5 护栏、扶手制作与安装工程验收要求

检验项目		标准	检验方法
主控项目		护栏、扶手制作与安装所使用材料的材质、规格、数量和木材、塑料的燃烧性能等级应符合设计要求	观察;检查产品合格证书、进场验收记录和性能检测报告
		护栏、扶手的造型、尺寸及安装位置应符合设计要求	观察;尺量检查;检查进场验收记录
		护栏、扶手安装预埋件的数量、规格、位置以及护栏与预埋件的连接节点应符合设计要求	检查隐蔽工程验收记录和施工记录

续表

检验项目		标准	检验方法
主控项目		护栏高度、栏杆间距、安装位置必须符合设计要求。护栏安装必须牢固	观察；尺量检查；手扳检查
		护栏玻璃应使用公称厚度不小于 12 mm 的钢化玻璃或钢化夹层玻璃。当护栏一侧距楼地面高度为 5 m 及以上时，应使用钢化夹层玻璃	观察；尺量检查；检查产品合格证书和进场验收记录
一般项目		护栏、扶手转角弧度应符合设计要求，接缝应严密，表面应光滑、色泽应一致，不得有裂缝、翘曲及损坏	观察；手摸检查
		护栏、扶手安装的允许偏差和检验方法应符合表 7-6 的规定	按表 7-6 中的检验方法进行检验

表 7-6　护栏和扶手安装的允许偏差和检验方法

项次	项目	允许偏差/mm	检验方法
1	护栏垂直度	3	用 1 m 垂直检测尺检查
2	栏杆间距	3	用钢尺检查
3	扶手直线度	4	拉通线，用钢直尺检查
4	扶手高度	3	用钢尺检查

任务小结

本任务主要介绍护栏、扶手制作与材料选用、安装及质量验收等相关知识。

任务练习

收集有关资料，编制护栏、扶手制作、安装施工工艺。

项目 8

水暖电工程

任务 8.1　电气管线及灯具工程

🔧 任务目标

● 【知识目标】

1. 了解电气管线及灯具常用的材料及其制品的质量要求。
2. 了解电气管线及灯具安装前准备工作的内容与方法。
3. 掌握电气管线及灯具的安装方法。
4. 熟悉电气管线及灯具安装验收的内容及方法。

● 【能力目标】

1. 会识读电气管线及灯具工程施工图。
2. 会编制电气管线及灯具工程施工工艺流程。
3. 能正确使用检测工具并实施质量验收。

🔧 任务实施

▲【构造与识图】

住宅电气照明工程施工图及住宅电气管线施工图见图 8-1 和图 8-2。

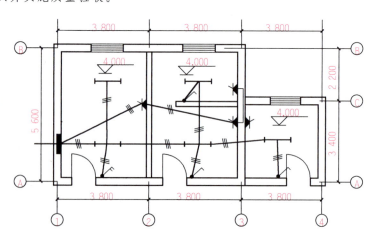

图 8-1　住宅电气照明工程施工图

任务8.1 电气管线及灯具工程

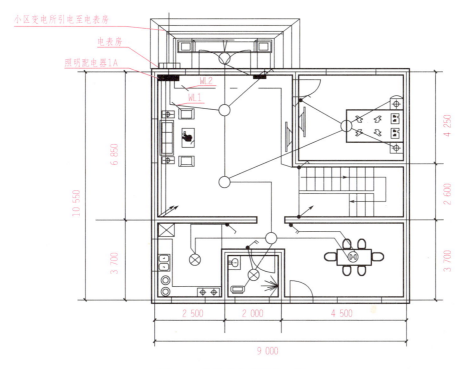

图8-2 住宅电气管线施工图

▲【施工材料选用】

施工材料见图8-3～图8-8。

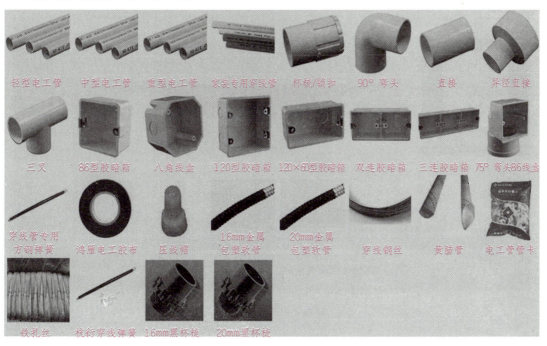

图8-3 各类电工管及附属材料

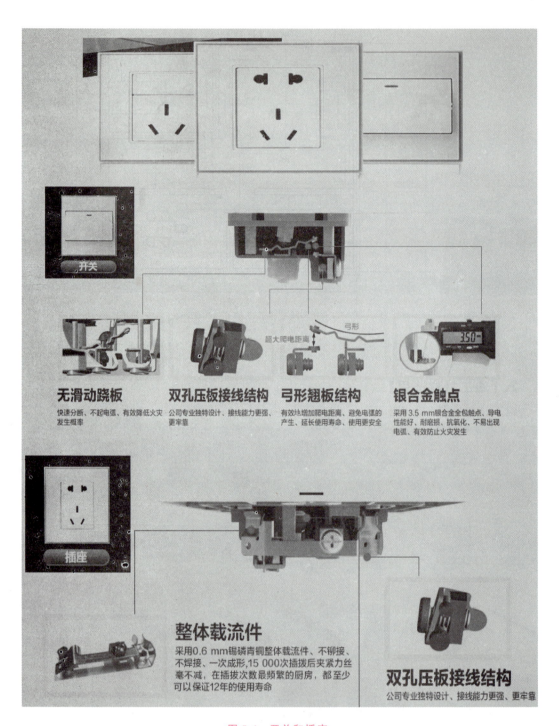

图 8-4 开关和插座

任务 8.1 电气管线及灯具工程

图 8-5　电线

图 8-6　空气开关

图 8-7　保险电控箱

图 8-8　灯具

▲【电气管线及灯具安装】

🔍 1. 施工工具与机具选用

常用施工机具有榔头、细齿锯（钢锯）、螺丝刀、角尺、卷尺、吊线锤、开孔器、戳子、电锯（图 8-9）、手电钻等。

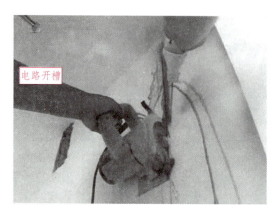

图 8-9　电锯

2. 电气管线及灯具安装工艺

工艺流程：预制支、吊架铁件及管弯→测定盒箱及管路固定点位置→管路固定→管路敷设→管路入盒箱→变形缝处理。

（1）配线工程。因配线施工中造成的孔、洞、槽局部破损应在安装工程完毕后修补完整，确保安全运行功能和装饰效果。

1）配线工程中所有非带电金属部分及外露可导电部分的接地应符合有关规定。

2）装饰电气工程配线一律穿管敷设。

①敷设于潮湿场所（卫生间等）的配管均选用金属管材，管口及管子连接处均应密封处理。

②所用塑料管（硬质塑料管、半硬质塑料管）、塑料线槽及附件，应采用氧指数为 27 以上的难燃型制品，并有消防主管部门测试合格报告。

③明配管排列整齐，固定点的距离均匀；管卡与终端、转弯终点、电气器具或接线盒边缘的距离为 150～500 mm。

④在电线管路较长或有弯时，必须加装接线盒或分线盒，其位置应便于穿线。

⑤钢管的连接必须符合下列要求：

a. 丝扣连接，管端套丝长度不小于管接头的 1/2；在管接头两端焊跨接接地线。

b. 套管连接宜用于暗配管，套管长度为连接管外径的 1.5～3.0 倍；连接管的对口处在套管的中心；套口牢固、严密、防腐。

c. 薄壁钢管必须用丝扣连接。

3）管子敷设应符合以下规定：

①连接紧密，管口光滑，护口齐全；配管及其支架平直牢固，明配管横平竖直，排列整齐、美观；管子弯曲处无明显皱褶；金属管子及其金属附件的油漆防腐完整；管内无毛刺、铁屑等杂物；暗配管保护层大于 15 mm。

②盒（箱）设置正确，牢固可靠，管子进入盒（箱）处顺直，在盒（箱）内露出的长度应＜5 mm；用锁紧螺母固定的管口，管子露出锁紧螺母的螺纹为 2～4 扣。

③配管与设备连接处由相应软管引入，用软管接头或套管粘结法连接，管卡固定，连接牢固，出线口光滑无毛刺；因连接设备而在中间断开的金属管路应设跨接接地线。

④暗配管路的敷设路线合理、畅通、弯曲少。

⑤进入落地式配电箱的电线管路排列整齐，管口应高出基础面 50 mm 以上。

⑥配管线路最短，管线连接电气性能良好，线路进入电气设备和器具的管口位置正确，弯曲处无皱褶，管子接头合理。

4）电线保护管弯曲半径、明配管安装允许偏差和检验方案，应符合有关规定。

5)配线。

①管(槽)等布线应采用绝缘电线和电缆。在同一根管或线槽内有几个回路时,所有绝缘电线和电缆都具有与最高标称电压回路绝缘相同的绝缘等级。

②导线间和导线对地间的绝缘电阻值必须大于 0.5 MΩ。

③配线工程穿管敷设使用的导线,其最小线芯截面为铜线 1.5 mm^2,铝线 2.5 mm^2,铜芯软线 1.0 mm^2,电信电视等电缆芯线线径的最小截面符合国家标准规定。

④导线的连接要点:

a. 导线连接的接头处,干线不受来自支线的横向拉力。

b. 截面为 10 mm^2 及以下的单股铜芯线,截面为 2.5 mm^2 及以下的多股铜芯线,其线芯应先拧紧、搪锡后再连接。

c. 多股铝芯线和截面超过 2.5 mm^2 的多股铜芯线的终端,须焊接压接端子后再与电气器具的端子连接;压接连接铜芯导线的连接管、接线端子、压模的规格与线芯截面相符。

d. 同一主回路中严禁铜、铝线混接。

6)管(槽)内穿线连接要点:

①穿管(槽)的交流线路必须将同一回路的所有相线和中性线敷设在同线管(槽)内。

②同一路径无防干扰要求的线路可敷设于同一线槽内;同类照明及同一设备照明花灯的几个回路可穿同一管内。

③穿管布线,管内导线的总数不多于 8 根,导线的总截面面积(包括外护层)不超过管子截面的 40%;线槽布线,槽内载流导线的总截面面积(包括外护层)不超过线槽内截面的 20%。

④遇潮湿场所,不是同一相的导线严禁穿同一管(槽)内敷设。

⑤照明与动力(包括插座等)线路分开穿管(槽)敷设。

7)管内穿线连接要点:

在盒(箱)处导线有适应余量,导线在管子内无接头,不进入盒(箱)的垂直管子的上口穿线密封处理良好,导线连接牢固,包扎紧密,绝缘良好,不伤芯线。盒(箱)内清洁无杂物,导线整齐,护线套(护口、护线套管)齐全,不脱落。

(2)灯具工程。

1)照明灯具。

①灯具配件齐全,无机械损伤、变形、油漆剥落、灯罩破裂等现象。

②照明灯具使用的导线最小线芯截面必须符合规定,铜线为 1.5 mm^2。

③照明器具的接地(接零)保护措施和其他安全要求须符合规范规定。

④灯具安装连接要点:

a. 灯具的灯头线留有余量且不受力,不应贴近灯具外壳;引入灯具处进行适当的固定,分支及接线处便于检查。

b. 灯具位置正确,安装稳固、端正,有木台的安装在木台中心;固定灯具用的螺栓或螺钉不少于两个。

c. 灯具及其控制开关工作正常，每个照明回路的灯不宜超过 15 个（不包括花灯回路），且应有 15 A 以下的过电流保护。

d. 灯具表面及灯用附件等高温总值靠近可燃物时，应采取隔热、散热等防火保护措施。

e. 潮湿场所内吸顶式灯具的木台应刷防腐漆。

⑤照明器具的接地（接零）支线敷设的检验和评定，应按有关规定执行。

⑥成排灯具安装中心线允许偏差为 5 mm。

2）插座、开关。

①插座安装必须符合下列要求：

a. 插座安装高度须符合施工规范的要求，同一室内安装的插座高度一致。

b. 落地插座必须有保护盖板。

c. 同一回路插座数量不超过 10 个（组）。

②开关安装连接要点：

a. 开关安装位置便于操作，距地面高度必须符合施工规范的要求；成排安装的开关高度一致。

b. 同一场所开关的切断位置一致且操作灵活，接点接触可靠。

c. 漏电开关（漏电保护器）接地正确可靠。接地的检验评定参照有关规定。

③插座、开关安装连接要点：

a. 器具安装牢固端正，位置正确。

b. 安装器具的盖板端正，紧贴基底饰面，四周无缝隙；接线盒固定牢固。

c. 漏电开关测试按钮工作灵敏、通断可靠。

d. 指示灯应正确显示电气器具的工作状态。

e. 器具表面清洁美观，附件齐全。

④导线与插座、开关连接应符合以下规定：

a. 导线与插座、开关连接处应牢固紧密，压紧无松动且不伤芯线。

b. 开关切断相线；三相插座接线相序排列一致；单相插座的接线，面对插座右极接相线，左极接工作零线；单相三孔、三相五孔插座保护零线接在上方。

c. 交、直流或不同电压等级的插座安装在同一场所时，应在插座面板上刻电压等级，有明显区别，并采用符合该电压等级而又不同类型的产品，使其插头与插座均不能互相插入。

d. 导线进入器具的绝缘保护良好，在接线盒内的余量适当。

⑤单相三孔及三相四孔插座的接地（接零）线或零接地（接零）的插座和开关的金属外壳，其接地（接零）支线敷设的检查和评定应符合有关规定。

⑥插座、开关安装允许偏差和检验方案，应符合有关规定。

⑦配电箱（开关箱、插座箱）、板、盘。

a. 配电箱(板)保护措施和其他安全要求必须符合施工规范规定。

b. 配电箱(板)的安装连接要点：

配电箱(板)内有交、直流或不同等级电压，必须有明显的标志或分设在单独的板面上。

导线在配电箱(板)下底面进出线口处均加绝缘套管，分路成束；导线束不得承受外力。

配电箱两侧导线必须使用截面不小于 1.5 mm² 的铜芯绝缘线。

配电箱(盘、板)安装位置准确，便于操作，与整体环境相协调；安装高度必须符合施工规范规定。

配电箱内不得挂其他临时用电设备。

▲【施工质量检测与验收】

(1)电气管线和灯具的安装材料、品种、规格等须符合设计和规范的要求。

(2)分项工程的检验批应按下列规定划分：每 10 间(处)应划分为一个检验批，不足 10 间(处)也应划分为一个检验批。

(3)检查数量应符合下列规定：每个检验批应至少抽查 3 间(处)，不足 3 间(处)时应全数检查。

(4)验收内容：细部工程验收时应检查如下相关文件和记录。

1)施工图、设计说明及其他设计文件。

2)材料的产品合格证书、性能检测报告、进场验收记录和复验报告。

3)隐蔽工程验收记录。

4)施工记录。

(5)验收规定：验收按照主控项目和一般项目进行，具体验收要求见表 8-1。

表 8-1　电气管线及灯具施工质量验收

检验项目	标准	检验方法
主控项目	电气管线及灯具的材质和规格应符合设计要求及国家现行标准的有关规定	观察；检查产品合格证书、进场验收记录、性能检测报告和复验报告
	暗式配电箱箱盖合闭时与墙体应该无缝隙；安装应端正、牢固，周边与墙面装修直线应平行；零线经汇流排连接，线间应无绞接现象；箱(盘、板)体油漆应完整，内部电气元件应位置正确，排列整齐、固定牢固，无歪斜、晃动，导线连接应牢固紧密，不伤芯线。箱体内应清洁，无杂物；箱盖开闭应灵活；箱内暗线应整齐、横平竖直、绑扎成束，回路编号应齐全、正确；管子与箱体连接应用专用锁紧螺母；导线进入箱(盘、板)的绝缘保护应良好，在箱(盘、板)内的余量应适当	观察；尺量检查；手动检查

项目 8 水暖电工程

续表

检验项目	标准	检验方法
主控项目	插座连接的保护接地线措施及相线与中性线的连接导线位置必须符合施工验收规范有关规定。导线进入器具处绝缘良好，不伤线芯。插座使用的漏电开关动作应灵敏可靠	手动检查；检查进场验收记录
一般项目	位置要正确，部件应该齐全，箱体开孔应合适，切口要整齐	观察
	检查插座、开关的面板是否平整，与建筑物表面之间是否有缝隙	观察
	仔细检测各路灯具的导线是否依次压接，开关方向是否一致	观察

任务小结

本任务主要介绍电气管线及灯具工程基础、电气工程及灯具材料的选用、电气管线及灯具工程安装及质量检测等相关知识。如需更全面、深入学习电气管线及灯具工程部分知识，可以查阅《建筑电气工程施工质量验收规范》(GB 50303—2002)、《房屋建筑制图统一标准》(GB/T 50001—2010)、《建筑装饰装修工程质量验收规范》(GB/T 50210—2001)等标准、规范和技术规程。

任务练习

(1) 收集有关资料，编制电气管线及灯具施工工艺。
(2) 收集有关资料，编制电气管线及灯具安装作业指导书。

任务 8.2　给排水工程

任务目标

【知识目标】

1. 熟悉给排水工程的基本构造。
2. 掌握室内给排水管网形式、布置位置、各种设备功能及位置。

【能力目标】

1. 学会识读建筑给排水施工图。

2. 会编制给排水安装工艺流程。
3. 能正确使用检测工具并实施质量验收。

任务实施

▲【构造与识图】

1. 室内给水系统

自建筑物的给水引入管至室内各用水及配水设施段，称为室内给水系统(图 8-10)。

(1)室内给水系统的分类。室内给水系统按用途可分为生活给水系统、生产给水系统、消防给水系统。

(2)室内给水系统的组成。室内给水系统由止逆阀、水泵、干管、立管、支管、进水管、出水管等组成。

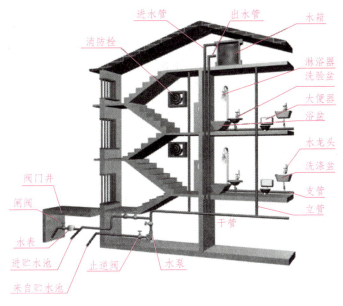

图 8-10 室内给水系统

(3)室内给水系统的给水方式。室内给水系统的给水方式必须根据用户对水质、水压和水量的要求，室外管网所能提供的水质、水量和水压情况，卫生器具、消防设备等用水点在建筑物内的分布，以及用户对供水安全要求等条件来确定。室内给水系统给水方式主要有如下几种。

1)直接给水方式(图 8-11)。

特点：系统简单；投资省；可充分利用外网水压；一旦外网停水，室内立即断水。

适用场所：水量、水压在 1 d 内均能满足用水要求的用水场所。

2)设水箱的给水方式(图 8-12)。

特点：供水可靠；系统简单；投资省；可充分利用外网水压；增加了建筑物的荷载；

容易产生二次污染。

适用场所：供水水压、水量周期性不足时采用。

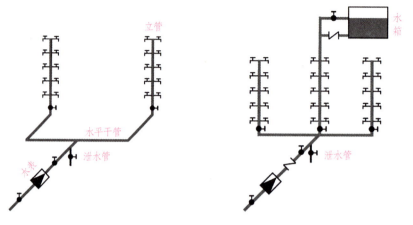

图 8-11　直接给水方式　　　　图 8-12　设水箱的给水方式

3）设有贮水池、水箱和水泵的给水方式（图 8-13）。

特点：水泵能及时向水箱供水；可缩小水箱的容积；供水可靠；投资较大；安装和维修都比较复杂。

适用场所：室外给水管网水压低于或经常不能满足建筑内部给水管网所需水压，且室内用水不均匀时采用。

4）气压给水方式（图 8-14）。

特点：供水可靠；无高位水箱；水泵效率低、耗能多。

适用场所：外网水压不能满足所需水压，用水不均匀，且不宜设水箱时采用。

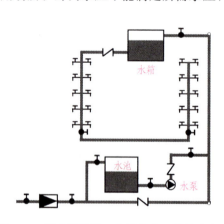
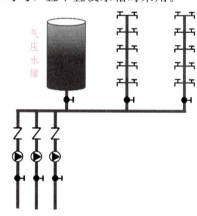

图 8-13　设有贮水池、水箱和水泵的给水方式　　　图 8-14　气压给水方式

5）分区给水方式（图 8-15）。

特点：可以充分利用外网压力；供水安全；投资较大；维护复杂。

适用场所：供水压力只能满足建筑下层供水要求时采用。

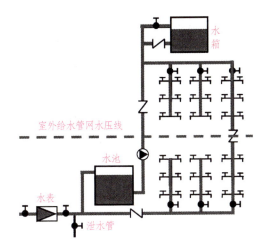

图 8-15 分区给水方式

2. 室内排水系统

室内排水系统由以下部分组成。

（1）卫生器具。卫生器具是用来满足日常生活和生产过程中各种卫生要求，收集和排除污废水的设备。它包括便溺器具，盥洗、沐浴器具，洗涤器具，地漏。

（2）排水管道。排水管道包括器具排水管，排水横支管、立管、埋地干管和排出管。

（3）通气管道。建筑内部排水管是气水两相流，为防止因气压波动造成的水封破坏，使有毒有害气体进入室内，需设置通气系统。

（4）清通设备。疏通建筑内部排水管道，保障排水通畅。常用的清通设备有清扫口、检查口和检查井等。

（5）污水局部处理构筑物。当建筑内部污水未经处理不允许直接排入市政排水管网或水体时，须设污水局部处理构筑物，包括隔油井、化粪池、沉砂池和降温池等。

3. 识图基础

建筑给排水图纸上的管道、卫生器具、设备等均按照《建筑给水排水制图标准》（GB/T 50106—2010）使用统一的图例来表示。《建筑给水排水制图标准》列出了管道、管道附件、管道连接、管件、阀门、给水配件、消防设施、卫生设备及水池、小型给水排水构筑物、给水排水设备、仪表共11类图例。

（1）平面布置图。给水、排水平面图应表达给水、排水管线和设备的平面布置情况。

建筑内部给排水，以选用的给水方式来确定平面布置图的张数。底层及地下室必绘；顶层若有高位水箱等设备，也必须单独绘出。建筑中间各层，如卫生设备或用水设备的种类、数量和位置都相同，绘一张标准层平面布置图即可；否则，应逐层绘制。

在各层平面布置图上，各种管道、立管应编号标明。

（2）系统图。系统图也称"轴测图"，其绘法取水平、轴测、垂直方向，完全与平面布置图比例相同。系统图上应标明管道的管径、坡度，标出支管与立管的连接处，以及管道各种附件的安装标高，标高的±0.000应与建筑图一致。

建筑居住小区给排水管道一般不绘系统图，但应绘管道纵断面图。

(3)施工详图。凡平面布置图、系统图中局部构造因受图面比例限制而表达不完善或无法表达的，为使施工概预算及施工不出现失误，必须绘出施工详图。通用施工详图系列，如卫生器具安装、排水检查井、雨水检查井、阀门井、水表井、局部污水处理构筑物等，均有各种施工标准图，施工详图宜首先采用标准图。

(4)设计施工说明及主要材料设备表。工程选用的主要材料及设备表，应列明材料类别、规格、数量，设备品种、规格和主要尺寸。

此外，施工图图例绘制还应满足工程制图规范(各类图例见表8-2～表8-7)。

所有图纸及施工说明等应编排有序，写出图纸目录。

表8-2 管道图例

序号	名称	图例	备注
1	生活给水管	——— J ———	
2	热水给水管	——— RJ ———	
3	热水回水管	——— RH ———	
4	中水给水管	——— ZJ ———	
5	循环冷却给水管	——— XJ ———	
6	循环冷却回水管	——— XH ———	
7	热媒给水管	——— RM ———	
8	热媒回水管	——— RMH ———	
9	蒸汽管	——— Z ———	
10	凝结水管	——— N ———	
11	废水管	——— F ———	可与中水源水管合用
12	压力废水管	——— YF ———	
13	通气管	——— T ———	
14	污水管	——— W ———	
15	压力污水管	——— YW ———	
16	雨水管	——— Y ———	

续表

序号	名称	图例	备注
17	压力雨水管	 —— YY ——	
18	虹吸雨水管	 —— HX ——	
19	膨胀管	 —— PZ ——	
20	保温管	 ～～～～	也可用文字说明保温范围
21	伴热管	 ≡≡≡	也可用文字说明保温范围
22	多孔管		
23	地沟管		
24	防护套管	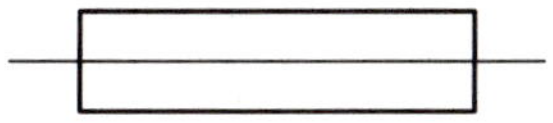	
25	管道立管	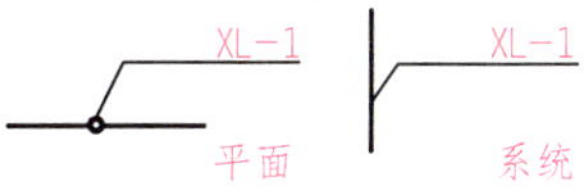 XL-1 XL-1 平面　系统	X 为管道类别 L 为立管 1 为编号
26	空调凝结水管	 —— KN ——	
27	排水明沟	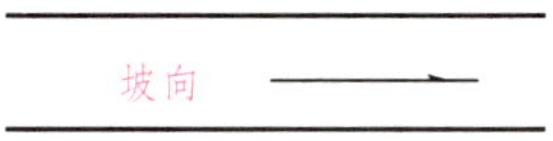 坡向 →	
28	排水暗沟	 坡向 →	

注：1. 分区管道用加注角标方式表示；
　　2. 原有管线可用比同类型的新设管线细一级的线型表示并加斜线，拆除管线则加叉线。

表 8-3　管道附件

序号	名称	图例	备注
1	套管伸缩器	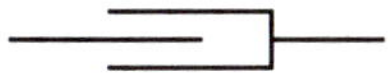	
2	方形伸缩器	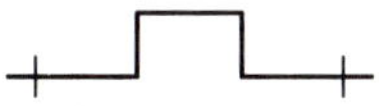	
3	刚性防水套管	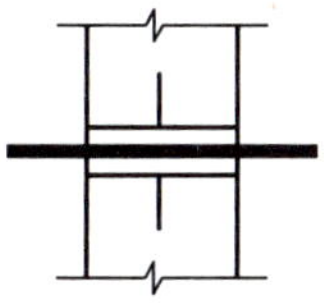	

续表

序号	名称	图例	备注
4	柔性防水套管		
5	波纹管		
6	可曲挠橡胶接头	单球　　双球	
7	管道固定支架		
8	立管检查口		
9	清扫口	平面　　系统	
10	通气帽	成品　　蘑菇形	
11	雨水斗	YD-　　YD- 平面　　系统	
12	排水漏斗	平面　　系统	
13	圆形地漏	平面　　系统	通用。如无水封，地漏应加存水弯
14	方形地漏	平面　　系统	
15	自动冲洗水箱		
16	挡墩		

续表

序号	名称	图例	备注
17	减压孔板	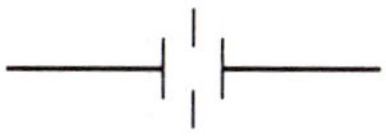	
18	Y 形除污器	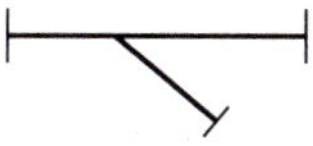	
19	毛发聚集器	 平面　系统	
20	倒流防止器	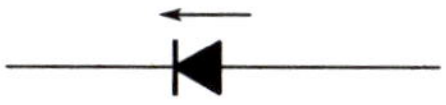	
21	吸气阀		
22	真空破坏器		
23	防虫网罩		
24	金属软管		

表 8-4　管道连接

序号	名称	图例	备注
1	法兰连接		
2	承插连接	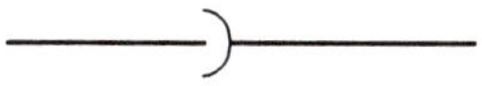	
3	活接头	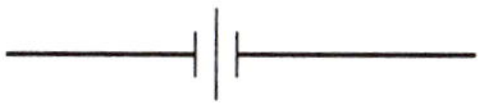	
4	管堵		
5	法兰堵盖		
6	弯折管	高　低　低　高	
7	盲板		

续表

序号	名称	图例	备注
8	管道丁字上接	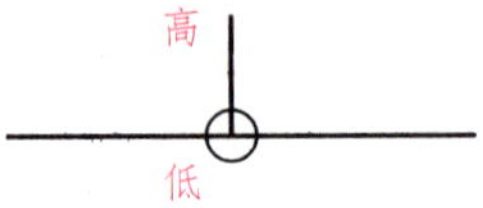 (高/低)	
9	管道丁字下接	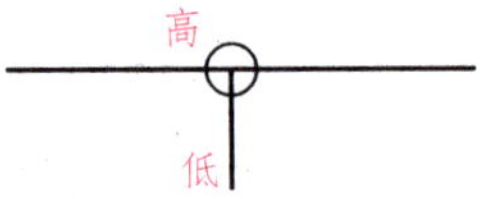 (高/低)	
10	管道交叉	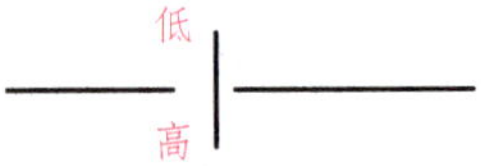 (低/高)	在下方和后面的管道应断开

表8-5 管件

序号	名称	图例
1	偏心异径管	
2	同心异径管	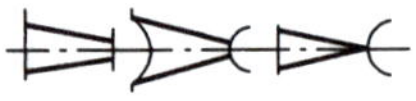
3	乙字管	
4	喇叭口	
5	转动接头	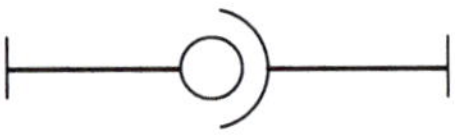
6	S形存水弯	
7	P形存水弯	
8	90°弯头	
9	正三通	
10	TY三通	
11	斜三通	

续表

序号	名称	图例
12	正四通	
13	斜四通	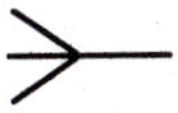
14	浴盆排水管	

表 8-6　阀门

序号	名称	图例	备注
1	闸阀		
2	角阀		
3	三通阀		
4	四通阀	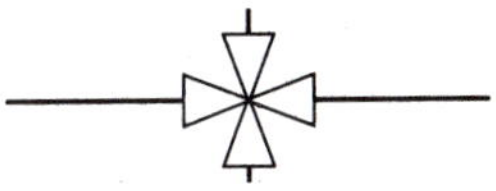	
5	截止阀	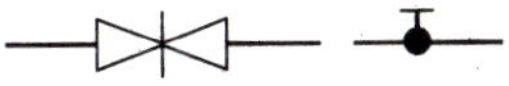	
6	蝶阀		
7	电动闸阀		
8	液动闸阀	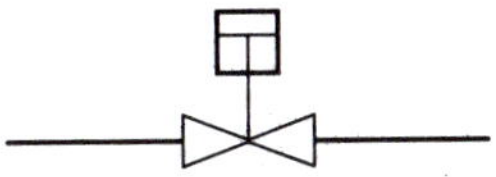	
9	气动闸阀		
10	电动蝶阀	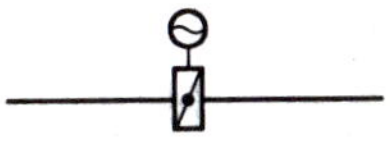	

续表

序号	名称	图例	备注
11	液动蝶阀		
12	气动蝶阀		
13	减压阀		左侧为高压端
14	旋塞阀	平面　系统	
15	底阀		
16	球阀		
17	隔膜阀		
18	气开隔膜阀		
19	气闭隔膜阀		
20	电动隔膜阀		
21	温度调节阀		
22	压力调节阀		
23	电磁阀		
24	止回阀		

续表

序号	名称	图例	备注
25	消声止回阀		
26	持压阀		
27	泄压阀		
28	弹簧安全阀		左侧为通用
29	平衡锤安全阀		
30	自动排气阀	平面　系统	
31	浮球阀	平面　系统	
32	水力液位控制阀	平面　系统	
33	延时自闭冲洗阀		
34	感应式冲洗阀		

续表

序号	名称	图例	备注
35	吸水喇叭口	 平面　　系统	
36	疏水器		

表 8-7　给水配件

序号	名称	图例	备注
1	水嘴		左侧为平面，右侧为系统
2	皮带水嘴		左侧为平面，右侧为系统
3	洒水（栓）水嘴		
4	化验水嘴	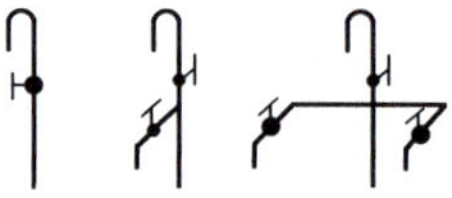	
5	肘式水嘴	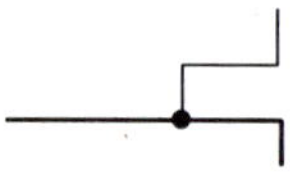	
6	脚踏开关水嘴	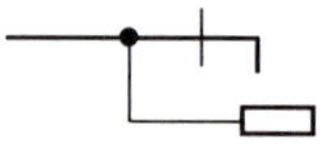	
7	混合水嘴		
8	旋转水嘴	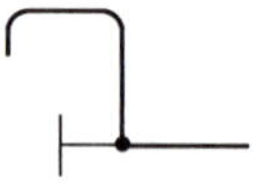	
9	浴盆带喷头混合水嘴	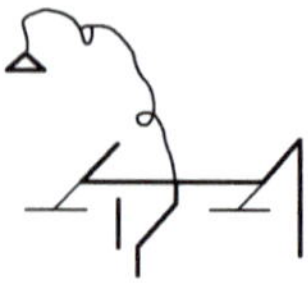	
10	蹲便器脚踏开关	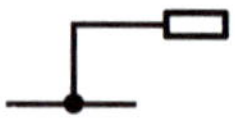	

▲【施工材料选用】

1. 给水常用管材和管件

常用给水管材一般有钢管、铜管、铸铁管和塑料管及复合管材（图 8-16～图 8-18）。必须注意：生活用水的给水管必须是无毒的。

图 8-16　PP-R 管

图 8-17　不锈钢管

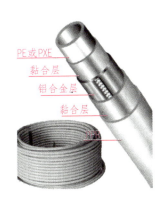

图 8-18　铝塑管

2. 配水附件

配水附件如图 8-19 和图 8-20 所示。

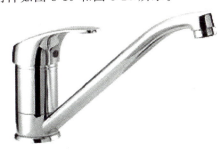

图 8-19　单把立式菜盆龙头

图 8-20　面盆单把龙头

3. 控制附件

控制附件如图 8-21 所示。

液压水位控制阀　　　泄压阀　　　可调式减压阀

比例减压阀　　　消声止回阀　　　蝶阀

图 8-21　控制附件

▲【管道支、吊架安装】

1. 管道支(吊)架安装

(1)管道支、吊、托架均需做防腐处理，消防水管支架需进行镀锌防腐。其热镀锌质量应符合设计及规范要求，镀锌层厚度≥80 μm，表面光滑无脱落现象。

(2)位置正确，埋设平整牢固，固定在建筑结构上的支(吊)架不得影响结构安全。

(3)支架与管道接触紧密，绝缘支(吊)架采用橡胶垫，厚度为 5 mm，长度为 $\phi+40$ mm（ϕ 表示管道直径）。

(4)给水立管管卡安装：层高小于或等于 5 m，每层安装 1 个，层高大于 5 m，每层不少于 2 个。管卡安装高度距地面 1.5～1.8 m，2 个以上管卡可均匀安装。

(5)钢管水平安装的支架间距，如设计无要求，应符合表 8-8 的规定。

表 8-8　钢管水平安装的支架间距一般规定

公称直径/mm	15	20	25	32	40	50	70	80	100	125	150	200
支架最大间距/m	2.5	3	3.5	4	4.5	5	4.5	5	6.5	7	8	9

2. 管道安装

(1)给排水管道所用管材、附件应进行全面检查，不得有损坏和裂纹，管材必须符合设计要求，且应有合格证和出厂检验报告。

(2)预留孔洞应正确且符合设计要求。

(3)管道采用法兰连接时，法兰应垂直于管子中心线，法兰阀门连接用的密封垫为橡胶垫片。连接螺栓的螺杆露出螺母长度一致,且不大于螺杆直径的1/2。

(4)钢管采用螺纹连接时,应保证螺纹无断丝,镀锌钢管和配件的镀锌层无破损,螺纹露出部分防腐良好,接口处无外露油麻等缺陷。

(5)管道切割时锯片应与管道轴线垂直,切面偏差不允许超过 1.5 mm。

(6)丝接钢塑管应在管端表面及螺纹处统一涂上防锈剂,使用密封带时也要先涂上防锈剂再缠上密封带。

(7)管道连接后,应对外露螺纹部分及所有钳痕和表面损伤的地方涂上防锈剂。

(8)给排水管道穿越隧道外墙结构时,必须设防水套管。

3. 阀门及部件安装

(1)阀门及管件安装前应进行检查,保证其规格、型号符合设计要求,清除杂物,并保护好结合面。

(2)阀门安装前应进行耐压强度试验。试验应每批(同牌号、同规格、同型号)抽查 10%,且不少于一个,如有漏、裂不合格的应再抽查 20%,仍有不合格的则须逐个试验。对于安装在主干管上起切断作用的闭路阀门,应逐个做强度和严密性试验。强度和严密性试验压力应为阀门出厂的压力,同时应有试验记录备查。

4. 卫生器具配件安装

(1)卫生器具的连接管,煨弯应均匀一致,不得有凹凸等缺陷。

(2)排水栓、地漏的安装应平正、牢固、无渗漏。排水栓应低于盆、槽层表面 2 mm,低于地表面 5 mm,地漏低于安装处排水表面 5 mm。

(3)卫生器具给水配件的安装应符合以下规定:镀铬件完好无损,接口严密;启闭部分灵活,安装端正,表面洁净,无外露油麻。

▲【施工质量检查与验收】

1. 一般规定

(1)管径小于或等于 100 mm 的镀锌钢管应采用螺纹连接,套丝扣时破坏的镀锌层表面外采用法兰或卡套式专用管件连接,镀锌钢管与法兰的焊接处应二次镀锌。

(2)给水塑料管和复合管可以采用橡胶圈接口、粘接接口,热熔连接、专用管件的连接应使用专用管件,不得在塑料管上套丝。

2. 验收批划分

(1)结合专业特点,分项工程应按系统、区域、施工段或楼层等划分。

(2)高层可按照每 10 层或每 5 层 1 个检验批。

(3)多层可按照每单元 1 个检验批进行验收检查。

3. 检查数量

检查各种连接管道和配件的数量。

4. 验收

验收按照主控项目和一般项目（表8-9）进行。

表8-9 给排水安装验收项目及方法

项目	序号	项目	检查方法
主控项目	1	室内给水管道的水压试验必须符合设计要求。当设计未注明时，各种材质的给水管道系统试验压力均为工作压力的1.5倍，但不得小于0.6 MPa	金属及复合管给水管道系统在试验压力下观测10 min，压力降不应大于0.02 MPa，然后降到工作压力进行检查，应不渗不漏；同时检查各连接处，不得渗漏
	2	给水系统交付使用前必须进行通水试验并做好记录	观察和开启阀门、水嘴等放水
	3	生活给水系统管道在交付使用前必须冲洗和消毒，并经有关部门取样检验。应符合国家《生活饮用水卫生标准》(GB 5749—2006)	检查有关部门提供的检测报告
	4	室内直埋给水管道（塑料管道和复合管道除外）应做防腐处理。埋地管道防腐层材质和结构应符合设计要求	观察或局部解剖检查
一般项目	1	给水引入管与排水排出管的水平净距不得小于1 m。室内给水与排水管道平行敷设时，两管间的最小水平净距不得小于0.5 m，交叉铺设时，垂直净距不得小于0.15 m。给水管应铺在排水管上面，若给水管必须铺在排水管的下面，给水管应加套管，其长度不得小于排水管径的3倍	尺量检查
	2	焊缝外形尺寸应符合设计图纸和工艺文件的规定，焊缝高度不得低于母材表面，焊缝与母材应圆滑过渡。焊缝及热影响区表面应无裂纹、未熔合、未焊透、夹渣、弧坑和气孔等缺陷	观察检查
	3	给水水平管道应有2‰～5‰的坡度坡向泄水装置	水平尺和尺量检查

5. 管道水压试验

(1)管道试压应分区、分系统进行，试压管长度不得超过1 000 m。管道支座混凝土达到设计强度后方可进行水压试验。室外埋地管道需等试压合格后才能填土。

(2)按设计要求，给水管道试验压力为工作压力的1.5倍，稳压30 min，压力降不大于0.05 MPa且无渗漏水现象为合格；然后降至工作压力进行严密性试验，同时用1.5 kg以下圆头小锤沿焊缝周围10～20 mm处轻敲，无渗漏现象即为合格。

(3)试压合格后填写《管道试压记录表》。

6. 管道水冲洗、消毒

(1)管道试压合格后应进行水冲洗。首先检查管路中各阀门的启闭情况，熟悉冲洗顺序，避免重复漏项的现象。定好进出水口的位置及废水的排放点。

（2）冲洗合格后及时填写《管道冲洗记录表》并进行临时封闭，钢管可进行满水封闭。

7. 排水管道灌水试验

（1）室外排水管及风道内需安装套管的排水管应在灌水试验完成后再进行隐蔽。

（2）管道灌水高度不低于底层地面高度，满水 15 min 后，再灌满延续 5 min，液面不下降为合格。

（3）灌水试验合格后应及时填写《灌水试验记录》。

任务小结

本任务主要介绍室内给排水的构造与识图基础、系统组成与材料选用、管道的安装及质量检测等相关知识。如需更全面、深入学习室内给排水部分知识，可以查阅《给水排水管道工程施工及验收规范》（GB 50268—2008）、《给水排水制图标准》（GB/T 50106）等标准、规范和技术规程。

任务练习

（1）收集有关资料，编制室内给排水管道的制作、安装施工工艺。

（2）收集有关资料，编制室内给排水安装作业指导书。

任务 8.3　采暖安装工程

任务目标

●【知识目标】

1. 熟悉采暖工程的基本构造。
2. 掌握室内热水管网形式、布置位置及要求，了解水加热设备的类型。

●【能力目标】

1. 学会识读建筑采暖施工图。
2. 会编制采暖安装工艺流程。
3. 能正确使用检测工具并实施质量验收。

项目 8 水暖电工程

任务实施

【构造与识图】

1. 建筑热水供应系统的分类

按热水供应范围，建筑热水供应系统可分为：
(1)局部热水供应系统，供单个厨房、浴室等。
(2)集中热水供应系统，供一栋或几栋建筑。
(3)区域热水供应系统，需热水建筑多且集中。

2. 建筑热水供应系统的组成

热水供应系统无论范围大小，组成大同小异。集中热水供应系统的组成见图 8-22。

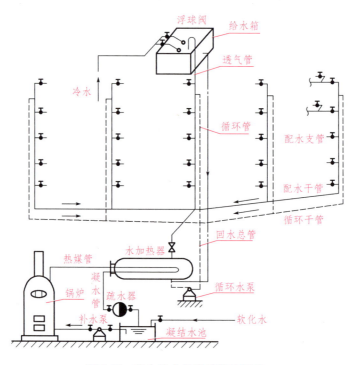

图 8-22 集中热水供应系统的组成

3. 水的加热方式及设备

(1)水的加热按热交换方式分直接加热和间接加热。
(2)加热设备。
直接加热设备主要有锅炉、蒸汽多孔管或蒸汽喷射器，如图 8-23～图 8-25 所示。
间接加热设备主要有容积式水加热器(图 8-26)、快速式水加热器(图 8-27)、半热式水加热器(图 8-28)、分段式水加热器。

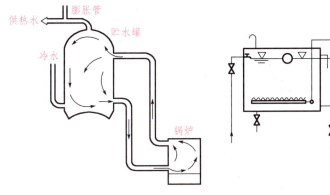
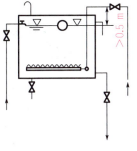
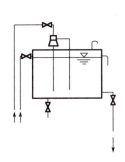

图 8-23　锅炉直接加热　　图 8-24　蒸汽多孔管直接加热　　图 8-25　蒸汽喷射器直接加热

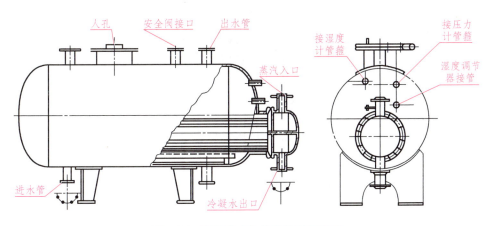

图 8-26　容积式水加热器构造示意图

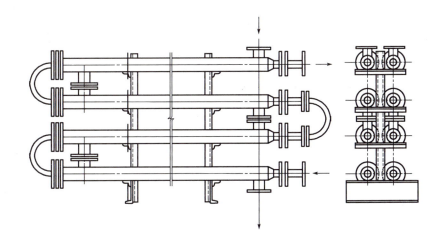

图 8-27　快速式水加热器构造示意图

项目 8 水暖电工程

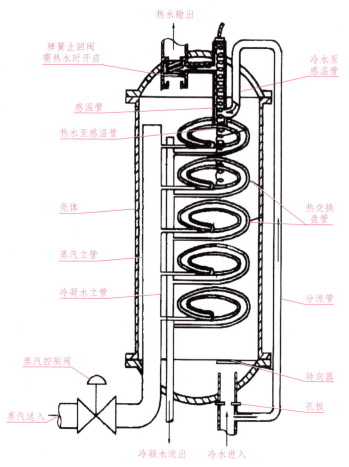

图 8-28 半热式水加热器构造示意图

4. 热水供应系统的形式及工作原理

热水供应系统有很多种分类,不同的类型管网形式有所不同。

(1)按循环管道的设置情况分为全循环、半循环、非循环热水供应系统三种,如图 8-29～图 8-31 所示。

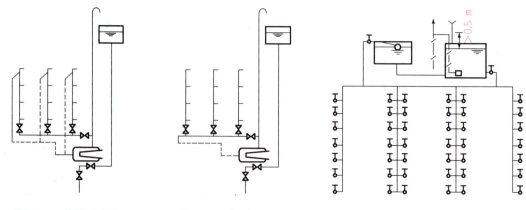

图 8-29 全循环系统　　图 8-30 半循环系统　　图 8-31 非循环热水供应系统

(2) 按热水配水管网水平干管的位置不同分为上行下给和下行上给自然循环热水供应系统，如图 8-32 和图 8-33 所示。

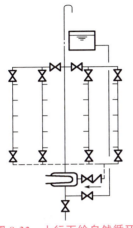

图 8-32　上行下给自然循环热水供应系统

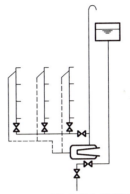

图 8-33　下行上给自然循环热水供应系统

(3) 按水流通过不同环路所走路程分为同程式和异程式热水供应系统，如图 8-34 和图 8-35 所示。

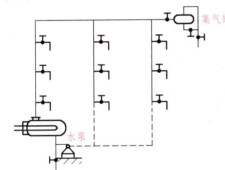

图 8-34　同程式热水供应系统

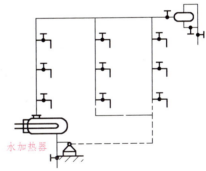

图 8-35　异程式热水供应系统

(4) 按供水管网压力工况分为闭式和开式热水供应系统，如图 8-36 和图 8-37 所示。

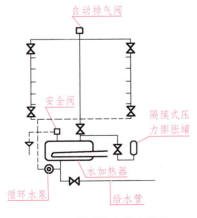

图 8-36　闭式热水供水系统

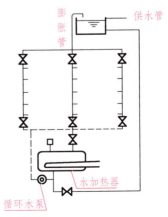

图 8-37　开式热水供水系统

闭式热水供应系统：无开式水箱，由外网直接供水。

开式热水供应系统：管网与大气相通，水压不受外网影响。

【施工材料选用】

1. 散热器

散热器是安装在房间里的一种放热设备，热水或蒸汽从散热器内流过，使散热器内部的温度高于室内空气温度，因此热水或蒸汽的热量便通过散热以对流和辐射两种方式不断地传给室内空气，使室内保持所需要的温度，达到供暖目的。

散热器按其材质分为铸铁、钢制和其他材质的散热器；按其结构形状分为管型、翼型、柱型、平板型和串片式等；按其传热方式分为对流型和辐射型。

(1)柱型散热器。柱型散热器由铸铁制成，是呈柱状的单片散热器，表面光滑，无肋，每片各有几个中空的立柱相互连通。根据散热面积的需要，可把各个单片组对在一起形成一组。我国常用的柱型散热器有四柱、五柱和二柱 M-132 等类型，如图 8-38 所示。

图 8-38　柱型散热器

(2)翼型散热器。翼型散热器分长翼型(图 8-39)和圆翼型(图 8-40)两种。

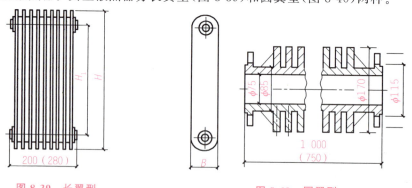

图 8-39　长翼型　　　　　　　　　图 8-40　圆翼型

(3)钢串片对流散热器。钢串片对流散热器外形美观，体积小，质量小，金属耗量少，热工性能好，由钢管、钢片、联箱、放气阀及管接头组成，散热器串片采用 0.5 mm 薄钢片，运输、安装易损坏，串片易伤人。人们对该结构修正后改成闭式对流串片散热器。直片式钢串片对流散热器如图8-41所示,闭式钢串片对流散热器如图8-42所示。

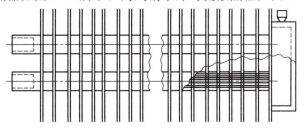

图8-41 直片式钢串片对流散热器

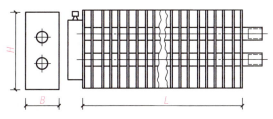

图8-42 闭式钢串片对流散热器

闭式钢串片对流散热器适用于公共建筑及工厂车间的供暖系统。

（4）钢制柱型散热器。钢制柱型散热器金属耗量少,耐压强度高,但易腐蚀,如图8-43所示。

图8-43 钢制柱型散热器

（5）板式散热器。这类散热器由面板、背板、对流片、进出水口接头、放水阀门固定套及上下支架组成,如图8-44所示。

图8-44 板式散热器

(6)扁管式散热器(图8-45)。它采用52 mm×11 mm×1.5 mm的水通路扁管作为片状半柱型散热片,这些散热片经压力滚焊复合成单片。一般每组片数不宜超过20片。

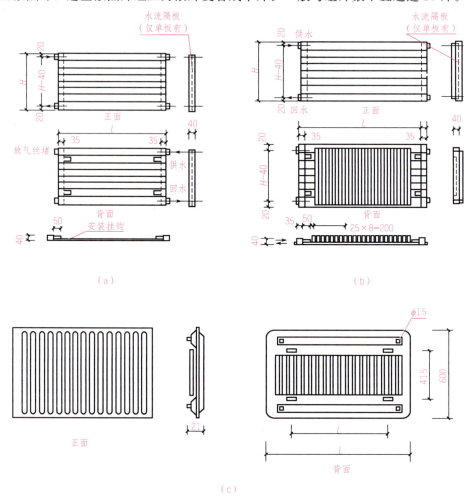

图8-45 扁管式散热器

(a)板式散热器;(b)扁管单板散热器;(c)单板带双流扁管散热器

钢制散热器金属耗量少,耐压强度高,尤其适用于高层建筑供暖和高温水系统中,但是钢制散热器容易受腐蚀,使用寿命比铸铁散热器短。为了防止内腐蚀,热水供暖系统的补水最好进行除氧处理,非供暖期散热器内也应充满水。散热器的选择应根据房间的使用要求而定。民用建筑宜选用外形美观、易于清扫的散热器;防尘要求较高的生产厂房,应采用易清扫的散热器;对有酸碱等腐蚀性气体的车间及湿度较大的房间,宜采用铸铁散热器。

散热器的布置和安装应注意:

(1)一般应安装在每个外窗的窗台下。

(2)楼梯间的散热器应尽量布置在底层。

(3)在室内应明装,特殊情况下暗装。

2. 膨胀水箱

膨胀水箱在供暖系统中用来贮存系统加热后的膨胀水量,在自然循环上供下回式系统中起排气作用,另外,还可起恒定供暖系统压力的作用。

(1)开式高位膨胀水箱(图8-46)。膨胀水箱一般用钢板制作,通常是圆形或矩形。开式高位膨胀水箱适用于中小型的低温热水供暖系统。

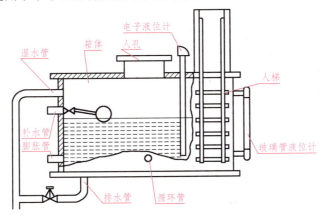

图8-46 开式高位膨胀水箱

膨胀水箱的设置位置,应考虑防止箱内水的冻结。若水箱设置在非供暖房间内,应考虑保温。当膨胀管与自然循环系统连接时,应接在总立管的顶端。膨胀管与机械循环系统连接时,一般接在水泵入口前,且一般开式膨胀水箱内的水温不应超过95℃。

(2)闭式低位膨胀水箱。当建筑物顶部设置高位开式膨胀水箱有困难时,可采用气压罐方式。这不但能解决系统中水的膨胀问题,而且可与锅炉自动补水和系统稳压结合起来。气压罐安装在锅炉房内。

3. 除污器

除污器(图8-47)可以阻留热网水中的污物以防它们造成室内系统管路的堵塞,除污器一般为圆形钢制筒体。

除污器一般安装在供暖系统的入口调压装置前,也可以安装在锅炉房循环水泵的吸入口和热交换器前;其他小孔口阀也应该设除污器或过滤器。除污器或过滤器接管直径可取与干管的相同直径。

4. 集气罐与自动排气阀

(1)集气罐。集气罐一般用直径100~250 mm的短管制成,它分立式和卧式两种(图8-48)。集气罐一般设在系统末端最高处,其中立式集气罐容纳的空气比卧式多,所以在一般情况下采用立式,只是在干管至顶棚的距离太小,不能设置立式罐时,才用卧式。

项目 8 水暖电工程

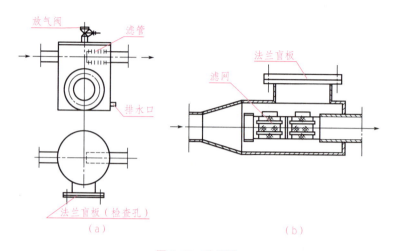

图 8-47 除污器

(a)立式除污器；(b)卧式直通式除污器

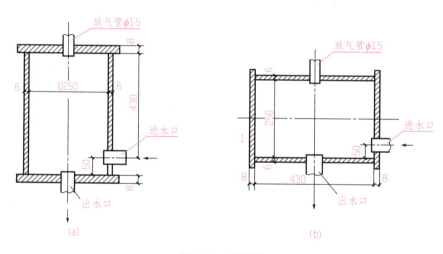

图 8-48 集气罐

(a)立式；(b)卧式

(2)自动排气阀(图 8-49)。自动排气阀靠本体内的自动机构使系统中的空气自动排出系统外。自动排气阀外形美观，体积小，管理方便，节约能源。自动排气阀应设在系统的最高处，对热水供暖系统最好设在末端最高处。

图 8-49 自动排气阀

5. 疏水器

疏水器(图 8-50)是蒸汽供暖系统中不可缺少的重要设备,通常设置在散热器回水支管或系统的凝水管上。它的作用是自动阻止蒸汽逸漏而且迅速地排出用热设备及管道中的凝水,同时能排除系统中积留的空气和其他不凝性气体。

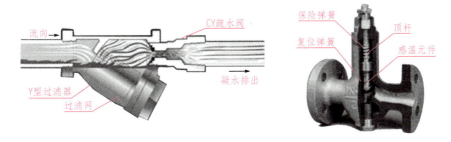

图 8-50 疏水器

疏水器的种类较多,最常用的疏水器有机械型疏水器、热动力型疏水器和恒温型疏水器。

【施工工艺与施工要点】

1. 施工工艺

施工准备→预制加工→干管安装→立管安装→支管、加热管安装→系统试压。

2. 施工要点

(1)施工准备。

1)技术准备。

①明确责任工程师职责,明确个人职责所在。

②认真熟悉图纸,做好图纸会审工作和技术交底工作。

③做好进度计划图,严格控制各个节点。

2)设备验收及搬运。

①设备必须有装箱清单、图纸说明书、合格证等随机文件。

②设备安装前,进行开箱检验,开箱检查人员由建设、监理、施工单位的代表组成。

3)材料准备。施工前按施工图提取详细材料计划报材料组准备材料。管材、管件检验:对材料组所供材料,对照图纸对材质进行严格的检查核对。

(2)采暖系统安装。

1)管道及配件安装。

①管道及配件安装前应符合相关要求。

②管道及配件的安装。

③当设计未注明时,管道安装坡度应符合相关规范要求。

④补偿器的型号、安装位置及预拉伸和固定支架的构造及安装位置应符合设计要求。

⑤平衡阀及调节阀型号、规格、公称压力及安装位置应符合设计要求。安装完后根据系统平衡要求进行调试并做出标志。

⑥蒸汽减压阀和管道及设备上安全阀的型号、规格、公称压力及安装位置应符合设计要求。安装完毕后根据系统工作压力进行调试,并做出标志。

⑦方形补偿器制作时,应根据无缝钢管煨制,如需要接口,其接口应设在垂直臂的中间位置,且接口必须焊接。

⑧方形补偿器应水平安装,并与管道的坡度一致;如其臂长方向垂直安装,必须设排气及泄水装置。

⑨热量表、输水器、除污器、过滤器及阀门的型号、规格、公称压力及安装位置应符合设计要求。

⑩在管道上焊接垂直或水平支管道时,干管开孔所产生的钢渣及管壁等废弃物不得残留管内,且分支管道在焊接时不得插入干管内。

⑪膨胀水箱的膨胀管及循环管上不得安装阀门。

⑫当采暖热媒为 110 ℃~130 ℃的高温水时,管道可拆卸件应使用法兰,不得使用长丝和活接头。法兰垫料应使用耐热橡胶板。

⑬焊接钢管管径大于 32 mm 的管道转弯,在作为自然补偿时应适当煨弯。

⑭管道、金属支架和设备的防腐和涂漆应附着良好,无脱皮、起泡、流淌和漏涂缺陷。

⑮管道和设备保温的允许偏差、检验方法应符合表 8-10 的要求。

表 8-10 管道和设备保温的允许偏差和检验方法

项次	项目		允许偏差/mm	检验方法
1	厚度		$+0.1\delta$ -0.05δ	用钢针刺入
2	表面平整度	卷材	5	用 2 m 靠尺和楔形靠尺检查
		涂抹	10	

注:δ 为保温层厚度。

⑯采暖管道安装的允许偏差应符合表 8-11 的规定。

表 8-11 采暖管道安装的允许偏差

项次	项目			允许偏差/mm	检验方法
1	横管道纵、横方向弯曲	每 1 m	管径≤100 mm	1	用水平尺、直尺、拉线和尺量检查
			管径>100 mm	1.5	
		全长(25 m 以上)	管径≤100 mm	≤13	
			管径>100 mm	≤25	
2	立管垂直度	每 1 m		2	吊线和尺量检查
		全长(5 m 以上)		≤10	

续表

项次	项目		允许偏差/mm	检验方法
3	弯管	椭圆率 $D_{max}-D_{min} \over D_{max}$	管径≤100 mm	10%	用外卡钳和尺量检查
			管径>100 mm	8%	
		折皱不平度	管径≤100 mm	4	
			管径>100 mm	5	

注：D_{max}，D_{min} 分别为管子最大外径及最小外径。

2）辅助设备及散热器安装。

①散热器组对应平直紧密，组队后的平直度应符合表8-12的规定。

表8-12 组对后的散热器平直度允许偏差

项次	散热器类型	片数	允许偏差/mm
1	长翼型	2～4	4
		5～7	6
2	铸铁片式 钢制片式	3～15	4
		16～25	6

②组对散热器的垫片应符合下列规定：

a. 组对散热器垫片应使用成品，组队后垫片外漏不应大于1 mm。

b. 散热器垫片材质设计无要求时，应采用耐热橡胶。

③散热器支架、托架安装位置应准确，埋设牢固。散热器支架、托架数量应符合设计或产品说明书要求。

④散热器背面与装饰后的墙内表面安装距离，应符合设计或产品说明书要求。如设计未注明，应为30 mm。

⑤铸铁或钢制散热器表面的防腐及面漆应附着良好，色泽均匀，无脱落、起泡、流淌和漏涂缺陷。

3）系统水压试验及调试。试验压力应符合设计要求：蒸汽、热水采暖系统，应以系统定点的试验压力加0.1 MPa做水压试验，同时在系统顶点的试验压力不小于0.3 MPa；高温热水采暖系统，试验压力应为系统顶点工作压力加0.4 MPa。

4）系统的清扫及调试。系统试压合格后，应对系统进行冲洗并清扫过滤器及除污器。系统冲洗完毕后应充水、加热，进行试运行和调试。

▲【施工质量检测与验收】

1. 验收一般规定

(1)热水供应系统的材料品种、规格应符合设计和规范要求。

（2）热水供应系统管道及配件安装应按"室内给水管道及配件安装工程质量控制"的相关规定执行。

2. 验收批划分

（1）结合专业特点，分项工程应按系统、区域、施工段或楼层等划分。
（2）高层可按照每 10 层或每 5 层一个检验批进行验收检查。
（3）多层可按照每单元一个检验批进行验收检查。

3. 检查段数量

（1）按系统内直线管段长度每 50 m 抽查 2 段，不足 50 m 不少于 1 段；有分隔墙建筑，以隔墙为分段数，抽查 5%，但不少于 5 段。
检验方法：用水平尺、直尺、拉线和尺量检查。
（2）一根立管为 1 段，两层及其以上按楼层分段数各抽查 5%，但均不少于 10 段。
检验方法：吊线和尺量检查。
（3）单个系统抽查系统总长度的 5%，且不少于 10 段。
检验方法：尺量检查。

4. 验收

验收主控项目和一般项目如表 8-13 所示。

表 8-13 热水供应系统安装验收主控项目和一般项目

项目	序号	项目	检查方法
主控项目	1	汽、水同向流动的热水采暖管道和汽、水不同向流动的蒸汽管道及凝结水管道，坡度应为 3‰，不得小于 2‰。汽、水逆向流动的热水采暖管道和汽、水逆向流动的蒸汽管道，坡度不应小于 5‰。散热器支管的坡度应为 1%，坡向应利于排气和泄水	观察，水平尺、拉线、尺量检查
	2	管道坡度是热水采暖系统中的空气和蒸汽采暖系统中的凝结水顺利流动的重要措施，安装时应满足设计规范要求。补偿器的型号、安装位置及预拉伸和固定支架的构造、安装位置应符合要求	对照图纸，现场观察，并查验预拉伸记录
	3	为妥善补偿采暖系统中的管道伸缩，避免伸缩而导致的管道破坏，补偿器及固定支架等按设计要求正确施工。平衡阀及调节阀型号、规格、公称压力及安装位置应符合设计要求。安装完后应根据系统平衡要求进行调试并做出标志	对照图纸查验产品合格证，并现场查看
	4	系统中的平衡阀及调节阀应按设计要求安装，并在试运行时进行调节、做出标志。蒸汽减压和管道及设备上安全阀的型号、规格、公称压力及安装位置应符合设计要求。安装完毕后应根据系统工作压力进行调试，并做出标志	对照图纸查验产品合格证及调试结果证明书

续表

项目	序号	项目	检查方法
一般项目	1	热量表、疏水器、除污器、过滤器及阀门的型号、规格、公称压力及安装位置应符合设计要求	对照图纸查验产品合格证
	2	方形补偿器制作时，应用整根无缝钢管煨制，如需要接口，其接口应设在垂直臂的中间位置，且接口必须焊接	观察检查
	3	方形补偿器应水平安装，并与管道的坡度一致；如其臂长方向垂直安装，必须设排气及泄水装置	观察检查

5. 采暖管道安装

采暖管道安装的允许偏差如表 8-11 所示。

任务小结

本任务主要介绍室内采暖系统的构造与识图基础、系统组成与材料选用、管道的安装及质量检测等相关知识。如需更全面、深入学习室内采暖部分知识，可以查阅相关标准、规范和技术规程。

任务练习

（1）收集有关资料，编制室内采暖管道的安装施工工艺。
（2）收集有关资料，编制室内采暖安装作业指导书。

参 考 文 献

[1] 侯君伟. 装饰工程便携手册[M]. 3版. 北京：机械工业出版社，2006.
[2] 薛健. 装修设计与施工手册[M]. 北京：中国建筑工业出版社，2004.
[3] 张朝晖. 装饰装修工程施工与组织[M]. 北京：中国水利水电出版社，2009.
[4] 刘超英. 建筑装饰装修构造与施工[M]. 北京：机械工业出版社，2008.
[5] 袁锐文. 建筑装饰装修工程施工图[M]. 2版. 武汉：华中科技大学出版社，2014.
[6] 赵亚军. 建筑装饰装修工程施工图[M]. 北京：清华大学出版社，2013.
[7] 中华人民共和国建设部，国家质量监督检验检疫总局. GB 50210—2001 建筑装饰装修工程质量验收规范[S]. 北京：中国标准出版社，2002.
[8] 中华人民共和国住房和城乡建设部. GB 50300—2013 建筑工程施工质量验收统一标准[S]. 北京：中国建筑工业出版社，2014.
[9] 孙慧修. 排水工程[M]. 4版. 北京：中国建筑工业出版社，1999.
[10] 张建. 建筑给水排水工程[M]. 重庆：重庆大学出版社，2002.
[11] 李茂英. 建筑装饰工程计量与计价[M]. 北京：北京大学出版社，2012.
[12] 王岑元. 建筑装饰装修工程水电安装[M]. 北京：化学工业出版社，2012.
[13] 张耀乾，张昊. 建筑装饰施工组织与管理[M]. 北京：中国水利水电出版社，2010.